全国建设行业中等职业教育推荐教材

给水排水管道工程

（给水排水专业）

主编　李良训

编写　李良训　许汝谦　陈聪明

主审　常　莲

U0293017

中国建筑工业出版社

图书在版编目（CIP）数据

给水排水管道工程/李良训主编. —北京：中国建筑
工业出版社，2005
全国建设行业中等职业教育推荐教材. 给水排水专业
ISBN 978-7-112-06195-2

Ⅰ. 给… Ⅱ. 李… Ⅲ. 给排水系统-管道工程-专
业学校-教材 Ⅳ. TU991

中国版本图书馆 CIP 数据核字（2005）第 003175 号

全国建设行业中等职业教育推荐教材

给水排水管道工程

（给水排水专业）

主编 李良训
编写 李良训 许汝谦 陈聪明
主审 常 莲

*

中国建筑工业出版社出版、发行（北京西郊百万庄）
各地新华书店、建筑书店经销
廊坊市海涛印刷有限公司印刷

*

开本：787×1092毫米 1/16 印张：15¼ 字数：365千字
2005 年 1 月第一版 2018 年 12 月第五次印刷
定价：26.00 元
ISBN 978-7-112-06195-2
（20920）

本书是中等职业学校给水排水专业课教材。主要内容包括：水力学基础、水泵及水泵站相关要点、给水管道系统、排水管道系统、建筑给水排水系统等。

　　本书除作为中等职业学校教材外，也可供从事给水排水工作的专业技术人员参考，或作为培训用书。

＊　　　＊　　　＊

责任编辑：田启铭
责任设计：孙　梅
责任校对：李志瑛　刘玉英

前　言

　　本书是根据建设部普通中等职业学校市政给水排水专业指导委员会常州会议通过的课程教学改革基本要求和教学大纲的要求编写的，并根据中等职业技术人材教育标准及培养模式的要求、结合给水排水工程的实际，从应用的角度出发，注重以实用为目的，以必需、够用为原则，尽可能的删繁就简，理论联系实际。其主要任务是使学生掌握水力学、水泵、泵站、给水管道工程、排水管道工程、室内给排水工程的基本知识，能运用基本知识、基本理论及运算方法，解决给水排水工程中的实质问题。

　　本书共分五章，第一章水力学基础主要阐述了流体静压强的基本特性和分布状况；流体动力学的连续方程和能量方程及其应用；管路能量损失的计算；管路的水力计算。第二章水泵与泵站主要阐述了水泵的分类；叶片泵的构造与工作原理；离心泵的性能参数、性能曲线水泵的安装高度确定；水泵的串联与并联；泵站的分类和特点；水泵机组的安装和管路的敷设；泵站的安全运行常识；泵站的管理与维护知识。第三章给水管道系统主要阐述了给水系统的组成及布置形式；用户对水量水质和水压的要求；用水量的计算；系统的流量关系及水压关系；一级和二级泵站扬程的确定；给水管网的组成布置形式；给水管道的敷设要求；给水管网的水力计算；管网的附属构筑物；管道设备安装及试压方法和要求；给水管网系统的维护与管理。第四章排水管道系统主要阐述了污水性质及危害、排水体制、排水系统基本组成、布置形式；污水设计流量的计算；雨、污水管道布置的水力计算；管道埋设与衔接；排水管材与管道附属构筑物；排水管网系统的管理与维护。第五章主要阐述了建筑内部的给水系统分类和组成；所需要的水压和用水量的确定；给水方式的选择、管道布置原则、管道敷设要求；建筑内部的排水系统的分类和组成；管道的布置与敷设要求；屋面雨水的排除；建筑内部消防给水系统；建筑内部热水供应系统。

　　本书由山东省城市建设学校李良训担任主编，由北京城市建设学校常莲主审，参加编写的有：山东省城市建设学校李良训（第三、四章）；云南建筑工程学校许汝谦（概述、第五章）；宁夏建设职业技术学院陈明聪（第一、二章）。

　　限于编者水平有限，书中如有不妥和错误之处，恳请读者批评指正。

目　　录

概　　述

一、给水排水工程的意义

水是人们日常生活和从事一切生产活动不可缺少的物质。一个 100 万人口的现代化城市，每天就至少需要 50 万 m^3 以上的生活用水。随着现代工业的迅速发展，更是需要大量的生产用水。例如，生产一吨钢大约需要 $250m^3$ 水，生产一吨人造纤维需要 $1200\sim1500m^3$ 水。不同用途的水，对水质有不同的要求。就城市统一供给的生活饮用水而言，首先必须感官良好（清澈透明、无色、无异嗅和异味），人们乐意饮用。其次是各种有害健康或影响使用的物质含量不超过规定指标，并能够防止水致传染病（霍乱、伤寒、痢疾、病毒性肝炎等）的流行和消除某些地方病（甲状腺肿大、氟龋齿、氟斑牙、氟骨症等）的诱因；对于非饮用的生活用水，水质要求比生活饮用水低。至于生产用水，对水质要求的差异则很大。例如，锅炉用水要控制水的硬度，以免结垢降低传热效率，防止爆炸事故的发生；纺织、造纸、合成纤维等工业用水对浊度、色度、硬度、铁和锰等的含量有特殊要求，否则会影响成品的质地和色泽；电子工业和高压锅炉更是需要使用纯水或高纯水。水经人类使用后便成为污水或废水。污水或废水中总是或多或少地含有某些有机物质甚有毒物质。如果不经处理就随意排放，就会破坏原有的自然环境，造成环境污染，甚至形成公害。

水是人类生存的基本条件，并且是地球上不可再生的宝贵资源。全球广义的水资源为 145 亿亿 m^3，而狭义的水资源只有 47 万亿 m^3，仅占广义水资源的十万分之三。其中，因技术和经济的原因能被人类取用的则更少。据联合国有关报告预言，到 21 世纪，淡水将成为世界上最紧缺的资源。我国是一个水资源匮乏的国家。狭义的水资源为 2.72 万亿 m^3，占全球狭义水资源总量的 5.9%，相当于世界人均水平的四分之一。据统计，全国有近 80% 的城市缺水，北方尤为严重。由于供水量不足，城市工业每年的损失高达 2300 亿元。同时，各地区江河水系大多遭受污染，水的人工循环处于不良态势，水危机已经成为严峻的现实问题。

为了实现经济和社会的可持续发展，人类需要建设一整套的工程设施来解决水的开采、处理、输送、回收和利用等一系列问题。做到既能安全可靠、经济合理地开发利用水资源，向城镇和工厂供给合格的用水，又能安全可靠、经济合理地汇集、处理甚至再生利用污水和废水，以实现水的正常的人工循环。此外，大气降水（雨水和冰雪融水）的及时排除，同样是不能忽略的。完成上述任务的这一整套工程设施就是给水排水工程，它是城市建设的重要组成部分之一。当然，人类还需要在全社会大力倡导节约用水，努力建立节水型社会。在工程设施的规划、设计、施工和运行维护中，如何通过技术手段实现节水目标，也是给水排水工程应该关注的问题。

二、给水排水管道工程的内容

给水排水管道工程是给水排水工程的重要组成部分，它的内容可以概括地分为给水管道工程和排水管道工程两个方面。

给水管道工程的基本任务是：保证将原水（取自水源的原料水）输送到水厂的水处理构筑物，并保证将水厂出厂的成品水（一般为达到生活饮用水卫生标准的水）输送和分配到用户。这一任务是通过设置水泵站、输水管道、配水管网和调节构筑物（水池、水塔）等工程设施来完成的，它们组成了给水管道工程。设计和管理这些工程设施的基本要求是：以最少的建造费用及管理费用，保证用户所需要的水量和水压，保持水质的安全，减少水的漏损，并保证系统运行的安全可靠。

排水管道工程的基本任务是：保证将污水、废水和大气降水及时而有组织地汇集、输送到污水处理厂的污水处理构筑物（大气降水可以直接排入自然水体），并将处理过的符合排放水质标准的水排入自然水体。这一任务是通过设置排水管网、调节水池、出水口（必要时还会有水泵站）等工程设施来完成的，它们组成了排水管道工程。设计和管理这些工程设施的基本要求是：以最少的建造费用及管理费用，保证污水、废水和大气降水迅速、畅通地排除，避免在汇集、排除的过程中污染环境，并保证系统运行的安全可靠。

给水排水管道工程在整个给水排水工程中占有重要的地位。一方面，它所需的投资是很大的，约占给水排水工程总投资的 50%～80%，对于考虑工程的经济问题事关重大；另一方面，管道工程直接服务于人民群众，一旦发生故障，就可能对人们的生活、生产、消防等产生极大的影响。因此，合理地进行给水排水管道工程的规划、设计，精心地组织给水排水管道工程的施工，做好对给水排水管道工程设施的运行维护和管理工作，对于满足人民群众的生活需要，保证生产的正常进行，无疑是非常重要的。

三、我国给水排水管道工程的状况

给水排水管道工程在我国有着悠久的历史。早在战国时代，古人就已经使用陶土管来排除污水。我国古代的一些皇城，大都建有比较完整的明渠与暗渠相结合的渠道系统。在水的提升方面，创造有辘轳、筒车等。我国第一个取用地下水源的近代给水系统于 1879 年在旅顺建成，敷设了长 224km 直径 150mm 的给水铸铁管道。但是，由于长期的封建统治和近代处于半封建半殖民地社会的影响，我国的给水排水系统规模很小，相当落后。到 1949 年，全国只有沿海、长江沿岸和东北等地的 72 个城市建有给水系统，供水管道总长度 6500km，只有少数几个城市建有排水系统，而且极不完善。

中华人民共和国成立后，特别是改革开放以来，我国的给水排水事业得到了迅速的发展，取得了令人瞩目的成就。据 1996 年的统计资料，我国 666 个城市的综合供水能力已达每天 2 亿 m³，供水管网长度 14.8 万 km，供水普及率 95%；排水管网长度 7.9 万 km，市政管网年污水排放量 208.9 亿 m³，占年污水排放总量 353 亿 m³ 的 59.2%（但污水处理率仅为 11.4%，其中生化处理达标的二级处理率仅为 5.6%）。根据《中国 21 世纪议程》所确定的目标估算，1996～2010 年我国给水排水工程设施方面的投资将高达 4000 亿元以上，2010 年的运行费用将在 300 亿元以上。现在，党的十六大又发出了全面建设小康社会的号召，并绘制了宏伟的蓝图。这必将为我国给水排水事业的发展提供大好的机遇和广阔的市场，同时也给从事给水排水事业的管理干部、工程技术人员和广大职工，包括即将走向建设行业的青年学生，提供施展自己聪明才智的舞台。我们应该努力学习文化科学知识和专业知识，不断提高各方面的素质和能力，为国家富强、人民富裕，为实现自己人生的理想和目标而奋斗。

四、学习本课程的方法

《给水排水管道工程》是给水排水工程专业的一门主要专业课程。课程教学的主要目标是：使学生具备中初级专门人才所必需的给水排水管道系统的基本知识、基本技能，以及给水排水管道系统运行、维护和管理的初步能力。本课程的学习内容包括：水力学基础知识、水泵与水泵站、给水管道系统、排水管道系统和建筑内部给水排水系统等几个部分。《给水排水管道工程》是一门实践性、应用性很强的技术性课程。在学习本课程的过程中，要注意把握好以下要点：

1. 要坚持理论联系实际的原则，充分利用参观和实习的机会，深入施工现场和工程实地去观察，去思考，去学习，并注重实验、作业、操作等实践环节。实践的机会还可以自己去寻找，只要做一个"有心人"，实践的机会就到处可见。也就是说，要有联系实际学习理论知识的主动精神。

2. 要结合现行的有关规范、规程和科技成果来学习，当然这需要在教师的指导下进行。

3. 不论学习什么知识，对问题的思考与讨论是巩固知识、升华知识的重要方式和手段。"学而不思则罔"。要把对问题的思考与讨论贯穿于学习过程的始终，这样才能逐步提高自己分析问题和解决问题的能力。

具体的学习方法很多，但总括起来说，只要我们坚持按照这样的思路和方法来进行学习，就一定能够收到良好的学习效果。

第一章　水力学基础

1.1　静水力学

静水力学是研究水在相对静止的状态下的力学规律，研究静水压力的性质、强度和各种因素的关系。

1.1.1　静水压强及其基本方程式

一个盛满水的水箱，如果在侧壁开有孔口，水立即从孔口出流，此现象表明静止流体有压力存在。作用在整个物体面积上的静水压力，称为静水总压力。作用在单位面积上的静水压力，称静水压强。设有一水箱，如图 1-1 所示，作用在水箱底面积上的静水总压力是 P，水箱底面积是 ω，则作用在单位面积上的静水平均强度 P_A 从（1-1）式求得

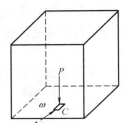

$$p_A = \frac{P}{\omega} \tag{1-1}$$

图 1-1　静水压强

如在水箱底取一极小面积 $\Delta\omega$，假设作用在这个极小面积上的静水总压力为 ΔP，当 $\Delta\omega$ 无限缩小至一点 C 时，即 $\Delta\omega$ 趋近于 0 时，则 ΔP 对 $\Delta\omega$ 之比，将趋近一极限值 P，这个极限值 p 称为 C 点的静水压强。

$$p = \lim_{\Delta\omega \to 0} \frac{\Delta P}{\Delta\omega} \tag{1-2}$$

流体平均压强是作用面上各点静压强的平均值，而点压强则精确地反映作用面上各流体质点的静压强。

静水压强有两个特性：

1. 静水压强的方向和作用面垂直，并指向作用面；

2. 任意一点各方向的流体静压强均相等。

由于压强是指单位面积上的压力，因此，静水压强的大小与容器中水的总重量没有直接关系，而只与水的深度有关，水深相同，静水压强就相等。

现在把一个圆柱形容器里的垂直水柱作为一个隔离体，来分析它受力的平衡条件，如图 1-2 所示，在这垂直水柱上作用着以下的力：

（1）水柱自由面上的气体压力：$P_0 = p_0\omega \downarrow$

（2）容器底对水柱底面的作用力：$P = p\omega \uparrow$

（3）水柱本身重量：$G = \gamma h\omega$

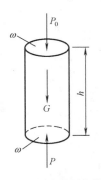

图 1-2　圆水柱隔离体

（4）容器壁对水柱周围的侧压力，方向是水平方向。

因为水柱是不动的，所以作用在水柱水平方向上和垂直方向上的合力，应均为零。作用在水柱的水平压力互相抵消，而作用在垂直方向上的力的平衡方程式为：

$$p_0\omega + \gamma h\omega - p\omega = 0$$

则得

$$p = p_0 + \gamma h \qquad\qquad (1-3)$$

式中　p——静水中任一点的静压强；

　　　p_0——表面压强；

　　　γ——水的重力密度；

　　　h——该点的自由表面下的深度；

　　　ω——面积。

式（1-3）是静水压强的基本方程式，它说明静压强与水深成正比关系的分布规律，且水中任一点的压强恒等于表面压强 P_0 和该点的深度 h 与重力密度 γ 乘积之和。

按式（1-3）计算所表示的压强 p 称为绝对压强，以大气压强作为点开始计算的压强称为相对压强 p'

$$p' = p - p_0 = p_0 + \gamma h - p_a$$

如果自由表面压强 $p_0 = p_a$，则相对压强

$$p_K = p_a - p \qquad\qquad (1-4)$$

当液体中某点的绝对压强 $p < p_a$ 时，该点则处于真空状态。$p_a - p$ 即该点绝对压强对大气压强的差值，称为真空值 p_k

$$p_k = p_a - p \qquad\qquad (1-5)$$

如图 1-3 表示了绝对压强、相对压强、真空值三者的关系。

压强的单位通常有三种表示方法：

1. 以单位面积上所受有压力来表示。牛/米²（N/m²）或千牛/米²（kN/m²）；也就是帕（Pa）或千帕（kPa）；

2. 以液柱高度表示，常用的单位为米水柱［mH$_2$O］、毫米水柱［mmH$_2$O］或毫米汞柱［mmHg］；

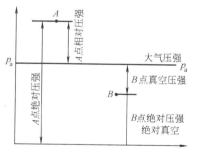

图 1-3　压强关系

3. 以大气压的倍数表示。国际上规定标准大气压温度为 0℃ 时，在纬度 45° 处海平面上的绝对压强，其值为 101337Pa，工程制单位为 1.033kgf/cm²，g＝9.81m/s² 计算，在工程上，为了计算方便，规定一个工程大气压为 1kgf/cm²＝98100Pa＝98.1kPa。

1 工程大气压＝1 公斤/厘米²＝10 米水柱＝735.6 毫米汞柱。

【例题 1-1】　求淡水自由表面下 2m 深度处的绝对压强和相对压强（设当地大气压强 Pa＝98.1kN/m²，水的重力密度 γ＝9.81kN/m³）

【解】

绝对压强

$$p = p_0 + \gamma h$$
$$= 98.1 \text{kN/m}^2 + 9.81 \text{kN/m}^3 \times 2\text{m}$$
$$= 117.72 \text{kPa}$$

相对压强

$$p' = p - p_a = 117.72 - 98.1 = 19.62 \text{kPa}$$

1.1.2 静水压强分布图

静水压强分布图是根据静压强的基本特性，及静压强基本方程式绘制。

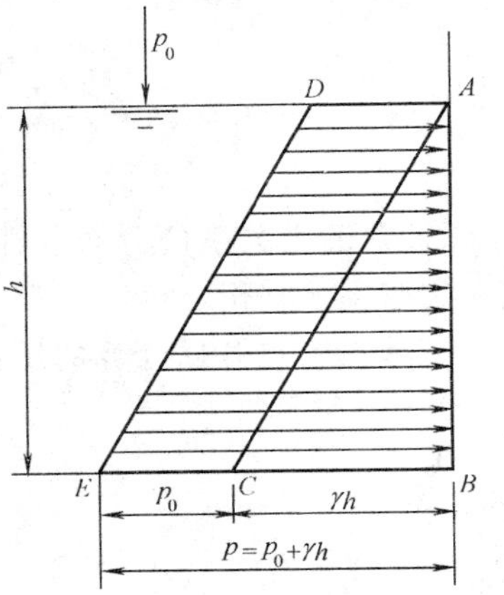

如图 1-4 所示，是一个垂直壁面上流体静压强的分布图。

它的绘制方法如下：

取横坐标代表静压强 p，纵坐标代表深度 h，沿受压面 AB 上每一点的静压强均由两个部分组成，即 p_0 与 γh。

1. γh 部分：设 $\gamma h = p'$，由于 γ 为常量，所以 p' 与 h 的关系，实质上是线性函数关系，从图中可以看出：$h_A = 0$，$p' = \gamma h_A = 0$；$h_B = h$，则 $p'_B = \gamma h_B = \gamma h$。在图中按比例画出 BC 线段，使其长度相当于 P'_B，连接 A、C 两点成一直线，构成 $\triangle ABC$ 就是 $P' = \gamma h$ 部分的静压强分布图，它形象地说明了受压面上 γh 的变化。

图 1-4 静水压强分布图的绘制方法

2. p_0 部分，根据静压强等值传递规律，p_0 部分等值地传递到受压面任意点上去，在 A、C 两点分别按比例画出 AD、CE 线段，使其长度相当于 p_0。连接 DE，构成一个平等四边形 ACED，这就是 P_0 部分的静水压强分布图。

综合上述两部分图形，形成梯形 ABED，这就是流体静压强基本方程式 $P = P_0 + \gamma h$ 的函数图形，即静水压强分布图。

1.1.3 作用在平面上的静水总压力

1. 作用在水平面上的静水总压力

静水总压力等于受压面上的相对压强乘以面积，即

$$P = \gamma h \cdot \omega \qquad (1-6)$$

式中　　h——水深；

　　　　ω——受压面的面积。

2. 作用在倾斜平面上的静水总压力

在给水排水工程中，水箱、水池的侧壁和闸门等，有的是垂直矩形平面，有时是倾斜矩形或圆形平面。下面以矩形倾斜平面为例，计算静水总压力和其作用点。

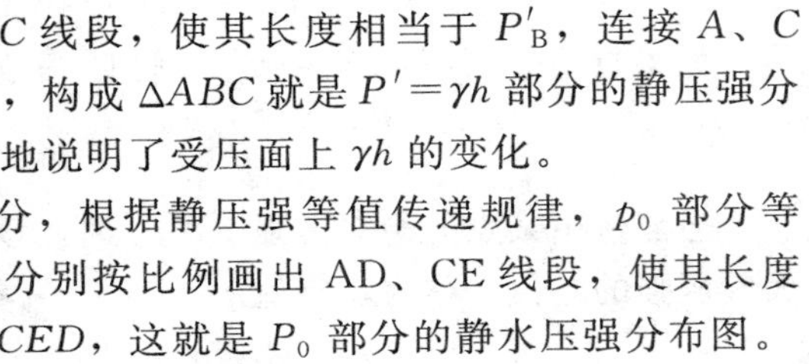

(1) 总压力大小的确定：设图 1-5 为倾斜平面池壁，与水平面交角为 α，在池壁下方有一矩形平板闸门，$a\text{-}b$ 是受压面，为了将受压

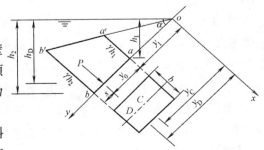

图 1-5 作用在倾斜平面上的静水总压力

面具体表示出来，将受压面 abmn 绕 oy 轴转 90°，如图中 abmn 所示。倾斜池壁原来和水面交线移到 ox 轴的位置并和 oy 轴正交，取 ox、oy 作为坐标轴来分析。受压面 abmn 的面积为 ω，如在受压面上取任一微小面积 d_A，则可认为其上各点压强是相等的，其中 A 点在水面下深度为 h，则其所受静水总压力为 $dP = Pd_\omega$ 并与 d_ω 正交。

作用在全部受压面上的静水总压力为

$$P = \int dP = \int_0^A h d_\omega \tag{1-7}$$

考虑到 $h = y\sin\alpha$，则 $P = \gamma\int_0^A h d_\omega = \gamma\sin\alpha\int_0^A y d_\omega$

式中 $h = \int_0^A y d_\omega$ ——称为受压面对 ox 轴的静矩。它等于受压面 ω 与其形心坐标 y_c 的乘积，即

$$\int_0^A y d_\omega = y_c\omega$$

于是可得出下式：

$$P = \gamma\sin\alpha\int_0^A y d_\omega = \gamma\sin\alpha y_c\omega$$

但 $y_c\sin\alpha = h_c$

故：

$$P = \gamma\sin\alpha y_c\omega = \gamma h_c\omega = p_c\omega \tag{1-8}$$

式中 h_c ——受压面形心 C 在水面下的深度；

p_c ——受压面形心 C 的静水压强。

公式（1-8）说明，作用在一任何方位倾斜平面上的静水总压力等于该平面面积与其形心点的静水压强的 p_c 乘积，其方向垂直于作用面，并指向作用面。

公式（1-8）同样适用于垂直平面的情况

（2）总压力的作用点，首先，求受压面的微小面积 d_ω 上 d_P 对 ox 轴的力矩。

$$d_p y = \gamma h d_\omega y = \gamma\sin\alpha y^2 d\omega$$

各 d_P 力矩的总和为：

$$\int_A \gamma\sin\alpha y^2 d_\omega = \gamma\sin\alpha\int_A y^2 d_\omega = \gamma\sin\alpha J_x$$

式中 $J_x = \int_A y^2 d_\omega$ 称为受压面面积对 ox 轴的惯性矩。

由理论力学可知，绕某轴的合力力矩等于分力矩之和。因此，假设合力 P 的作用点到 ox 轴的距离为 y_D，则合力 P 对 ox 轴的力矩为

$$P y_D = \gamma h_c\omega y_D = \gamma y_c\sin\alpha\omega y_D = \gamma_c\sin\alpha J_x P y_D = \gamma h_c y_D = \gamma y$$

简化可得

$$y_D = \frac{J_x}{\omega y_c} \tag{1-9}$$

7

根据力学：$J_x = J_c + \omega y_c^2$

式中　　J_c——受压面通过其形心并平行于 ox 轴的惯性矩。

于是
$$y_D = \frac{J_c + \omega y_c^2}{\omega y_c} = y_c + \frac{J_c}{\omega y_c} \qquad (1-10)$$

或
$$y_D - y_c = \frac{J_c}{\omega y_c} \qquad (1-11)$$

J_c 的数值可在一般力学手册上查到，因此可求得 D 和 C 点间距离。由于静水压强随水深而增加，所以总压力作用点 D，总是比它的形心点低。

公式（1-10）和（1-11）是压力中心的一般公式，也适用于垂直平面等情况。

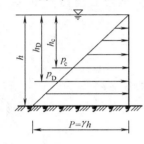

图 1-6　矩形闸门所
受静水压力

【例题 1-2】　在某城市给水系统输送渠道中，有一木板矩形闸门，如图 1-6 所示，闸门宽度 $b = 0.8m$，闸门前水深 $h = 1.2m$，试求闸门上的静水总压力及其作用点。

【解】　闸门两侧都受大气压力，所以不考虑大气压力，只考虑相对压强，压强分布图，如图所示。

静水总压力　　　　　$P = p_c \omega = \gamma h_c \omega$

$$h_c = \frac{1}{2}h = \frac{1}{2} \times 1.2 = 0.6 \text{（m）}$$

$$\gamma = 9800 \text{N/m}^3$$

$$\omega = b \quad h = 0.8 \times 1.2 = 0.96 \text{m}^2$$

故　　　　　$P = 9800 \times 0.6 \times 0.96 = 5644.8 \text{N}$

$$= 5.6 \text{kN}$$

对垂直矩形平面的压力中心；由图 1-6 可知：

$$h_D = \frac{2}{3}h = \frac{2}{3} \times 1.2 = 0.8 \text{m}$$

或　　　　　$y_D = y_c + \dfrac{J_c}{\omega y_c}$，（$y_D = h_D$，$y_c = h_c$）

对矩形平面：

$$J_c = \frac{bh^3}{12} = \frac{0.8 \times 1.2^3}{12}$$

故　　　$h_D = 0.6 + \dfrac{\dfrac{0.8 \times 1.2^3}{12}}{0.96 \times 0.6} = 0.6 + 0.2 = 0.8 \text{m}$

1.2　动　水　力　学

流体的静止，平衡状态，只不过是暂时的、相对的、它是流体运动的特殊形式。流体运动形式是多种多样的，从普遍规律来讲，都要服从物体机械运动的基本规律，如质量守恒定律、能量守恒定律等。

1.2.1 动水力学的基本概念

1. 压力流与无压流

（1）压力流，流体在压差作用下流动时，流体整个周围和固体壁相接触，没有自由的表面，如水充满管道流动。工程中给水管道水的流动，风管中气体输送等属于压力流。

（2）无压流，又称重力流，流体在重力作用下流动时，流体的部分周界与固体壁接触，其余周界与气体相接触，形成自由表面，工程中水在明渠中，非满流排水管道中的流动等属于无压流。

2. 稳定流与非稳定流

流体运动时，流体中任一固定空间位置的压强，流速等运动要素，不随时间变化的流动称为稳定流；反之，为非稳定流。实际上稳定流只具有相对的性质，客观上并不存在绝对的稳定流动。但是，绝大多数工程上所关心的流动，可以视为稳定流动。

3. 流线与迹线

（1）流线，流体运动时，在流速场中画出某时刻的这样的一条空间曲线，它上面所有流体质点在该时刻的流速矢量都与这条曲线相切，这条曲线就称为该时刻的一条流线，如图 1-7 所示。

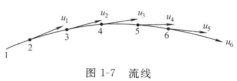

图 1-7 流线

（2）迹线，流线运动时，流体中某一个质点在连续时间内的运动轨迹称为迹线。

流线与迹线是两个完全不同的概念。非稳定流时，流线与迹线不相重合，在稳定流时，流线与迹线相重合。

4. 均匀流与非均匀流

（1）均匀流：流体运动时，流线是平等直线的流动称为均匀流；

（2）非均匀流：流体运动时，流线不是平行直线的流动称为非均匀流。它又分为：①渐变流：流体运动中流线接近平行线称渐变流；②急变流：流体运动中流线不能视为平行直线的流动称为急变流。

5. 过流断面、流量、流速

（1）过流断面：与流体运动方向垂直的流体断面称为过流断面。用 A 表示，单位为 m^2 或 cm^2。

（2）流量：单位时间通过某一过流断面的流体的体积。用 Q 表示单位为：m^3/s 或 L/s。

（3）速：流体在单位时间移动的距离。用 u 表示，由于流体黏滞性的影响，流体过流断面各点的流速并不相等，分布是不均匀的，例如在管道流动中，管道中央部分流速大，靠近管壁流速小。在工程计算中，常用断面平均流速来描述断面上的流速的平均情况，其单位为 m/s。工程上所称流速通常指断面平均流速。

流量、流速、过流断面之间的关系如下：

$$Q = uA \tag{1-12}$$

1.2.2 稳定流连续方程式

稳定流连续方程式是动水力学的一个重要公式，在水力计算中广泛应用。它表示水在

流经各过水断面时，过水断面面积和流速之间的变化关系，即

$$u_1 A_1 = u_2 A_2 = Q \tag{1-13}$$

式中　A_1、u_1——过水断面 1-1 的面积和平均流速；

　　　A_2、u_2——过水断面 2-2 的面积和平均流速。

在应用公式（1-13）时应注意以下几点：

1. 流体必须是恒定流；
2. 流体必须是连续的；
3. 流体必须是不可压缩流体；
4. 对于中途有流量输出与输入的分支管道，根据质量守恒定律，仍可应用恒定流不可压缩流体的连续性方程式，但方程式的表达形式有所不同。

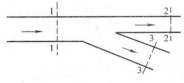

如图 1-8 所示，当管道中途有流量输出时，恒定流不可压缩流体的连续性方程应改写为：

图 1-8　中途有流量输出的管路

$$Q_1 = Q_2 + Q_3$$

【例题 1-3】　有一圆管，如图 1-9 所示，横断面不等，1-1 断面处，直径 $d_1 = 200mm$，平均流速 $u_1 = 0.25 m/s$，2-2 断面处直径 $d_2 = 100mm$，求 2-2 断面处的平均流速？

【解】　根据公式（1-13）

$$u_1 A_1 = u_2 A_2$$

$$u_2 = \frac{u_1 A_1}{A_2} = u_1 \frac{d_1^2}{d_2^2}$$

$$= 0.25 \frac{(0.2)^2}{(0.1)^2}$$

$$= 1 m/s$$

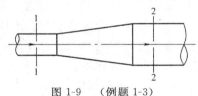

图 1-9　（例题 1-3）

1.2.3　稳定流能量方程式

能量守恒及其变化规律是物质运动的一个普遍规律。应用此规律来分析流体运动，可以揭示流体在运动中压强，流速等运动要素，随空间位置的变化关系——能量方程式，从而为解决许多工程问题奠定基础。

实际液体的能量方程式如下：

$$Z_1 + \frac{p_1}{\gamma} + \frac{\alpha_1 u_1^2}{2g} = Z_2 + \frac{p_2}{\gamma} + \frac{\alpha_2 u_2^2}{2g} + h_{\omega 1-2} \tag{1-14}$$

公式（1-14）中各项意义解释如图 1-10 所示。

Z_1、Z_2——过流断面 1-1、2-2 断面上的单位重量液体位能；各自相对选定的基准面的位置高度，也称位置水头。

$\dfrac{p_1}{\gamma}$、$\dfrac{p_2}{\gamma}$——过流断面 1-1、2-2 断面上单位重量液体压能；各自的测压管高度，也称压强水头。P_1、P_2 要同时用相对压强或同时用绝对压强，特别是应用于气体时。

$\dfrac{\alpha_1 u_1^2}{2g}$、$\dfrac{\alpha_2 u_2^2}{2g}$——过流断面 1-1、2-2 断面上单位重量，液体动能；各自的速度水头。α_1，α_2 为动能修正系数，一般 $\alpha = 1.05 \sim 1.1$，为计算方便，常近似取 $\alpha = 1.0$。

$Z + \dfrac{p}{\gamma} + \dfrac{\alpha u^2}{2g}$——过流断面上任一点的总水头。

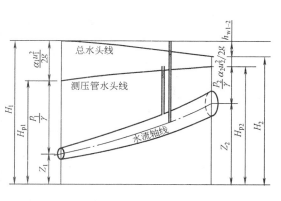

图 1-10　能量方程式的几何图示

$h_{\omega 1-2}$——单位重量液体通过流段 1-2 的能量损失，也称水头损失。

对于不可压缩的气体，液体能量方程式同样适用。由于液体和气体容重相差较大，同时，当 Z_1 与 Z_2 高差不大时，式中 Z 值往往忽略不计，同时取 $\alpha = 1.0$，这样实行气体能量方程式可简化写为：

$$\frac{p_1}{\gamma} + \frac{\alpha_1 u_1^2}{2g} = \frac{p_2}{\gamma} + \frac{\alpha_2 u_2^2}{2g} + h_{\omega 1-2} \tag{1-15}$$

或

$$P_1 + \gamma \frac{u_1^2}{2g} = P_2 + \gamma \frac{u_2^2}{2g} + \gamma h_{\omega 1-2} \tag{1-16}$$

公式（1-16）各项意义为：

p_1、p_2——断面 1-1、2-2 断面的相对压强，工程上称为静压；

$\gamma \dfrac{u_1^2}{2g}$，$\gamma \dfrac{u_2^2}{2g}$——断面 1-1、2-2 的速度水头乘重力密度，工程上称为动压。

$\gamma h_{\omega 1-2}$——1-2 断面间的压强损失。

【例题 1-4】　如图 1-11 所示，有一水箱，箱内水深 1.5m，水面与大气相通，水箱底部接出一根立管，长度为 2m，管径为 200mm，不考虑水头损失，并取动能修正系数 $\alpha = 1.0$，$Z_3 = 1.0$m，试求：

（1）立管出口处水的流速；（2）离立管出口 1m 处水的压强

【解】　（1）立管出口处的流速在立管出口处取基准面 0-0；列出断面 1-1 及 2-2 的能量方程式

$$Z_1 + \frac{p_1}{\gamma} + \frac{\alpha_1 u_1^2}{2g} = Z_2 + \frac{p_2}{\gamma} + \frac{\alpha_2 u_2^2}{2g} + h_{\omega 1-2}$$

其中：$Z_1 = 1.5 + 2.0 = 3.5$m

$Z_1 = 0$，$p_1 = p_2 = 0$（相对压强）

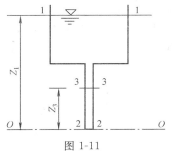

图 1-11

又

$$A_1 \gg A_2 \qquad \frac{\alpha_1 u_1^2}{2g} \ll \frac{\alpha_2 u_2^2}{2g}$$

即：
$$\frac{\alpha_2 u_1^2}{2g} \approx 0$$

$$h_{\omega 1-2} = 0; \quad \alpha_1 = \alpha_2 = 1.0$$

将已知数据代入公式可得：

$$3.5 + 0 + 0 = 0 + 0 + \frac{u_2^2}{2g} + 0$$

$$\frac{u_2^2}{2g} = 3.5$$

$$u_2 = \sqrt{3.5 \times 2 \times 9.81} = 8.35 \text{m/s}$$

（2）离立管出口 1m 处水的压强

基准面 0-0 位置不变，列出过流断面 3-3 及 2-2 的能量方程式

$$Z_3 + \frac{p_3}{\gamma} + \frac{\alpha_3 u_3^2}{2g} = Z_2 + \frac{p_2}{\gamma} + \frac{\alpha_2 u_2^2}{2g} + h_{\omega 3-2}$$

其中：$Z_3 = 1\text{m}$，$Z_2 = 0$，$h_{\omega 3-2} = 0$，$\alpha_2 = \alpha_3 = 1.0$

$p_2 = 0$，代入上式可得：

$$1 + \frac{p_3}{\gamma} + \frac{u_3^2}{2g} = 0 + 0 + \frac{u_2^2}{2g} + 0$$

又立管过流断面面积不变，沿立管的流速不变，上式变为 $1 + \dfrac{p_3}{\gamma} = 0$

$$p_3 = -1 \times \gamma, \quad \gamma = 9800 \text{N/m}^3$$

则：
$$p_3 = -1 \times 9800 = -9800 \text{N/m}^3 = -9800 \text{Pa} = -9.8 \text{kPa}$$

1.3 流动阻力和水头损失

流体处于运动状态时，由于流体的黏滞性而产生流体内磨擦作用和边界对流体的反作用，形成流动阻力。克服阻力就消耗了流体的一部分能量，单位重量流体所消耗的能量我们称为水头损失。

1.3.1 流动阻力和水头损失可分为两种形式

1. 沿程阻力和沿程水头损失

流体在长直管（渠）中流动，所受的磨擦阻力称为沿程阻力。为了克服沿程阻力而消耗的能量称为沿程水头损失（符号 h_f），该水头损失与沿程长度成正比。

2. 局部阻力和局部水头损失

流体边界在局部部位发生急剧变化，使流体在局部部位受到较集中的阻力（如管流中弯头、阀门、突然扩大，突然缩小等处），称为局部阻力。为了克服局部阻力而消耗的能量称为局部水头损失（符号 h_j）。

沿程水头损失与局部水头损失之和为总水头损失（符号 h_ω）即任意两断面间的总水头损失就是所有沿程水头损失和局部水头损失之和。

$$h_\omega = \sum h_f + \sum h_j \tag{1-17}$$

1.3.2 水头损失计算公式简介

流体在流动过程中，呈现出两种不同的流动形态——层流与紊流。

当流体流速较低，流体成层成束的流动，各流层间无流体质点的掺混现象，这种流体形态称为层流。随着流速加大，将出现流体质点相互混掺，但在整个流体还是沿着主流方向运动，这种流体形态称为紊流。

在给水排水工程中，绝大多数的流体流动都具有一定的流动速度，处于紊流形态。因此，下面简介紊流形态下常用水头损失计算公式。

1. 沿程水头损失计算公式

$$h_f = \lambda \frac{L}{d} \frac{u^2}{2g} \tag{1-18}$$

式中　h_f——沿程水头损失，m；

　　　λ——沿程阻力系数；

　　　L——管段长度，m；

　　　d——管段管径，m；

　　　u——管道中水流平均流速，m/s。

对于气体管道，可将式（1-18）改写为压头损失的形式

$$P_f = \gamma \lambda \frac{L}{d} \frac{u^2}{2g} \tag{1-19}$$

式中　P_f——压头损失，N/m^2 或 Pa；

　　　γ——气体重力密度，N/m^3。

对于非圆管断面管道，可将式（1-18）改写为：

$$h_f = \lambda \frac{L}{4R} \frac{u^2}{2g} \tag{1-20}$$

式中　R——水力半径，水力半径的意义如下：

$$R = \frac{A}{\chi} \tag{1-21}$$

式中　A——过水断面面积，m^2；

　　　χ——湿周，m（过水断面和固体壁交线称为湿周）。

对给水钢管和铸铁管沿程水头损失另一常用计算公式形式为：

$$h_f = iL \times \frac{1}{1000} \tag{1-22}$$

式中　i——单位管长水头损失，mmH$_2$O/m；

　　　L——管段长度，m。

在明渠流，排水管道等工程计算中应用广泛的常用流速公式：

$$u = C\sqrt{Ri} \tag{1-23}$$

式中　u——流速，m/s；

　　　R——水力半径，m；

　　　i——水力坡度；

　　　C——谢才系数，常用 $C = \dfrac{1}{n}R^{1/6}$（n 为管渠粗糙系数）。

上述公式中有关系数可查阅《给水排水设计手册》等资料。同时，在实际应用中为方便计算；根据有关沿程水头损失计算公式和有关条件，因素，编制大量的水力计算用表，可供查阅计算使用。

2. 局部水头损失计算公式

在水力计算中，局部水头损失可采用流速头乘以局部阻力系数后得到：

$$h_j = \xi \frac{u^2}{2g} \tag{1-24}$$

式中　ξ——局部阻力系数。ξ 值多是根据管道配件、附件不同，由实验得出。各种局部

　　　阻力系数 ξ 值可查阅《给水排水设计手册》等资料得到。

　　　u——流体经过局部阻力之后的断面平均流速。

1.4　管　路　计　算

所谓解决实际工程中的管路计算问题，就是以流体力学的基本理论为基础，分析流体在管路中流动的规律，从而解决管路的水力计算问题，简称管路计算。关于管路计算问题可具体分为下面三类：

1. 已知管路布置及流量 Q，确定管径 d 和进行水头损失 h_ω 或压头损失 P_ω 计算。

2. 已知流量 Q 及作用压头 H_e（或作用压强 P_e）确定管径 d。

3. 已知直径 d 及作用压头 H_e（或 P_e），确定管路通过的流量 Q。

本节主要讲述简单管路计算，简介串、并联管路计算。

1.4.1　简单管路计算

沿程管径不变，流量也不变的管路称为简单管路。简单管路虽然比较简单，但它是组成各种复杂管路的基本单元，是一切复杂管路水力计算的基础。

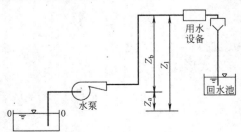

图 1-12　简单管路

如图 1-12 所示的简单管路，水泵从吸水池吸水，经管径相等的吸水管和压水管送至用水设备，最后从末端的出水口流出，再经排水立管流入回水池。

在图 1-12 中，选水池液面 0-0 为基准面，列 0-0，与 1-1 断面的能量方程式。

$$Z_0 + \frac{p_0}{\gamma} + \frac{\alpha_0 u_0^2}{2g} = Z_1 + \frac{p_1}{\gamma} + \frac{\alpha_1 u_1^2}{2g} + h_\omega$$

$$H=(Z_1-Z_0)+\left(\frac{p_1-p_0}{\gamma}\right)+\left(\frac{\alpha_1 u_1^2}{2g}-\frac{\alpha_0 u_0^2}{2g}\right)+h_\omega \qquad (1-25)$$

设 $Z_1-Z_0=Z_z$，称为位差水头；$\dfrac{p_1-p_0}{\gamma}=H_p$，称压差水头；

$\dfrac{\alpha_1 u_1^2}{2g}-\dfrac{\alpha_0 u_0^2}{2g}=H_u$，称速度差水头；$h_\omega$ 称管路水头损失。

式（1-25）可写成

$$H=H_z+H_p+H_u+h_\omega \qquad (1-26)$$

公式（1-26）表明管路系统中，水泵应产生的总水头 H 等于位差水头，压差水头，速度差水头和水头损失之和。其中，速度差水头和水头损失两项之和称为作用水头 H_e 即：

$$H_e=H_u+h_\omega \qquad (1-27)$$

根据图 1-12，$Z_0=0$，设 $Z_1=Z_a+Z_b=Z$，$p_0=p_1=0$，$\dfrac{u_0^2}{2g}\approx 0$，

设 $\alpha_0=\alpha_1=1.0$，$u_1=u_0=0$，代入式 1-25 得：

$$H=Z+\frac{u^2}{2g}+h_\omega \qquad (1-28)$$

式中　H——水泵应产生的总水头，m；

　　Z——水泵对单位重量流体所提供的位能，即位置水头，m；

　　$\dfrac{u^2}{2g}$——水泵对单位重量流体所提供的流速水头，即出流水头，m；

　　h_ω——水头损失，m，这部分的能量损耗也需由水泵提供。

对于气体管路：公式（1-28）可写成：

$$p=\gamma\frac{u^2}{2g}+\gamma h_\omega$$

或

$$p=\gamma\frac{u^2}{2g}+p_\omega$$

式中　p——风机应产生的总压头，N/m^2；

　　p_ω——压头损失，N/m^2。

从公式（1-27）与（1-28）可以看出

$$H_e=H-Z$$

或

$$H_e=\frac{u^2}{2g}+h_\omega \qquad (1-29)$$

由于简单管路中流速沿程不变，所以水头损失 h_ω 为

$$h_\omega=h_f+h_j=SQ^2 \qquad (1-30)$$

式中　Q——管路流量，m^3/s；

　　S——管路特性阻力数，s^2/m^5。

对于气体管路 $p=p_e$

$$p_\omega=\gamma \cdot S \cdot Q^2 \tag{1-31}$$

在工程计算中，可以将 S 视为常数，公式（1-30）、（1-31）的关系是水头损失（压头损失）与流量平方成正比。它综合地反映了流体在管中的构造特性和流动特性的规律，故可称为管路特性方程式。

如前所述，作用水头 H_e 包括 h_ω 和 $\frac{u^2}{2g}$ 两项。在简单管路中，流速沿程不变，出流水头 $\frac{u^2}{2g}$ 可看成局部阻力系数 $\xi=1$ 的出口损失，这样作用水头 H_e 就简化为 h_ω 的问题进行处理。另外，在某些管路中，没有 $\frac{u^2}{2g}$ 项，如锅炉给水管路系统，此时，$H_e=h_\omega$。所以说，在管路计算中，将问题归结为水头损失去处理更具有普遍性。

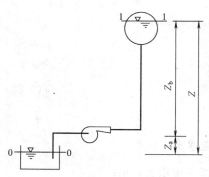

图 1-13　锅炉给水系统

【例题 1-5】　图 1-13 为某锅炉给水系统。水泵将水从水池中抽升上来，经吸水管、压水管往锅炉补水。已知水池水面 1-1 与锅炉汽包水面 2-2 之间的高度差 $Z=12m$，锅炉液面上蒸汽压强为 784.8kPa，管路全部水头损失 $h_\omega=5m$，试求锅炉给水泵所应产生的总水头 H 和作用水头 H_e 各为多少？

【解】　此题的工况特点是末端断面的压强不等于大气压，即 $\frac{p_2}{\gamma}\neq 0$

根据公式（1-24），水泵应产生的总水头 H 为

$$H=(Z_2-Z_1)+\left(\frac{p_2-p_1}{\gamma}\right)+\left(\frac{\alpha_2 u_2^2}{2g}-\frac{\alpha_1 u_1^2}{2g}\right)+h_\omega$$

式中：$Z_2-Z_1=Z=12m$；

设供水温度为 40℃，$\gamma=9731N/m^3$，

$$\frac{p_2-p_1}{\gamma}=\frac{784.8\times 10^3-0}{9731}=80.6m；$$

$$u_2\approx u_1\approx 0$$

将以上数据代入上式得

$$H=12+80.6+0+5=97.6mH_2O$$

根据公式（1-26），作用水头 H_e 为 $H_e=H_u+h_\omega$

由于 $H_u=0$，所以 $H_e=h_\omega=5mH_2O$

如图 1-14 所示为某水塔供水系统。系统中输水管管径不变，沿程没有出流，即沿程流量不变，所以仍属

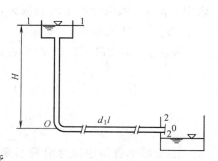

图 1-14　水塔供水系统

简单管路系统，以水平管段中心线 0-0 为基准面，列 1-1 与 2-2 断面能量方程式。

$$Z_1 + \frac{p_1}{\gamma} + \frac{\alpha_1 u_1^2}{2g} = Z_2 + \frac{p_2}{\gamma} + \frac{\alpha_2 u_2^2}{2g} + h_\omega$$

由于 $Z_1 = H$，$Z_2 = 0$，$p_1 = p_2 = p_a = 0$，$\dfrac{u_1^2}{2g} \approx 0$。

设 $\alpha_0 = \alpha_1 = 1.0$，$u_2 = u$ 代入上式可得

$$H = \frac{u^2}{2g} + h_\omega = \frac{u^2}{2g} + h_f + \sum h_j$$

此类管路，流体在管道中流动时，全部能量损失以沿程损失为主，局部损失可按沿程损失的某一百分数计或完全忽略。

根据以上处理手段，上式可写成：

$$H = h_f \tag{1-32}$$

式（1-31）表明，当管路末端 $Z_2 = 0$、$P_2 = 0$ 的情况下，水塔的总水头 H 必须满足管路中全部沿程损失的需要；且总水头 H 等于作用水头 H_e，即

$$H = H_e$$

当管路末端 $Z_2 \neq 0$，$P_2 \neq 0$ 时，公式（1-32）应改写为

$$H = Z_2 + \frac{p_2}{\gamma} + h_f \tag{1-33a}$$

在上述情况下，系统的总水头 H，除了必须满足全部沿程损失之外，还必须保证管路出口所需的位置水头 Z_2 和压强水头的要求。这种工况，总水头与作用水头不相等，它们的关系为

$$H_e = H - Z_2 - \frac{p_2}{\gamma} = h_f \tag{1-33b}$$

将沿程损失及流量关系代入得

$$H_e = h_f = ALQ^2 \tag{1-34}$$

式中　H_e——管路的作用压头，m；

A——管路的比阻，S^2/m^6；

L——管长，m；

Q——流量，m^3/s。

公式（1-33）是管路特性方程的另一种表达形式，又称按比阻计算的关系式。比阻 A 是单位流量通过长度管道所消耗的水头损失值。

在紊流区内：

当 $u \geq 1.2 m/s$，比阻　　　　　$A = \dfrac{0.001736}{d^{5.3}}$

当 $u < 1.2 m/s$，比阻　　$A' = 0.853 \left(1 + \dfrac{0.867}{u}\right)^{0.3} \cdot \dfrac{0.001736}{d^{5.3}} = KA$

式中 K——修正系数。

对钢管，铸铁管的 A 做修正系数 K 值，见表1-1、表1-2、表1-3，根据公式（1-33b）

$$H_e = h_f = \lambda \frac{L}{d} \cdot \frac{u^2}{2g}$$

$$i = \frac{H_e}{L} = \frac{h_f}{L} = \lambda \frac{1}{d} \cdot \frac{u^2}{2g} \tag{1-35}$$

公式（1-35）称为按水力坡度计算的关系式。水力坡度 i 为某流量 Q 通过单位长度管道所需的作用水头，也等于所消耗的能量损失，I 还可根据水力计算表查得，见表1-4、表1-5。

钢管的比阻 A 值 表1-1

水煤气管			中等管径		大管径	
公称直径 $DN(mm)$	A (Q 为 m³/s)	A (Q 为 L/s)	公称直径 $DN(mm)$	A (Q 为 m³/s)	公称直径 $DN(mm)$	A (Q 为 m³/s)
15	8809000	8.809	125	106.2	400	0.2062
20	1643000	1.643	150	44.95	450	0.1089
25	436700	0.4367	175	18.96	500	0.06222
32	93860	0.09386	200	9.273	600	0.02384
40	44530	0.04453	225	4.822	700	0.01150
50	11080	0.01108	250	2.583	800	0.005665
65	2893	0.002893	275	1.535	900	0.003034
80	1168	0.001168	300	0.9392	1000	0.001736
100	267.4	0.0002674	325	0.6088	1200	0.0006605
125	86.23	0.00008623	350	0.4078	1300	0.0004322
150	33.95	0.00003395			1400	0.0002918

铸铁管的比阻 A 值 表1-2

内径 (mm)	A (Q 为 m³/s)	内径 (mm)	A (Q 为 m³/s)	内径 (mm)	A (Q 为 m³/s)
50	15190	250	2.752	600	0.02602
75	1709	300	1.025	700	0.01150
100	365.3	350	0.4529	800	0.005665
125	110.8	400	0.2232	900	0.003034
150	41.85	450	0.1195	1000	0.001736
200	9.029	500	0.06839		

钢管和铸铁管 A 值的修正系数 K 表1-3

$u(m/s)$	0.2	0.25	0.3	0.35	0.4	0.45	0.5	0.55	0.6
k	1.41	1.33	1.28	1.24	1.2	1.176	1.15	1.13	1.115
$u(m/s)$	0.65	0.7	0.75	0.8	0.85	0.9	1.0	1.1	≥1.2
k	1.10	1.085	1.07	1.06	1.05	1.04	1.03	1.015	1.00

【例题1-6】 图1-15为水塔向某处供水，管材采用铸铁管，管径 $DN=300mm$，流量 85L/s，全长 $L=3500mm$，水塔处地面标高 $Z_b=130m$，控制点所需供水压强为25m，用水点的地面标高 $Z_c=110m$，试求水塔的高度 H_b 应为多少？

表 1-4

制管的 **1000J** 的 *u* 值（示例）

Q		DN(mm)							
		250		275		300		325	
L/s	m³/h	u	1000J	u	1000J	u	1000J	u	1000J
53	190.8	1.06	7.40	0.87	4.52	0.72	2.84	0.62	1.90
54	194.4	1.08	7.66	0.89	4.68	0.74	2.94	0.63	1.96
55	198.0	1.10	7.92	0.91	4.84	0.75	3.05	0.64	2.03
56	201.6	1.12	8.20	0.92	5.01	0.77	3.14	0.65	2.10
57	205.2	1.14	8.47	0.94	5.17	0.78	3.25	0.66	2.16
58	208.8	1.16	8.75	0.95	5.33	0.79	3.36	0.67	2.24
59	212.4	1.18	9.03	0.97	5.51	0.81	3.46	0.69	2.31
60	216.0	1.20	9.30	0.99	5.68	0.82	3.57	0.70	2.38
61	219.6	1.22	9.61	1.00	5.88	0.83	3.69	0.71	2.45
62	223.2	1.24	9.93	1.02	6.05	0.85	3.80	0.72	2.52
63	226.8	1.26	10.2	1.04	6.24	0.86	3.71	0.73	2.60
64	230.4	1.28	10.6	1.05	6.42	0.88	4.03	0.74	2.68
65	234.0	1.30	10.9	1.07	6.60	0.89	4.15	0.75	2.75
66	237.6	1.32	11.2	1.09	6.79	0.90	4.26	0.77	2.83
67	241.2	1.34	11.6	1.10	6.99	0.92	4.38	0.78	2.92
68	244.8	1.36	11.9	11.2	7.19	0.93	4.51	0.79	2.99
69	248.4	1.38	12.3	1.14	7.38	0.94	4.63	0.80	3.08
70	252.0	1.40	12.7	1.15	7.58	0.96	4.75	0.81	3.16
71	255.6	1.42	13.0	1.17	7.80	0.97	4.89	0.82	3.24
72	259.2	1.44	13.4	1.19	7.99	0.98	5.01	0.84	3.33
73	262.8	1.46	13.8	1.20	8.18	1.00	5.14	0.85	3.41
74	266.4	1.48	14.1	1.22	8.41	1.01	5.28	0.86	3.50
75	270.0	1.50	14.5	1.24	8.63	1.03	5.40	0.87	3.59
76	273.6	1.52	14.9	1.25	8.87	1.04	5.54	0.88	3.68
77	277.2	1.54	15.3	1.27	9.10	1.05	5.68	0.89	3.77

Q		DN(mm)							
		175		200		225		250	
m³/h	L/s	u	1000J	u	1000J	u	1000J	u	1000J
122.4	34.0	1.45	21.9	1.10	10.9	0.86	5.85	0.68	3.26
124.2	34.5	1.47	22.6	1.12	11.2	0.87	6.00	0.69	3.34
126.0	35.0	1.48	23.2	1.14	11.5	0.89	6.17	0.70	3.43
127.8	35.5	1.51	23.9	1.15	11.8	0.90	6.34	0.71	3.52
129.6	36.0	1.53	24.6	1.17	12.1	0.91	6.50	0.72	3.61
131.4	36.5	1.55	25.3	1.18	12.4	0.93	6.67	0.73	3.71
133.2	37.0	1.57	26.0	1.20	12.7	0.94	6.84	0.74	3.80
135.0	37.5	1.60	26.7	1.22	13.0	0.95	7.02	0.75	3.90
136.8	38.0	1.62	27.4	1.23	13.4	0.96	7.19	0.76	3.99
138.6	38.5	1.64	28.1	1.25	13.7	0.98	7.37	0.77	4.09
140.4	39.0			1.27	14.1	0.99	7.55	0.78	4.19
142.2	39.5			1.28	14.5	1.00	7.72	0.79	4.29
144.0	40			1.30	14.8	1.01	7.91	0.80	4.39
147.6	41			1.33	15.6	1.04	8.28	0.82	4.59
151.2	42			1.37	16.4	1.07	8.67	0.84	4.80
154.8	43					1.09	9.05	0.85	5.01
158.4	44					1.12	9.44	0.88	5.23
162.0	45					1.14	9.86	0.90	5.45
165.6	46					1.17	10.3	0.92	5.68
169.2	47					1.19	10.7	0.94	5.91
172.8	48					1.22	11.1	0.96	6.14
176.4	49					1.24	11.6	0.98	6.38
180.0	50					1.27	12.1	1.00	6.63
183.6	51					1.29	12.5	1.02	6.87
187.2	52					1.32	13.0	1.04	7.14

表 1-5

制铁管的 1000J 的 *u* 值（示例）

Q		DN(mm) 150		DN(mm) 200		DN(mm) 250	
m³/h	L/s	u	1000J	u	1000J	u	1000J
91.80	25.5	1.46	27.2	0.82	6.21	0.52	2.05
93.60	26.0	1.49	28.3	0.84	6.44	0.53	2.12
95.40	26.5	1.52	29.4	0.85	6.67	0.54	2.19
97.20	27.0	1.55	30.5	0.87	6.90	0.55	2.26
99.00	27.5	1.58	31.6	0.88	7.14	0.56	2.35
100.8	28.0	1.61	32.8	0.90	7.38	0.57	2.42
102.6	28.5	1.63	34.0	0.92	7.62	0.58	2.50
104.4	29.0	1.66	35.2	0.93	7.87	0.59	2.58
106.2	29.5	1.69	36.4	0.95	8.13	0.61	2.66
108.0	30.0	1.72	37.7	0.96	8.40	0.62	2.75
109.8	30.5	1.75	38.9	0.98	8.66	0.63	2.83
111.6	31.0	1.78	40.2	1.00	8.92	0.64	2.92
113.4	31.5	1.81	41.5	1.01	9.19	0.65	3.00
115.2	32.0	1.84	42.8	1.03	9.46	0.66	3.09
117.0	32.5	1.86	44.2	1.04	9.74	0.67	3.18
118.8	33.0	1.89	45.6	1.06	10.0	0.68	3.27
120.6	33.5	1.92	47.0	1.08	10.3	0.69	3.36
122.4	34.0	1.95	48.4	1.09	10.6	0.70	3.45
124.2	24.5	1.98	49.8	1.11	10.9	0.71	3.54
126.0	35.0	2.01	51.3	1.12	11.2	0.72	3.64
127.8	35.5	2.04	52.7	1.14	11.5	0.73	3.74
129.6	36.0	2.06	54.2	1.16	11.8	0.74	3.83
131.4	36.5	2.09	55.7	1.17	12.1	0.75	3.93
133.2	37.0	2.12	57.3	1.19	12.4	0.76	4.03
135.0	37.5	2.15	58.8	1.21	12.7	0.77	4.13

Q		DN(mm) 250		DN(mm) 300		DN(mm) 350	
m³/h	L/s	u	1000J	u	1000J	u	1000J
136.8	38.0	0.78	4.23	0.54	1.68	0.395	0.789
138.6	38.5	0.79	4.33	0.545	1.72	0.40	0.808
14.04	39.0	0.80	4.44	0.55	1.76	0.405	0.826
142.2	39.5	0.81	4.51	0.56	1.81	0.41	0.848
144.0	40.0	0.82	4.63	0.57	1.85	0.42	0.866
147.6	41	0.84	4.87	0.58	1.93	0.43	0.904
151.2	42	0.86	5.09	0.59	2.02	0.44	0.943
154.8	43	0.88	5.32	0.61	2.10	0.45	0.986
158.4	44	0.90	5.56	0.62	2.19	0.46	1.03
162.0	45	0.92	5.79	0.64	2.29	0.47	1.07
165.6	46	0.94	6.04	0.65	2.38	0.48	1.11
169.2	47	0.96	6.27	0.66	2.48	0.49	1.15
172.8	48	0.99	6.53	0.68	2.57	0.50	1.20
176.4	49	1.01	6.78	0.69	2.67	0.51	1.25
180.0	50	1.03	7.05	0.71	2.77	0.52	1.30
183.6	51	1.05	7.30	0.72	2.87	0.53	1.34
187.2	52	1.07	7.58	0.74	2.99	0.54	1.39
190.8	53	1.09	7.85	0.75	3.09	0.55	1.44
194.4	54	1.11	8.13	0.76	3.20	0.56	1.49
198.0	55	1.13	8.41	0.78	3.31	0.57	1.54
201.6	56	1.15	8.70	0.79	3.42	0.58	1.59
205.2	57	1.17	8.99	0.81	3.53	0.59	1.64
208.8	58	1.19	9.29	0.82	3.64	0.60	1.70
212.4	59	1.21	9.58	0.83	3.77	0.61	1.75
216.0	60	1.23	9.91	0.85	3.88	0.62	1.81

【解】 （1）首先验算流速

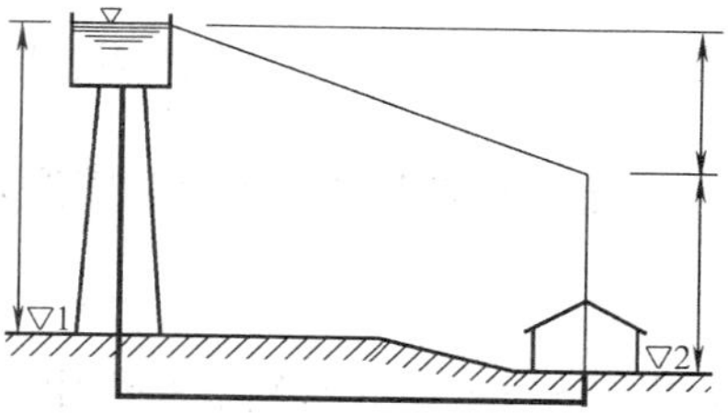

$$u = \frac{4Q}{\pi d^2} = \frac{4 \times 85 \times 10^{-3}}{3.14 \times 0.3^2}$$

$$= 1.2\text{m/s}$$

$$u = 1.2\text{m/s}$$

A 不需修正。

图 1-15　某水塔供水系统

（2）计算作用水头 H_e

查表 1-2，$A = 1.025 \text{S}^2/\text{m}^6$ 代入公式 $H_e = h_f = ALQ^2$

则 $H_e = 1.025 \times 3500 \times (0.085)^2 = 25.92\text{m}$

（3）计算水塔的高度

$$H_e = (Z_b + H_b) - (Z_c + H_c)$$

故　　　　　　$H_b = 25.92 + 110 + 25 - 130 = 30.92\text{m}$

1.4.2　串、并联管路

1. 串联管路

串联管路是由两节或两节以上的简单管路所组成，某组成特点是各管段按顺序尾首相接而成，如图 1-16 所示。

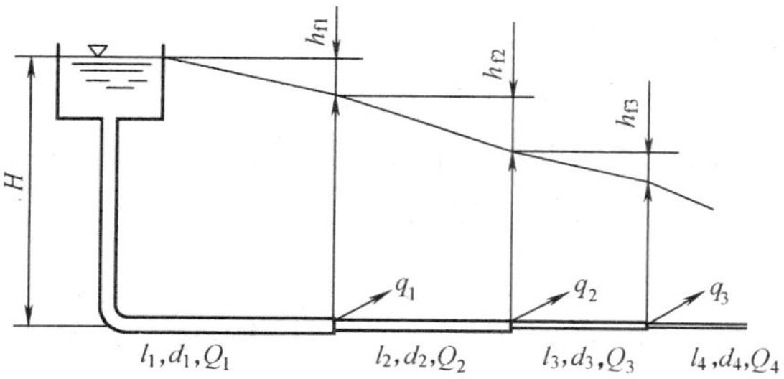

（1）流量关系

串联管路彼此相接点称为节点。从节点流出的流量称为节点流量。根据质量平衡规律，流入各节点流量等于流出各节点的流量。取流入为正，流出为负。则

$$\sum Q = 0 \tag{1-36}$$

设管路总流量为 Q，节点流量为 q，

图 1-16　串联管路

末端出流量为 Q_0，各管段的流量为：$Q_C = Q_0$

$$Q_B = Q_C + q_2 = Q_0 + q_2$$

$$Q_A = Q_B + q_1 = Q_0 + q_2 + q_1$$

当串联管路无节点流量流出时，各管段间的流量关系为：

$$Q_A = Q_B = Q_C = Q_0 = Q$$

说明各管段流量相等。

（2）阻力损失关系

根据阻力叠加原理，串联管路总水头损失等于各管段水头损失之和即：

$$h_\omega = h_{\omega(A)} + h_{\omega(B)} + h_{\omega(C)} + \cdots \cdots = \sum_{i=1}^{n} h_{\omega(i)} \tag{1-37}$$

21

或：
$$h_\omega = S_A Q_A^2 + S_B Q_B^2 + S_C Q_C^2 + \cdots\cdots = \sum_{i=1}^{n} S_i Q_i^2$$

对于无节点出流的串联管路，由于通过各管段的流量相等

$$h_\omega = (S_A + S_B + S_C + \cdots\cdots)Q^2 = SQ^2$$

式中　S——串联管路总特性阻力数。

无节点出流串联管路，管路总特性阻力数等于各管段特性阻力数之和。

2. 并联管路

并联管路是由两节或两节以上的简单管路组成，其特点是流体从总管段末端断面分出两节或两节以上的支管段，而这些支管最后又汇集到另一点管段始端面上，如图 1-16 所示。

（1）流量关系

根据质量平衡规律，流入节点 A 的流量等于流出节点 A 的流量，流入为正，流出为负，即 $\sum Q = 0$，设总流量为 Q，各支管流量为 Q_i 则

$$Q = Q_1 + Q_2 + Q_3 = \sum Q_i \tag{1-38}$$

上式表明，无节点出流的并联管路，总流量等于各支管流量之和。

（2）阻力损失关系

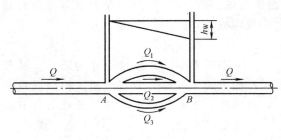

图 1-17　并联管路

从图 1-17 可看出，A、B 两点的测压管液面高差，表示 A、B 两点之间的水头损失 h_ω，也就是 $h_{\omega(1)} = h_{\omega(2)} = h_{\omega(3)} = h_\omega$，此式表明并联管路各支管段水头损失相等。

上式还可写成：

$$\frac{Q_1}{Q_2} = \sqrt{\frac{S_2}{S_1}}; \quad \frac{Q_2}{Q_3} = \sqrt{\frac{S_3}{S_2}}; \quad \frac{Q_3}{Q_1} = \sqrt{\frac{S_1}{S_3}}$$

$$\tag{1-39}$$

并联管路，各支管段的流量大小是遵循节点间各分支管段阻力损失相等的规律进行分配的，特性阻力数 S 大的支管流量小，S 小的支管流量大。

1.5　明　渠　均　匀　流

明渠是一种具有自由表面水流的渠道，表面上各点受大气压强作用，其相对压强为零，所以又称无压流。

明渠水流根据其运动要素是否随时间变化分为恒定流和非恒定流。前者又分为均匀流与非均匀流两类，本节重点介绍明渠均匀流。

1.5.1　明渠均匀流的条件与特征

当明渠的断面平均流速沿程不变，各过水断面上的流速分布亦相同时才会出现明渠均匀流动，明渠均匀流只能发生在底坡 i 和粗糙系数 n 不变的棱柱形人工渠道中（棱柱形渠

道是指凡是断面形状及尺寸沿程不变的长直渠道）而且还必须是顺坡的。

明渠均匀流的水流具有如下特征：

1. 断面平均流速 u 沿程不变；

2. 水深 h 沿程不变；

3. 总水头线，水面及渠底相互间平行。

1.5.2 明渠均匀流的计算公式

1. 谢才公式

1769 年，法国工程师谢才提出了明渠均匀流的计算公式即谢才公式：

$$u = C\sqrt{RJ} \tag{1-40}$$

式中 u——平均流速，m/s；

     R——水力半径，m；

     J——水力坡度；

     C——谢才系数，$m^{1/2}/s$，见表 1-6。

由于在明渠均匀流中，水力坡度 J 与渠底坡度 i 相等，故谢才公式亦可写成：

$$u = C\sqrt{Ri} \tag{1-41}$$

由此得流量公式

$$Q = Au = AC\sqrt{Ri} = K\sqrt{i} = K\sqrt{J} \tag{1-42}$$

上式为计算明渠均匀流输水能力的基本关系式。式中的 K 称为流量模数，$K = f(h)$ 相应于 $K = \dfrac{Q}{\sqrt{i}}$ 的水深 h，是渠道作均匀流动时沿程不变的断面水深，称为正常水深。通常以 h_0 表示。

2. 曼宁公式

1889 年，爱尔兰工程师曼宁亦提出了一个明渠均匀流公式。

$$u = \frac{1}{n}R^{2/3}J^{1/2} \tag{1-43}$$

式中 u——平均流速，m/s；

     R——水力半径，m；

     J——水力坡度；

     n——粗糙系数称曼宁系数。

将谢才公式与曼宁公式相比较，便得：

$$C = \frac{1}{n}R^{1/6} \tag{1-44}$$

上式称曼宁公式，其中水力半径的指数实际上不是一个常数，而是一个主要依渠道形状及粗糙度而变化的值，为此，苏联水力学家巴甫洛夫斯基提出了以下公式：

$$C = \frac{1}{n}R^{y} \tag{1-45}$$

而 $$y=2.5\sqrt{n}-0.13-0.75\sqrt{R}(\sqrt{n}-0.10)$$

此式是在下列数据范围内得到的，0.1m≤R≤3m 及 0.011<n<0.040，C 与 R、n 的关系可查表 1-6。

1.5.3　明渠均匀流水力计算的基本问题

1. 验算渠道的输水能力。

这种情况，可根据已知值即边坡系数、梯形渠道底宽、水深及底坡，求 A、R 及 C 后，利用公式（1-42），求出流量 Q。

2. 决定渠道底坡

已知，n、Q 和 m、b、h 各量，求所需要的底坡 i。

3. 决定渠道断面尺寸

一般情况已知流量 Q，渠道底坡 i，边坡系数 m 及粗糙系数 n，求渠道断面尺寸 b 和 h。

谢才系数 C 的数值表　　　　　　　　　　表 1-6

根据巴甫洛夫斯基公式 $C=\dfrac{1}{n}R^{y}$，单位：$\mathrm{m}^{1/2}/\mathrm{s}$

式中：$y=2.5\sqrt{n}-0.13-0.75\sqrt{R}(\sqrt{n}-0.10)$

	0.011	0.012	0.013	0.014	0.017	0.020	0.0225	0.025	0.030	0.035	0.040
0.10	67.2	60.3	54.3	49.3	38.1	30.6	22.4	19.6	17.3	13.8	11.2
0.12	68.8	61.9	55.8	50.8	39.5	32.6	23.5	20.6	18.3	14.7	12.1
0.14	70.3	63.3	57.2	52.2	40.7	33.0	24.5	21.6	19.1	15.4	12.8
0.16	71.5	64.5	58.4	53.3	41.8	34.0	25.4	22.4	19.9	16.1	13.4
0.18	72.6	65.6	59.5	54.3	42.7	34.8	26.2	23.2	20.6	16.8	14.0
0.20	73.7	66.6	60.4	55.3	43.6	35.7	26.9	23.8	21.3	17.4	14.5
0.22	74.6	67.5	61.3	56.2	44.4	36.4	27.6	24.5	21.9	17.9	15.0
0.24	75.5	68.3	62.1	57.0	45.2	37.1	28.3	25.1	22.5	18.5	15.5
0.26	76.3	69.1	62.9	57.7	45.9	37.8	28.8	25.7	23.0	18.9	16.0
0.28	77.0	69.8	63.6	58.4	46.5	38.4	29.4	26.2	23.5	19.4	16.4
0.30	77.7	70.5	64.3	59.1	47.2	39.0	29.9	26.7	24.0	19.9	16.8
0.32	78.3	71.1	65.0	59.7	47.8	39.5	30.3	27.1	24.4	20.3	17.2
0.34	79.0	71.8	65.7	60.3	48.3	40.0	30.8	27.6	24.9	20.7	17.6
0.36	79.6	72.4	66.1	60.9	48.8	40.5	31.3	28.1	25.3	21.1	17.9
0.38	80.1	72.9	66.7	61.4	49.3	41.0	31.7	28.4	25.6	21.4	18.3
0.40	80.7	73.4	67.1	61.9	49.8	41.5	32.2	28.8	26.0	21.8	18.6
0.42	81.3	73.9	67.7	62.4	50.2	41.9	32.6	29.2	26.4	22.1	18.9
0.44	81.8	74.4	68.2	62.9	50.7	42.3	32.9	29.6	26.7	22.4	19.2
0.46	82.3	74.8	68.6	63.3	51.1	42.7	33.3	29.9	27.1	22.8	19.5
0.48	82.7	75.3	69.1	63.7	51.5	43.1	33.6	30.2	27.4	23.1	19.8
0.50	83.1	75.7	69.5	64.1	51.9	43.5	34.0	30.4	27.8	23.4	20.1
0.55	84.1	76.7	70.4	65.2	52.8	44.1	34.5	31.4	28.5	24.0	20.7
0.60	85.0	77.7	71.4	66.0	53.7	45.2	35.5	32.1	29.2	24.7	21.3
0.65	86.0	78.7	72.2	66.9	54.5	45.9	36.2	32.8	29.8	25.3	21.9
0.70	86.7	79.4	73.0	67.6	55.2	46.6	36.9	33.4	30.4	25.8	22.4
0.75	87.5	80.2	73.8	68.4	55.9	47.3	37.5	34.0	31.0	26.4	22.9
0.80	88.3	80.8	74.6	69.0	56.5	47.9	38.0	34.6	31.5	26.8	23.4
0.85	89.0	81.6	75.1	69.7	57.2	48.4	38.6	35.0	32.0	27.3	23.8

	0.011	0.012	0.013	0.014	0.017	0.020	0.0225	0.025	0.030	0.035	0.040
0.90	89.4	82.1	75.5	69.9	57.5	48.8	38.9	35.5	32.3	27.6	24.1
0.95	90.3	82.8	76.5	70.9	58.3	49.5	39.5	35.9	32.9	28.2	24.6
1.00	90.9	83.3	76.9	71.4	58.8	50.0	40.0	36.4	33.3	28.6	25.0
1.10	92.0	84.4	78.0	72.5	59.8	50.9	40.9	37.3	34.1	29.3	25.7
1.20	93.1	85.4	79.0	73.4	60.7	51.8	41.6	38.0	34.8	30.0	26.3
1.30	94.0	86.3	79.9	74.3	61.5	52.5	42.3	38.7	35.5	30.6	26.9
1.40	9.48	87.1	80.7	75.1	62.2	53.2	43.0	39.3	36.1	31.1	27.5
1.50	95.7	88.0	81.5	75.9	62.9	53.9	43.6	39.8	36.7	31.7	28.0
1.60	96.5	88.7	82.2	76.5	63.6	54.5	44.1	40.4	37.2	32.2	28.5
1.70	97.3	89.5	82.9	77.2	64.3	55.1	44.7	41.0	37.7	32.7	28.9
1.80	98.0	90.1	83.5	77.8	64.8	55.6	45.1	41.4	38.1	33.0	29.3
1.90	98.6	90.8	84.2	78.4	65.4	56.1	45.6	41.8	38.5	33.4	29.7
2.00	99.3	91.4	84.8	79.0	65.9	56.6	46.0	42.3	38.9	33.8	30.0
2.20	100.4	92.4	85.9	80.0	66.8	57.4	46.8	43.0	39.6	34.4	30.7
2.40	101.5	93.5	86.9	81.0	67.7	58.3	47.5	43.7	40.3	35.1	31.2
2.60	102.5	94.5	88.1	81.9	68.4	59.0	48.2	44.2	40.9	35.6	31.7
2.80	103.5	95.3	88.7	82.6	69.1	59.7	48.7	44.8	41.4	36.1	32.2
3.00	104.4	96.2	89.4	83.4	69.8	60.3	49.3	45.3	41.9	36.6	32.5
3.20	105.2	96.9	90.1	84.1	70.4	60.8	49.7	45.7	42.3	36.9	32.9
3.40	106.0	97.6	90.8	84.8	71.0	61.3	50.1	46.1	42.6	~37.2	33.2
3.60	106.7	98.3	91.5	85.4	71.5	61.7	50.5	46.4	43.0	37.5	33.5
3.80	107.4	99.0	92.0	85.9	72.0	62.1	50.8	46.8	43.3	37.8	33.7
4.00	108.1	99.6	92.7	86.5	72.5	62.5	51.2	47.1	43.6	38.1	33.9
4.20	108.7	100.1	93.2	86.9	72.8	62.9	51.4	47.3	43.8	38.3	34.1
4.40	109.2	100.6	93.6	87.4	73.2	63.2	51.6	47.5	44.0	38.4	34.3
4.60	109.8	101.0	94.2	87.8	73.5	63.6	51.8	47.8	44.2	38.6	34.4
4.80	110.4	101.5	94.6	88.3	73.9	63.9	52.1	48.0	44.4	38.7	34.5
5.00	111.0	102.0	95.0	88.7	74.2	64.1	52.4	48.2	44.6	38.9	34.6

思考题与习题

1-1 流体静压强有哪两个基本特性？

1-2 什么是绝对压强，相对压强和真空值？三者之间的关系如何？

1-3 压强的三种量度单位是什么？

1-4 什么是压力流、无压流？

1-5 什么是过流断面，断面平均流速和流量？三者的关系是什么？

1-6 流体流动时为什么会产生水头损失？水头损失有哪两种形式？

1-7 应用恒定流连续性方程式应注意哪几点？

1-8 应用恒定流能量方程式应注意哪几点？

1-9 什么是简单管路？

1-10 串联管路的流量及阻力损失关系如何？

1-11 并联管路的流量及阻力损失关系如何？

1-12 明渠均匀流产生的条件及特征？

1-13 若海平面上的大气压强为 $98.1kN/m^2$，试求水深 30m 处的绝对压强和相对压强。

1-14 有一密闭容器，在液面下 2m 处，测得相对压强 $p' = 98kN/m^2$，液体重力密度 $\gamma = 10300N/m^3$，试求液面上的相对压强 p' 和绝对压强 p。

1-15 如图所示平面 AB，宽 1m，倾角为 45°，水深为 3m，试求静水总压力及其作用点。

1-16 直径 d 为 100mm 的输水管中有一变截面段，如图所示，若测得管内流量 Q 为 15L/s，变截面管段是最小截面处的断面平均流速 $u_0 = 20.3$m/s，求输水管的断面平均流速 u 及最小截面处的直径 d_1。

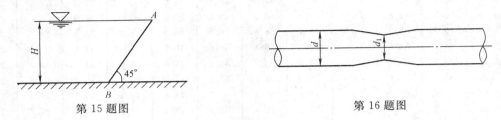

第 15 题图   第 16 题图

1-17 如图所示，用一根直径 d 为 200mm 的管道从水箱中引水，假设水箱中的水恒定出流，出流流量 Q 为 50L/s，问水箱中的水位与管道出口断面中心的高差 H 应保持多大？（水流总的水头损失 $h_w = 5$mH_2O）。

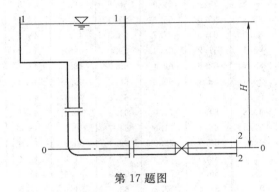

第 17 题图

1-18 以铸铁管供水，已知管长 $L = 300$m，$d = 200$mm，水头损失 $h_f = 5.5$m，试决定其通过流量 Q_1，又如水头损失 $h_f = 1.25$m，求所通过的流量 Q_2。

1-19 某工厂供水管道如图所示，由水泵 A 向 B、C、D 三处供水。已知流量 $Q_B = 0.01$m³/s，$Q_C = 0.005$m³/s，$Q_D = 0.01$m³/s，铸铁管直径 $d_{AB} = 200$mm，$d_{BC} = 150$mm，$d_{CD} = 100$mm，管长 $L_{AB} = 350$m，$L_{BC} = 450$m，$L_{CD} = 100$mm。整个场地水平，试求水泵出口处的水头？

1-20 有一并联管路如图所示，流过的总流量为 0.08m³/s 钢管的直径 $d_1 = 150$mm，$d_2 = 200$mm，$L_1 = 500$m，$L_2 = 800$m，求（1）并联管中的流量 Q_1，Q_2（2）A、B 两点间的水头损失。

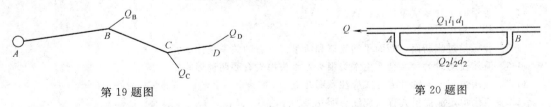

第 19 题图   第 20 题图

1-21 有一梯形断面明渠，已知 $Q = 2$m³/s，$i = 0.0016$，$m = 1.5$，$n = 0.020$，若允许流速 $u_{max} = 1.0$m/s，试求决定此明渠的断面尺寸。

1-22 已知一矩形断面排水暗沟的设计流量 $Q = 0.6$m³/s，断面宽 $b = 0.8$m，渠道粗糙系数 $n = 0.014$，若断面水深 $h = 0.4$m 时，问此排水沟所需底坡 i 为多少？（按曼宁公式计算）。

第二章 叶片式水泵

2.1 水泵定义及分类

水泵是机械能转变为液体的势能和动能的一种设备，是应用最广泛的动力设备之一。泵的种类繁多，一般按工作原理，大致分类如下：

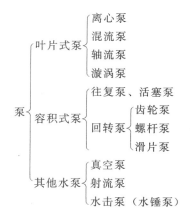

按产生的压力可分为：

低压泵，总水头压力＜2MPa；

中压泵，总水头压力为 2～6MPa

高压泵，总水头压力为 6MPa 以上。

以上各类泵中以离心泵应用最广，离心泵具有效率高，流量和扬程范围广，构造简单，操作容易，体积小，重量轻等优点。并且它可以与电动机直接联动，又可借胶带和齿轮传动装置进行运转。

2.2 离心泵的工作原理与基本构造

离心式泵的主要结构部件是叶轮和机壳，机壳内的叶轮装置于轴上，并与原动机连接形成一个整体。当原动机旋转时，通过传动轴带动叶轮产生旋转运动，从而使机壳内的流体获得能量。

2.2.1 工作原理

图 2-1 是一台单级单吸式离心泵的构造简图。它主要的工作部件是叶轮、泵壳、泵轴、轴承与填料函。蜗壳形泵壳借助于吸水口与吸水管相连接，出水口与压水管相连接。水泵的叶轮一般是由两个圆形盖板所组成，盖板之间有若干片弯曲的叶片，叶片之间的槽道为过水的叶槽，如图 2-2 所示。

叶轮的前盖板上有一个圆孔，这就是叶轮的进水口，它装在泵壳的吸水口内，与水泵吸水管路相通。离心泵在启动之前，应先将泵壳和吸水管道灌满水，然后再驱动电机，使叶轮和水作高速旋转运动，此时，水受到离心力的作用被甩出叶轮，经蜗形泵壳中的流道而流入水泵的压力管道，再由压水管道输入管路系统中去。与此同时，水泵叶轮中心处由于被甩出而形成真空状态，吸水池中的水便在大气压强的作用下，沿吸水管而源源不断地流入叶轮吸水口，又受到高速转动叶轮的作用，被甩出叶轮而输入压水管道。这样就形成了离心水泵的连续输水。

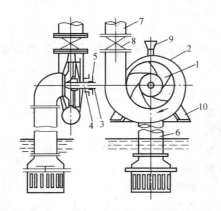

图 2-1 单级单吸离心泵的构造

1—叶轮；2—泵壳；3—泵轴；4—轴承；5—填料函；6—吸水管；7—压水管；8—闸阀；9—灌水漏斗；10—泵座

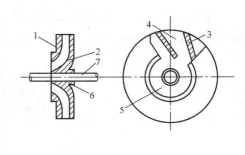

图 2-2 单级式叶轮

1—前盖板；2—后盖板；3—叶片；4—叶槽；5—吸水口；6—轮毂；7—泵轴

综上所述，离心式泵的工作过程，实际上是一个能量传递和转化的过程。它将电动机高速旋转的机械能，通过泵的叶片，传递并转化为被抽升水的压能和动能。

2.2.2 离心泵的主要部件

1. 叶轮（又称工作轮）

叶轮是离心泵的主要零件，它由叶片和轮毂两部分组成。

叶轮一般可分为单吸式叶轮和双吸式叶轮两种。按其盖板情况分为封闭式、敞开式和半敞开式三种形式。如图 2-3 所示，有两个盖板的叶轮。

称为封闭式叶轮。敞开式叶轮前、后盖都没有；而半开式叶轮只有后盖，没有前盖。

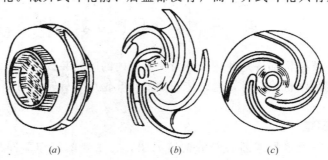

(a)　　　　　　　　(b)　　　　　　　　(c)

图 2-3 叶轮形式

(a) 封闭式叶轮；(b) 敞开式叶轮；(c) 半敞开式叶轮

清水泵的叶轮一般为封闭式。当输送的水含杂质较多，一般采用敞开式或半开式。

叶轮大多用铸铁或铸钢制成，其内表面要求具有一定的光洁度，不准有砂眼、毛糙和突起部分。

封闭式叶轮的叶片一般为6～8片，多的可至12片；敞开式或半敞开式叶轮的特点是叶片数少，一般只有2～4片。

2. 泵壳

泵壳的作用是将水引入叶轮，然后将叶轮甩出的水汇集起来，引向压水管道。泵壳通常铸成蜗壳形，以便形成良好的水力条件。叶轮工作时，泵壳受到较高水压的作用，所以泵壳大多采用铸铁作为材料，内表面要求光滑，以减少水头损失。泵壳顶部设有灌水漏斗和排气栓，以便启动前灌水和排气。底部有放水方头螺栓，以便停用或检修时排水。

3. 泵轴

泵轴用来带动叶轮旋转，是将电动机的能量传递给叶轮的主要部件。

泵轴一般采用碳素钢或不锈钢作为材料，要求具有足够的抗扭强度和刚度。它与叶轮用键进行联结。

4. 减漏装置

高速转动的叶轮和固定的泵壳之间总是存在有缝隙的，很容易发生泄漏，为了减少泵壳内高压水向吸水口的回流量，一般在水泵构造上采用两种减泄方式：

（1）减小接缝间隙（不超过0.1～0.5mm）；

（2）增加泄漏通道中的阻力。

在实际应用中，由于加工安装以及轴向力等问题，在接缝间隙处容易发生叶轮与泵壳间的磨损现象。为了延长叶轮和泵壳的使用寿命，通常在泵壳上安装一个金属环，或在缝隙处的泵壳和叶轮上各安一个环，以增加水流回流时的阻力，提高减漏效果，此环称为减漏环或承磨环。减漏环一般用铸铁或青铜制成，当此环磨损到一定程度时，就必须进行更换。

5. 轴向力平衡措施

如图2-4所示，单吸式离心泵，由于其叶轮缺乏对称性，离心泵工作时，叶轮两侧作用的压力不相等，因此，在水泵叶轮上作用有一个推向吸入口的轴向力 ΔP。由于推向力的作用，从而造成叶轮的轴向位移，与泵壳发生磨损，水泵消耗功率也相应增大。

对于单级单吸离心泵，一般采取在叶轮的后盖板上钻开平衡孔，并在后盖板上加装减

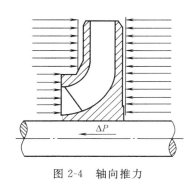

图 2-4　轴向推力

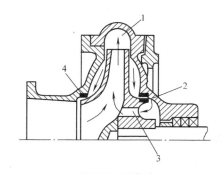

图 2-5　平衡孔

1—排出压力；2—加装的减漏环；3—平衡孔；4—泵壳上的减漏环

漏环，如图 2-5 所示。高压水经此环时压力下降，并经平衡孔流回叶轮中去，使叶轮后盖板上的压力与前盖板相接近，这样，就消除了轴向推力。此种方法的优点是构造简单，容易实行。缺点是，叶轮流道中的水流受到平衡孔回流水的冲击，使水力条件变差，对水泵的效率有所降低。但对于单级单吸式离心泵，平衡孔的方法仍被广泛应用。

6. 轴承与传动方式

轴承是用来支承泵轴，便于泵轴旋转。轴承分有滑动轴承和滚动轴承两种，传动方式有直接传动和间接传动两种。

7. 填料函

填料函又称盘根箱，其作用是密封泵轴和泵壳之间的空隙，以防止漏水和空气吸入泵内。填料采用柔软而浸油的材料，为了防止漏水过多，填料用压盖压紧，但过紧也会造成泵轴与填料间的磨擦增大，降低水泵效率。其压紧程度按稍有滴水的情况为宜。

2.2.3 离心式泵的管路及附件

离心泵除有以上各组成部分之外，还需配有管路和必要的附件，如图 2-6 所示。

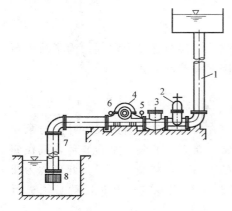

图 2-6　离心水泵管路附件装置

1—压水管；2—闸阀；3—逆止阀；4—水泵；
5—压力表；6—真空表；7—吸水管；8—底阀

1. 吸水管段

吸水管段是包括从底阀 8 至泵的吸入口法兰为止的一段。水泵启动前必须将水泵本身吸入管灌满水，底阀 8 的作用是阻止启动前吸水管漏水，防止破坏吸水管的真空状态或降低其真空度。真空表 6 安装在泵的吸入口处，以量测水泵吸入口处的真空度。吸水管段一般不安闸阀。其水平管段要具有向泵方向的抬头坡度，以利于排除空气。

2. 压水管段

压水管段是包括从水泵出口以外的管段。压力表 5 安装在泵的出水口处，以量测水泵出水口的压强。逆止阀 3 的作用是防止水塔或高位水箱的水经压水管倒流入泵内。闸阀 2 的作用是调节水泵的流量和扬程。

当两台或两台以上水泵的吸水管段彼此相连时；或当水泵处于自灌式灌水，水泵的安装标高低于水池中的水面时，吸水管上也应安装闸阀。

2.2.4 离心式泵的分类

离心水泵常有以下几种分类。

1. 根据叶轮的数目分

单级泵，只有一个叶轮；多级泵，有两个或两个以上叶轮。有两个叶轮的叫二级泵，有三个叶轮的叫三级泵，依次类推。

2. 根据进水方式分

单吸泵即由叶轮单面进水的泵，双吸泵即由叶轮双面进水的泵。

3. 根据泵轴的方向分

卧式泵和立式泵。

4. 根据抽升液体的含有的杂质情况分

清水泵和污水泵。

2.3 离心式泵的基本性能参数和基本方程

2.3.1 离心泵基本性能参数

不同的泵有不同的性能参数，在水泵铭牌上常用参数来表达各种泵的性能：

1. 流量——是水泵在单位时间内所抽升液体的体积，以符号 Q 表示，单位为 1/s，m^3/s 或 m^3/h。

2. 扬程——又称总水头或总扬程。是指单位重量流体通过泵以后所获得的能量，以符号 H 表示，单位为 mH_2O。

3. 功率

（1）有效功率——单位时间内泵将多少重量的液体提升了多少高度。用 N_e 表示，单位：kW。即：

$$N_e = \frac{\gamma QH}{102} \tag{2-1}$$

（2）轴功率——指电动机传递给泵的功率。用 N 表示。

泵的轴功率除了向液体传递有效功率来抽送液体外，还有一部分功率在泵中损失掉。这些损失包括漏泄损失，也叫容积损失，是叶轮出口的高压水通过密封环又漏回到叶轮进口及送到填料函的密封水等损失。机械损失是指转动的叶轮和泵轴同固定的泵壳和轴承的摩擦损失。水力损失是水流在泵内的摩阻，冲击损失等三个主要方面。显而易见，轴功率必然大于有效功率，即 $N > N_e$。

（3）效率——有效功率与轴功率的比值。用 η 表示：

$$\eta = \frac{N_e}{N} \tag{2-2}$$

4. 允许吸上真空高度——是指在一个标准大气压（$10.33mH_2O$）、水温在 20℃时水泵进口处允许达到的最大真空值。泵进口处的真空度不得超过此值。用 H_s 表示。

如果被抽升的水温不是 20℃ 或水泵安装在小于 1 个大气压力（即在海拔较高的地方）对其允许吸水高度应加以校正。

$$H_s' = H_s - (10.3 - h_a) - (h_t - 0.24) \tag{2-3}$$

式中　H_s'——校正后的允许吸水高度，m；

　　　　H_s——水泵厂规定的允许吸水高度，m；

　　　　h_a——安装地点的大气压力，m；

　　　　h_t——实际水温的汽化压力，m（见表 2-1）。

实际水温的汽化压力　　　　　　　　　　　　　　　　　　　　表 2-1

水温（℃）	0	5	10	20	30	40	50	60	70	80	90	100
汽化压力 $h_t mH_2O$	0.06	0.09	0.12	0.24	0.43	0.75	1.25	2.02	3.17	4.82	7.14	10.33

5. 比转数——在最高效率下，将泵的几何尺寸按比例缩小，缩小到这样的程度，使得缩小后的小水泵（称模型泵）的有效功率为 $N_e=1$ 马力，扬程 $N=1$m，从而流量为：

$$Q=\frac{75N_e}{\gamma H}=\frac{75\times 1}{1000\times 1}=0.075 \ （m^3/s）$$

这个模型泵的转数称为比转数。用 n_s 表示：

$$n_s=\frac{3.65n\sqrt{Q}}{H^{3/4}} \tag{2-4}$$

式中 n——水泵的额定转数 r/min；

　　　　H——水泵的额定扬程，m，对多级泵是指一个叶轮的扬程；

　　　　Q——额定流量，m^3/s；对双吸式要取额定流量的一半。

2.3.2　流体在叶轮中的流动情况

如图 2-7 所示表示泵的叶轮示意及流体流动速度图。叶轮的进口直径为 D_1 叶轮的外径、即叶片出口直径为 D_2，叶片入口宽度为 b_1，出口宽度为 b_2。

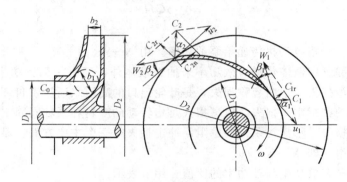

图 2-7　叶轮中流体流动速度

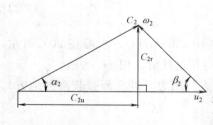

图 2-8　叶轮出口速度三角形

当叶轮旋转时，流体沿轴向以绝对速度 C。自叶轮进口处流入，由于流体质点就进行着复杂的复合运动。首先应明确两个坐标系：（1）旋转叶轮的动坐标系；（2）固定的机壳的静坐标系。流体质点相对动坐标系的运动为相对运动 ω，而对静坐标系的运动为牵连运动 u，两者的合成就是绝对运动 C。我们可以用速度三角形表示三种速度的关系式如图 2-8 所示。

$$\vec{C}=\vec{\omega}+\vec{u}$$

在速度三角形中，ω 的方向与 u 的反方向之间的夹角 β 表明了叶片的弯曲方向，称为叶片的安装角，β_1 为进口安装角，β_2 为出口安装角，速度 C 与 ω 之间的夹角称叶片的工作角。α_1 为进口工作角，α_2 为出口工作角。

从图 2-8 可以看出：

$$C_{2u}=C_2\cos\alpha_2=u_2-C_{2r}ctg\beta_2 \tag{2-5}$$

$$C_{2r}=C_2\sin\alpha_2 \tag{2-6}$$

速度三角形清楚地表达了流体在叶槽中的流动情况

2.3.3 基本方程式

1. 理论基本方程式

为了简化分析推理，我们对叶轮的构造和流体性质先作三点假设：（1）流体是恒定流；（2）叶轮中的叶片数无限多、无限平滑；（3）流体为理想流体，也即不显示黏滞性，不存在水头损失，而且密度不变。其方程式为

$$H_T = \frac{1}{g}(u_2 C_{2u} - u_1 C_{1u}) \tag{2-7}$$

为了提高水泵的扬程和改善吸水性能，大多数离心泵在水流进入叶片时，$\alpha_1 = 90°$即$C_{1u} = 0$ 此时，基本方程式可写成

$$H_T = \frac{u_2 C_{2u}}{g} \tag{2-8}$$

为了获得正值扬程，必须使$\alpha_2 < 90°$。α_2愈小，水泵的理论扬程H_T愈大，在实际应用中，水泵厂一般选用$\alpha_2 = 6° \sim 15°$左右，H_T与叶轮的转速，叶轮的外径有关，增加转速和轮径，可以提高水泵的扬程，而水泵的扬程是两部分能量组成：一部分为势扬程$H_1 = \left(Z_2 + \frac{p_2}{\gamma}\right) - \left(Z_1 + \frac{p_1}{\gamma}\right)$；另一部分为动扬程$H_2 = \frac{C_2^2 - C_1^2}{2g}$即

$$H_T = H_1 + H_2 \tag{2-9}$$

在实际应用中，由于动能转化为压能过程中，伴有能量损失，因此，动扬程H_z在水泵总扬程中所占的百分比愈小，泵壳内部的水力损失就愈小，水泵的效率将提高。

2. 基本方程式的修正

在分析基本方程式之前，曾提出三个理想化假设，从而得出理论基本方程式。在此基础上，还有待于探讨这三个假设，从而对理论基本方程式进行修正。

（1）关于流体是恒定流问题，当叶轮转速不变时，叶轮外的绝对运动可认为是恒定的，在水泵开动一定时间以后，外界使用条件不变时，这个假设基本上可以认为能够满足。

（2）关于假设叶轮中的叶片数无限多，无限薄的问题。实际上，叶轮中的叶片数是有限的，一般为$6 \sim 12$片，因此，流体在叶槽中流动时会产生"反旋现象"如图2-9所示，由于反旋，叶槽中流速的实际分布是不均匀的，这与假设相矛盾，在实际应用中，需要进行修正。修正后的理论扬程为H_T'与H_T之间的关系为

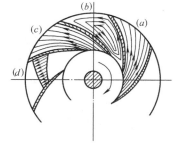

图2-9 反旋现象对流速分布的影响

$H_T' = \frac{H_T}{1 + P} = K H_T$（式中的$K$为旋流修正系数）。

（3）关于理想流体的问题。H_T'指理想流体，在实际叶轮中获得的理论扬程，对于实际流体，当它在叶槽流道内流动时，实际上存在流动阻力（即产生能量损失）。可采用水力效率η_K修正。因此，实际流体的实际扬程H为。

$$H = \eta_K H_T' = \eta_K K H_T \qquad \text{(2-10)}$$

式中 K——水力效率。

【例题 2-1】 已知某离心式水泵叶轮转速 $n = 1450 \text{r/min}$，通过叶轮的理论流量 $Q_T = 0.08 \text{m}^3/\text{s}$，叶轮外径 $D_2 = 360 \text{mm}$，入口内径 $D_1 = 138 \text{mm}$，叶轮出口有效过水断面 $A_2 = 0.02 \text{m}^2$，$\alpha_1 = 90°$，$\beta_1 = 30°$，叶片数 $Z = 7$，旋流修正系数 $K = 0.75$。试求流体在理论叶轮和实际叶轮中所获得理论扬程 H_T 和 H_T'。

【解】 （1）求出叶轮的圆周速度 u_2

$$u_2 = \frac{n\pi D_2}{60} = \frac{1450 \times 3.16 \times 0.36}{60} = 27.3 \text{（m/s）}$$

（2）求绝对速度 C 的径向分速 C_{2r} 为

$$C_{2r} = \frac{Q_T}{A_2} = \frac{0.08}{0.02} = 4 \text{m/s}$$

（3）求 C_{2u}

$$C_{2u} = u_2 - C_{2r} \text{ctg} \beta_2 = 27.3 - 4 \times 1.73 = 20.38 \text{m/s}$$

（4）求 H_T

$$H_T = \frac{u_2 C_{2u}}{g} = \frac{27.3 \times 20.38}{9.81} = 56.7 \text{mH}_2\text{O}$$

（5）求 H_T'

$$H_T' = K H_T = 0.75 \times 56.7 = 42.5 \text{mH}_2\text{O}$$

2.4 离心泵的特性曲线及水泵安装高度

2.4.1 离心泵的特性曲线

离心泵中的基本参数：流量 Q，扬程 H，功率 N，转速 n，效率 η 和吸水高度 H_s 中我们常常选择转速 n 为常数，将其他的参数与流量之间的关系用曲线 $H \sim Q$、$N \sim Q$、$\eta \sim Q$ 来表示，这些曲线我们称为水泵的特性曲线，如图 2-10 所示。水泵特性曲线反映了水泵的性能。推求水泵特性曲线的理论依据是水泵的基本方程式。但实际生产上常常是用水泵实际测试值来绘制水泵的特性曲线，它是选泵的重要依据。

2.4.2 实测特性曲线的讨论

1. 每一个流量都相应于一定的扬程、轴功率、效率和允许吸上真空高度。扬程是随流量的增大而下降。

2. $Q \sim H$ 曲线是一条不规则的曲线。相应于效率最高值的（Q_0，H_0）点的参数，即为水泵铭牌上所列出的各数据。它将是该水泵最经济工作的一个点。在该点左右的一定范围内都是属于效率较高的区段，在水泵样本中，用两条波纹线标出，称为水泵的高效段。在选泵时，应使泵站设计所要求的流量和扬程能落在高效段的范围内。

3. 由图 2-10 可知，在流最 $Q = 0$ 时，相应的轴效率并不等于 0。此功率主要消耗于水泵的机械损失上。其结果将使泵壳内水温上升，严重时可能导致泵壳的热力变形。因此，在实际运行中，水泵在 $Q = 0$ 的情况下，只允许短时间的运行。

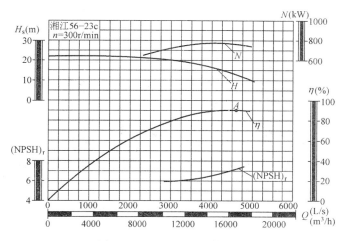

图 2-10   8B29 型泵性能曲线

水泵正常启动时，$Q=0$ 的情况，相当于闸阀全闭，此时泵的轴功率仅为设计轴功率的 $5\%\sim30\%$ 左右，而扬程值又是最大。完全符合电动机轻载启动的要求。因此，在给水排水泵站中，凡是使用离心泵的通常采用"闭阀启动"方式，所谓"闭阀启动"就是：水泵启动前，压水管上闸阀是全闭的，使电动机运行正常后，压力表读数达到预定数值时，再逐步打开闸阀，使水泵作正常运行。

4. 在 $Q\sim N$ 曲线上各点的纵坐标，表示水泵在各不同流量时的轴功率值。在选择与水泵配套的电动机的输出功率时，必须根据水泵的工作情况选择比水泵轴功率稍大的功率，以免在实际运行中，出现小机拖大泵而使电机过载。

5. 在 $Q\text{-}H_s$ 曲线上各点的纵坐标，表示水泵在相应流量下工作时，水泵所允许的最大限度的吸上真空高度值。它并不表示水泵在某（Q、H）点工作时实际吸水真空值。水泵的实际吸水真空值必须小于 $Q\sim H_s$ 曲线上的相应值。否则，水泵将会产生反馈现象。

6. 水泵所输送液体的黏度愈大，泵体内部的能量损失愈大，水泵的扬程和流量都要减小，效率要下降，而轴功率却增大。水泵的特性曲线将发生改变。

2.4.3 管路的特性曲线

一条输水管道，在其长度和管径确定之后，管路总的阻力系数也就确定了，管路中的阻力损失和管路中的流量有下述关系。

$$H_L = SQ^2 \tag{2-11}$$

式中 H_L——管路中的总水头损失，mH_2O；

S——管路的总阻力系数；

Q——管道中的流量，m^3/s 或 L/s。

式（2-11）可以用 $Q\text{-}H_L$ 曲线来表示，这条曲线称为管路水头损失特性曲线，如图 2-11 所示。考虑到管路输水到达用户还需要满足一个静扬程 $H_{静}$。因此，管路正常供水需要的总水头应当如下：

$$H = H_W + H_L = H_W + SQ^2 \tag{2-12}$$

公式（2-12）用曲线表示如图 2-12 称管路特性曲线。

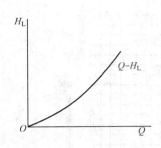

图 2-11　管路水头损失特性曲线

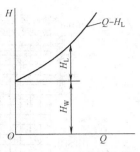

图 2-12　管路特性曲线

2.4.4　水泵的工作点

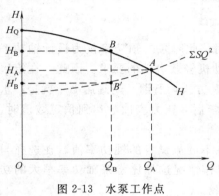

图 2-13　水泵工作点

水泵与管道组成一个系统共同工作时，水泵提供的水量和扬程，必须要满足在同一流量下管道中的静扬程加管路水头损失，即 $H_W + SQ^2$ 才能正常工作，也即水泵的出水量 Q 与扬程必须同时落在水泵的特性曲线上和管路的特性曲线上，此时水泵才能有稳定的出水量和稳定的扬程，同时水泵的功率和效率也有对应的稳定值。这个稳定的工作状态，在特性曲线上反映出来，它是一个点，我们称之为水泵的工作点或工况点。

水泵的工作点是既满足管路特性曲线的要求，又满足水泵特性曲线的点，我们可以用这两条特性曲线的交点来求得。图 2-13 中的 A 点即为水泵的工作点。

2.4.5　工作点的改变

在水泵不变和管线确定的情况下，水泵的工作点还是可以改变的，其改变的途径有以下两种情况：

1. 提升高度 H_W 的改变

提升高度变化，反映在管路特性曲线上是它的截距 H_W 变化了，而它的形状不变。这时虽然水泵的特性曲线未变，但它们的交点 M 变了。这时水泵的出水量和扬程也就改变了。

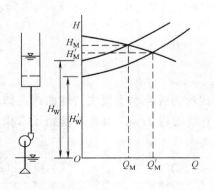

图 2-14　提升高度改变引起工作点改变

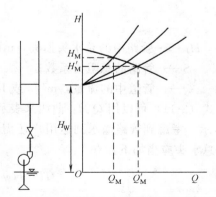

图 2-15　管道阻力改变引起工作点改变

这种情况常发生在水泵向高位水塔供水时，水塔中的水位变化造成了 H_w 的变化，使水泵的出水量也在变化，如图 2-14 所示。

2. 管路阻力改变

管路阻力会因为管路上的闸门开、关引起变化。使得管路特性曲线陡与缓的改变，这样也会造成水泵工作点的改变，如图 2-15 所示。

2.4.6 离心泵的安装高度

水泵的安装高度是指水泵轴线与吸水池最低设计水位的垂直高度，也称为几何吸水高度，如图 2-16 所示。

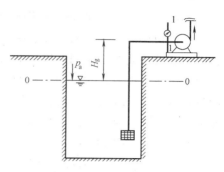

图 2-16 水泵的安装高度

离心式泵通过吸水管抽水，是依靠在泵进口处形成真空，使吸水池中的水在大气压的作用下通过吸水管流入水泵由于大气压强的极限值只有 $10mH_2O$ 又由于水泵进口处形成的真空度如果过高会产生气蚀。因此对水泵入口处形成的真空度必须作出规定，这个规定的允许真空度就是铭牌上提供的允许吸上真空高度 H_s，为此，必须限制安装高度不能超过允许的限度，这就是最大允许安装高度。可用下式计算：

$$H_g = H_s - \frac{u_1^2}{2g} - h_\omega \qquad (2-13)$$

式中　H_g——水泵最大允许安装高度，m；

　　　H_s——水泵允许吸上真空高度，m；

　　　$\dfrac{u_1^2}{2g}$——水泵吸水口处的速度水头，m；

　　　h_ω——水泵吸水管的水头损失。

应当指出，水泵允许吸上真空高度，与水温和当地大气压力有关，特别是水温的影响很大，不能忽略。水温愈高，允许吸上真空高度愈小，水温达 75℃ 时，吸水高度为零。

允许吸上真空高度的修正：

当水泵工作时的水温不是 20℃，当地大气压不是 $10mH_2O$ 时，水泵的允许吸上真空高度 H_s 可按下式修正。

$$H_s' = H_s - (10 - H_A) + (0.24 - h_t) \qquad (2-14)$$

式中　H_s'——修正后的允许吸上真空高度；

　　　H_s——水泵厂提供的允许吸上真空高度；

　　　H_A——水泵装置地点的大气压强水头，它随海拔高度而变化，见表 2-2；

　　　0.24——水温为 20℃ 时的气化压强水头；

　　　h_t——实际工作水温的气化压强水头，见表 2-1。

不同海拔高度的大气压强水头　　　　　　　　　　表 2-2

海拔高度（m）	−600	0	100	200	300	400	500	600	700	800	900	1000	1500	2000
大气压强水头（mH₂O）	11.3	10.3	10.2	10.1	10.0	9.8	9.7	9.6	9.5	9.4	9.3	9.2	8.6	8.4

2.5 离心式水泵的串联与并联

在实际工程中，为了增加系统中的流量或提高杨程，有时需将两台或两台以上的水泵联合使用。水泵的联合运行可分串联和并联两种形式。

2.5.1 水泵的串联

如图 2-17 所示，两台水泵串联运行时，第一台水泵的压出管与第二台水泵的吸入管连接，水由第一台泵吸入，传输给第二台泵，再由第二台泵转输到用水点。两台泵串联运行时，总特性曲线是在同一流量下的扬程迭加而成。在串联工作中，水流获得的能量，为各台水泵所供能量之和，即 $H=H_1+H_2$，如果需要水泵串联运行，要注意参加串联工作的各台水泵的设计流量应是接近的。否则，就不能保证两台泵都在较高效率下运行，严重时可使流量较小泵过载或者反而不如用大泵单独运行。

2.5.2 水泵的并联

如图 2-18 所示，两台水泵并联运行时，向同一压水管路供水。这种运行方式，在同样扬程的情况下，可获得较单机工作时大的流量，而且当系统中需要的流量较小时，可以只开一台，降低运行费用。水泵并联工作的特点：（1）可以增加供水量，输水干管中的流量等于各台并联水泵出水量之和，即：$Q=Q_1+Q_2$；（2）可以通过开停水泵的台数来调节泵站的流量和扬程，以达到节能和安全供水的目的；（3）当并联工作的水泵中有一台损坏时，其他几台水泵仍可继续供水。

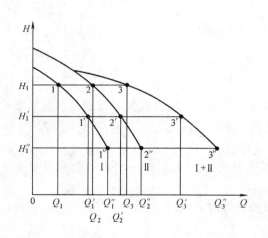

图 2-17 水泵串联工作

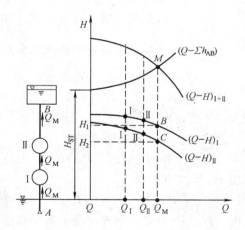

图 2-18 两台性能相同的泵并联运行

2.6 给 水 泵 站

2.6.1 泵站的分类

给水泵站，按其在给水系统中的作用，采用的水泵类型，以及泵站的布置形式有以下分类，见表 2-3。

分类方式	名　　称	特　　点
1. 按泵站在给水系统中的作用	（1）水源井泵站	（1）为地下水的水源泵站 （2）包括管（深）井泵站、大口井泵站、集水井泵站
	（2）取水泵站：又称进水泵站，一级泵站、水源泵站	（1）为地面水的水源泵站 （2）可与进水间、出水闸门井合建或分建
	（3）供水泵站：又称送水泵站二级泵站、清水泵站等	一般是指净水厂或配水厂内直接将水送入管网的泵站
	（4）加压泵站：又称增压泵站、中途泵站	（1）是指设于输水管线或配水管网上直接从管道抽水进行加压的泵站 （2）包括输水管线较长时、中途进行增压的泵站以及从管网抽水向边远或高区供水的加压泵站
	（5）调节泵站：又称水库泵站	（1）是指建有调节水池的泵站，可增加管网高峰用水时的供水量 （2）调节泵站内可仅设一套调节水泵，亦可设有两套水泵，一套从管网抽水增压的加压水泵；另一套从调节水池抽水的调节水泵 （3）调节泵站通常根据外管压力，或中心调度室指令运行
2. 按水泵类型	（1）卧式泵泵站 （2）立式泵泵站 （3）深井泵站	
3. 按泵站外形	（1）矩形泵站 （2）圆形泵站 （3）半圆形泵站	
4. 按水泵设置位置	（1）地面式 （2）半地下式 （3）地下式 （4）水下式	

2.6.2　水泵选择

选择水泵的主要依据是根据所需的流量、扬程以及其变化规律。

1. 设计流量

确定一级泵站的设计流量，有两种可能的基本情况。

（1）泵站从水源取水，输送到净水构筑物这种情况，通常要求一级泵站中的水泵昼夜均匀工作，因此，泵站的设计流量为：

$$Q_b = \frac{\alpha Q_d}{T} \tag{2-15}$$

式中　Q_b——一级泵站中水泵所供给的流量，m^3/h；

　　　Q_d——供水对象最高日用水量，m^3；

　　　α——为计算输水管渗漏量和净水构筑物自身用水量而加的系数 $\alpha = 1.05 \sim 1.1$；

　　　T——一级泵站一昼夜内的工作小时数，h。

（2）泵站将水直接供给用户或送到地下集水池，这种情况实际上是起二级泵站的作用，其流量为：

$$Q_b = \frac{\beta Q_d}{T} \tag{2-16}$$

式中 β——给水系统中自身用水系数，一般取 $\beta = 1.01 \sim 1.02$。

对于供应工业企业生产用水的一级泵站，其中水泵的流量应视企业生产给水系统的性质而定。

2. 扬程

一级泵站中水泵的扬程是根据所采用的给水系统的工作条件来决定的，当泵站送水至净水构筑物，泵站的扬程按下式计算：

$$H = H_{ss} + H_{sd} + \sum h_s + \sum h_d \qquad (2\text{-}17)$$

式中 H——泵站的扬程，m；

H_{ss}——吸水地形高度，m，当采用卧式泵时，即为泵轴线标高与进水井或水源井中枯水位（或最低动水位）标高差；当采用立式泵时，即为第一工作轮标高与水源井中枯水位（或最低动水位）标高差；

H_{sd}——压水管地形高度，即从水泵轴线到控制点（即最高供水点）的标高差，m；

$\sum h_s$——水泵吸水管路的水头损失，m；

$\sum h_d$——输水管路的水头损失，m。

此外，计算时还应考虑增加一定的安全水头，一般为 $1 \sim 2m$，当直接向用户供水时，水泵扬程应为：

$$H = H'_{ST} + \sum h + H_C \qquad (2\text{-}18)$$

式中 H'_{ST}——水源井中枯水位（或最低动水位）与给水管网中控制点的地面标高差，mH_2O；

h——管路中的总水头损失，mH_2O；

H_C——给水管网中的控制点所要求的最小自由水压（也称服务水头）。

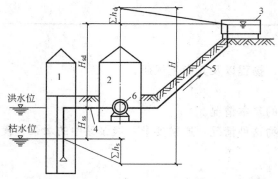

图 2-19　一级泵站供水到净水构筑物的流程
1—净水井；2—泵站；3—净化构筑物；
4—吸水管路；5—压水管路；6—水泵

一级泵站供水到净水构筑物的流程见图 2-19。

3. 同时工作水泵台数的确定

水泵台数的选定要考虑以下几方面的因素：一是满足最大用水量的要求；二是适应用水量的变化；三是要考虑备用以防突然事故时，不致影响正常运转。

对总供水最较大的泵站，可以考虑选用 $2 \sim 3$ 台同时工作的泵，即每台水泵负担 $\frac{1}{2} \sim \frac{1}{3}$ 总水量的输送任务；同时要考虑一台备用泵；对大型泵站，水泵台数超过 5 台时，可备用两台；而对于雨水泵站，则不设备用泵。对于供水量较小的泵站，有时只要一台水泵工作，其流量的调节不再采用水泵台数的增减来进行，而是用高位水池或气压给水罐进行。

4. 水泵型号的确定

一个泵站采用多种型号的水泵时，有运行调度灵活，方便的优点，但对于维修和备用零件带来不便，一般应使型号减少或采用同一型号的泵。

水泵的具体型号的确定，应根据具体的使用条件和安装场地的限制等确定。

2.6.3　水泵机组的布置

1. 水泵站的平面布置形式

水泵站内的水泵机组布置形式有以下几种：

（1）单排并列式：机组轴线平行，并列成一排。这种布置使泵站的长度小，宽度也不太大，适宜于单吸式悬臂泵如 IS 型、BA 型泵的布置，如图 2-20 所示。

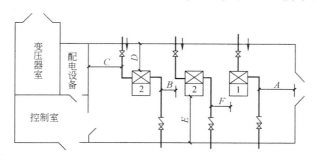

图 2-20　单排并列式

（2）单行顺列式：水泵机组的轴线在一条直线上，呈一行顺列。这种形式适用于双吸式水泵，双吸式水泵的吸水管与出水管在一条直线上，进出水水流顺畅，管道布置也很简短。缺点是泵站的长度较长，如图 2-21 所示。

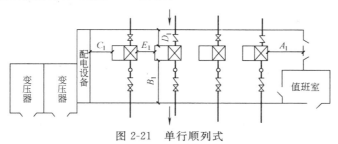

图 2-21　单行顺列式

（3）双排交错并列式，如图 2-22，这种布置可缩短泵站长度，缺点是泵站内管道挤而有些乱。

（4）双行顺列式：如图 2-23，优点是可将泵站长度减小，缺点是泵站内显得挤。

（5）斜向排列：如图 2-24 这种布置也是为了减小长度，但水流不很畅。

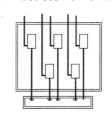
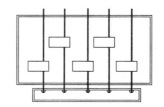
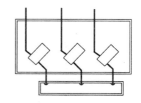

图 2-22　双排交错并列式　　　图 2-23　双行交错图顺列式　　　图 2-24　斜向排列

2. 水泵机组的布置

泵站内机组布置应保证工作可靠，运行安全，装卸、维修和管理方便，管道总长度最短，接头配件最少，水头损失最小，并应考虑泵站有扩建余地，布置机组时，应遵照以下要求：

（1）电机容量小于及等于 20kW 或水泵吸入口直径小于及等于 100mm 时，机组的一侧与墙面之间可不留通道，机组基础侧边之间距墙壁应有不小于 0.7m 的通道。

（2）不留通道的机组突出部分与墙壁间的净距及相邻两个机组的突出部分的净距不得小于 0.2m，以便安装维修。

（3）水泵机组的基础端边之间至墙壁的距离不得小于 1.0m，电机端边至墙的距离还应保证能抽出电机转子。

（4）水泵基础高出地面不得小于 0.1m。

（5）电机容量在 20～55kW 时，水泵机组基础间净距不得小于 0.8m；电机容量大于 55kW 时，净距不得小于 1.2m。

（6）泵站主要人行通道宽度不得小于 1.2m，配电盘前通道宽度，低压不得小于 1.5m，高压不得小于 2.0m。

（7）水泵基础平面尺寸应较水泵机座每边宽出 10～15cm。

（8）基础深度根据机座地脚螺栓直径的 25～30 倍采取，但一般不得小于 0.5m。

3. 水泵机组的安装

（1）水泵机组安装前的检查

设备开箱应按下列项目检查，并作出记录。

1）箱号和箱数，以及包装情况；

2）设备名称、型号和规格；

3）设备有无缺件、损坏和锈蚀等情况，进出管口保护物和封盖应完好。

（2）水泵就位前应作下列复查：

1）基础尺寸、平面位置和标高应符合设计要求和表 2-4 的质量要求；2）设备不应有缺件、损坏和锈蚀等情况，水泵进出管口保护物和封盖如失去保护作用，水泵应解体检查；

设备基础尺寸和位置的质量要求　　　　　　　　　　表 2-4

项　　　目		允 许 偏 差（mm）
	坐标位置（纵横轴线）	±20
	各不同平面的标高	+0
	平面外形尺寸	±20
	凸台上平面外形尺寸	−20
	凹穴尺寸	+20
不水平度	每米	5
	全长	10
竖向偏差	每米	5
	全长	20
预埋地脚螺栓	标高（顶端）	+20
	中心距（在根部和顶部两外测量）	±2
预埋地脚螺栓孔	中心位置	±10
	深度	20
	孔壁的垂直度	10
预埋活动地脚螺栓锚板	标高	±20
	中心位置	±5
	不水平度（带槽的锚板）	+5
	不水平度（带螺纹孔的锚板）	2

3）盘车应灵活，无阻滞、卡住现象，无异常声音；

4）检查填料函：卸开填料函压盖螺丝，取出压盖和填料。用柴油清洗填料函，然后用塞尺检查各部分的间隙。填料挡套与轴套之间的间隙为 0.3～0.5mm；填料压盖外壁与填料函内壁之间的间隙应为 0.5mm；水封环应与泵轴同心，整个圆周向的间隙应为 0.25～0.35mm。

5）出厂时已装配、调试完善的部分不应随意拆卸。确需拆卸时，应会同有关部门研究后进行，拆卸和复装应按设备技术文件的规定进行。

（3）电机安装前检查项目见表 2-5。

电机安装前检查项目   表 2-5

项　　　目	检　查　内　容
电动机转子	盘动转子不得有碰卡现象
轴承润滑脂	无杂质、无变色、无变质及硬化现象
电动机引出线	引出线接线铜接头焊接或压接良好，且编号齐全
电刷提升装置	绕线式电机的电刷提升装置应标有"启动""运行"的标志，动作顺序应是先短路集电环，然后提升电刷

4. 离心泵机组的安装

（1）安装底座

1）当基础的尺寸、位置、标高符合设计要求后，将底座置于基础上，套上地脚螺栓，调整底座的纵横中心与设计位置相一致。

2）测定底座水平度：用水平仪（或水平尺）在底座的加工面上进行水平度的测量。其允许误差纵、横向不大于 0.1/1000。底座安装时应用平垫铁片使其调成水平，并将地脚螺栓拧紧。

3）地脚螺栓的安装要求：地脚螺栓的不垂直度不大于 10/1000；地脚螺栓距孔壁的距离不应小于 15mm，其底端不应碰预留孔底；安装前应将地脚螺栓上的油脂和污垢消除干净；螺栓与垫圈、垫圈与水泵底座接触面应平整，不得有毛刺、杂屑；地脚螺栓的紧固，应在混凝土达到规定强度的 75% 后进行，拧紧螺母后，螺栓必须露出螺母的 1.5～5 倍螺杆长度。

4）地脚螺栓拧紧后，用水泥砂浆将底座与基础之间的缝隙嵌填充实，再用混凝土将底座下的空间填满填实，以保证底座的稳定。

5）平垫铁安装注意事项：

A. 每个地脚螺栓近旁至少应有一组垫铁。

B. 垫铁组在能放稳和不影响灌浆的情况下，应尽量靠近地脚螺栓。

C. 每个垫铁组应尽量减少垫铁块数，一般不超过 3 块，并少用薄垫铁。放置平垫铁时，最厚的放在下面，最薄的放在中间，并将各垫铁相互焊接（铸铁垫铁可不焊）。

D. 每一组垫铁应放置平稳，接触良好。设备找平后，每一垫铁组应被压紧，并可用 0.5kg 手锤轻击听音检查。

E. 设备找平后，垫铁应露出设备底座底面外缘，平垫铁应露出 10～30mm，斜垫铁应露出 10～50mm；垫铁组伸入设备底座底面的长度应超过设备地脚螺栓孔。

（2）水泵和电动机的吊装

吊装工具可用三角架和倒链滑车。起吊时，钢丝绳应系在泵体和电机吊环上，不允许在轴承座或轴上，以免损伤轴承座和使轴弯曲。

（3）水泵找平

水泵找平的方法有：把水平尺放在水泵轴上测量轴向水平；或用吊垂线的方法，测量水泵进出口的法兰垂直平面与垂线是平行，若不平行，可调整泵座下垫的铁片。

泵的找平应符合下列要求：

1）卧式和立式泵的纵、横向不水平度不应超过 0.1/1000；测量时应以加工面为基准；

2）小型整体安装的泵，不应有明显的偏斜。

（4）水泵找正

水泵找正，在水泵外缘以纵横中心线位置立桩，并在空中拉相互交角 90°的中心线，在两根线上各挂垂线，使水泵的轴心和横向中心线的垂线相重合，使其进出口中心与纵向中心线相重合。泵的找正应符合下列要求：

1）主动轴与从动轴以联轴节连接时，两轴的不同轴度、两半联轴节端面间的间隙应符合设备技术文件的规定。

2）水泵轴不得有弯曲，电动机应与水泵轴向相符。

3）电动机与泵连接前，应先单独试验电动机的转向，确认无误后再连接。

4）主动轴与从动轴找正、连接后，应盘车检查是否灵活。

5）泵与管路连接后，应复校找正情况，如由于与管路连接而不正常时，应调整管路。

（5）水泵安装应符合以下要求

1）泵体必须放平找正，直接传动的水泵与电动机连接部位的中心必须对正，其允许偏差为 0.1mm，两个联轴器之间的间隙，以 2～3mm 为宜。

2）用手转动联轴器，应轻便灵活，不得有卡紧或摩擦现象。

3）与泵连接的管道，不得用泵体作为支承，并应考虑维修时便于拆装。

4）润滑部位加注油脂的规格和数量，应符合说明书的规定。

5）水泵安装允许偏差应符合表 2-6 的规定：水泵安装基准线与建筑轴线、设备平面位置及标高的允许误差和检验方法见表 2-7。

水泵安装允许偏差　　　　　　　　　　　　　　表 2-6

序号	项　　目			允许偏差（mm）	检验频率		检　验　方　法
					范围	点数	
1	底座水平度			2	每台	4	用水准仪测量
2	底脚螺栓位置			2	每只	1	用尺量
3	泵体水平度、铅垂度			每米 0.1	每台	2	用水准仪测量
4	联轴器同心度	轴向倾斜		台每米 0.8		2	在联轴器互相垂直四个位置上用水平仪、百分表、测微螺钉和塞尺检查
		径向位置		每米 0.1		2	
5	皮带传动	轮宽中心平面位移	平皮带	1.5		2	在主从动皮带轮端面拉线用尺检查
			三角皮带	1.0		2	

44

水泵安装基准线的允许偏差和检验方法　　　　　表 2-7

项次	项　　目		允许偏差（mm）	检　验　方　法
1	安装基准线	与建筑轴线距离	±20	用钢卷尺检查
2		与设备　平面位置	±10	用水准仪和钢板尺检查
3		与设备　标高	+20 −10	

5. 深井泵安装

（1）安装准备

1）检查管井的井孔内径是否符合泵入井部分的外形尺寸，井管的垂直度是否符合要求，清除井内杂物和测量井的深度（包括深井的总井深、静水位、动水位）。

2）检查基础表面水平情况、地脚螺栓间距和直径大小。井管管口伸出基础相应平面不小于 25mm。

3）检查叶轮轴是否转动灵活，叶轮实际轴向间隙（JD 型井泵不小于 6～12mm，J、SD 型井泵不小于 9～12mm）；传动轴弯曲度不超过 0.2～0.4mm；泵轴、泵管等零部件上的螺纹，均应清除锈斑、毛刺；电机转动是否灵活，绝缘值不小于 0.5MΩ。

（2）井下部分安装

1）用管卡夹紧泵体上端将其吊起，徐徐放入井内，使管卡搁在基础之上的方木上。如有条件，应将滤水网与泵体预先装配好同时安装。

2）用另一管卡夹紧短泵管的一端，旋下保险束节，并将传动轴（短轴）插入支架轴承内。联轴器向下，用绳将联轴器扣住，将它吊起。将传动轴的联轴器旋入泵体的叶轮轴伸出端，用管钳上紧。

3）将短输水管慢慢下降，使之与泵体螺纹对齐（如采用法兰连接，则将螺栓孔对准），旋紧后再将短泵管吊起。松下泵体上的管卡，让其慢慢下降，使泵体下入井内。将泵管上的管卡搁在基础的方木上。然后用安装短输水管的方法安装所有长输水管和泵轴。

4）将泵座下端的进水法兰拆下，并将其旋入最上面的一根输水管的一端，然后按上述方法进行安装。

5）每装好几节长输水管和泵轴后，应旋出轴承支架，观察泵轴是否在输水管中心，如有问题应予以校正。

（3）井上部分安装

1）取下泵座内的填料压盖、填料，并将涂有黄油的纸垫放在进水法兰的端面上。将泵底座吊起，移至中央对准电机轴慢慢放下。电机轴穿过泵座填料箱孔与法兰对齐，用螺栓紧固。

2）稍稍吊起泵座，取掉管卡和基础上的方木，将泵座放在基础上校正水平。完成后将地脚螺栓进行二次灌浆。待砂浆达到设计强度后，固定泵座。

3）装上填料、填料压盖。卸下电机上端的传动盘，起吊电机，使电机轴穿过电机空心转子，将电机安放在泵座上并紧固。检查电机轴是否在电机转子孔中央。然后进行电机试运转，查电机旋转方向无误后，装上传动盘，插入定位键。最后将调整螺母旋入电机轴

45

上，调整轴向间隙，安上电机防水罩。

（4）安装注意事项

1）起吊各部件时不能碰撞、划伤，不得沾有泥砂等污物。

2）凡有螺纹和结合面的地方，均应均匀地涂上一层黄油，橡胶轴承衬套应涂滑石粉，并注意不能与油类接触。

3）每安装好一根输水管，都应用样板或量具检查泵轴与输水管口是否同心。每装好3～5节输水管，应检查传动部分能否用手转动，否则应予以调整。

2.6.4 吸水管路与压水管路的布置

吸水管路和压水管路是泵站的重要组成部分，合理布置与安装吸水、压水管路，对于保证泵站的安全运行，节省投资，减少电耗有很大的关系。

1. 吸水管路布置

（1）每台水泵宜设置单独的吸水管直接向吸水井或清水池中吸水。如几台水泵采用合并吸水管时，应使合并部分处于自灌状态，同时吸水管数目不得少于两条，在联通管上应装设阀门，当一条吸水管发生事故时，其余吸水管仍能满足泵站设计流量的要求。

（2）吸水管要保证在运行情况下不产生气囊。因此，吸入式水泵的吸水管应有向水泵不断上升且大于0.005的坡度，如吸水管水平管段变径时，偏心异径管的安装应管顶平接，将斜面向下，以免存气，并应防止由于施工误差和泵站与管道产生不均匀下降而引起吸水管路的倒坡。

（3）水泵吸水管路的接口必须严密，不能出现任何漏气现象。

（4）采用吸水井（室）的吸水喇叭管的安装，应注意吸水喇叭口必须有足够的淹没深度，以免出现旋涡吸入空气；还应保持适当的悬空高度，可使进水口流速均匀，减少吸水阻力。当吸水井（室）内设有多台泵吸水时，各吸水管之间的间距不小于吸水管管径的1.3～1.5倍；吸水管与井（室）壁的间距应不小于吸水管管径的0.75～1.0倍，避免相互干扰。

2. 压水管路布置

（1）出水管上应设置阀门，一般出水管管径大于或等于300mm时，采用电动阀门。

（2）当采用蝶阀时，由于蝶阀开启后的位置，可能超过阀体本身长度，故在布置相邻联结配件时应予以注意。

（3）为使泵站安装方便，可在出水管段设有承插口或伸缩配件，但必须注意防止接口松脱，必要时在与出水横跨总管连接处设混凝土支墩。

（4）较大直径的转换阀门，止回阀及横跨管等宜设在泵站外的阀门室（井）内。对于较深的地下式泵站，为避免止回阀等裂管事故和减少泵站布置面积，更宜将闸阀移至室外。

（5）对于出水输水管线较长，直径较大时，为尽快排除出管内空气，可考虑在泵后出水管上安装排气阀。

2.6.5 管路敷设

1. 一般要求

（1）互相平行敷设的管路，其净距不应小于0.5m；

（2）阀门，止回阀及较大水管的下面应设承重支墩（也可采用拉杆），不使重量传至泵体；

（3）尽可能将进、出水阀门分别布置在一条轴线上；

（4）管道穿越地下泵站钢筋混凝土墙壁及水池池壁时，应设置穿墙管或墙管，如图2-25所示。

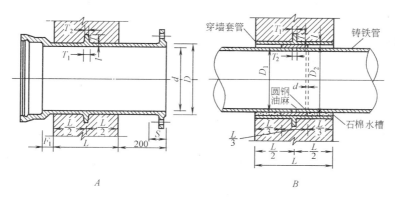

图 2-25　墙管和穿墙套管

A—墙管；B—穿墙套管

A. 墙壁为铸铁特殊配件，安装时管道直接与墙管连接。

B. 穿墙套管为铸铁特殊配件，亦可采用钢管制作。管道安装后，管道与套管间必须采用止水材料封填，否则易造成漏水。

（5）埋深较大的地下式泵站和一级泵的进、出水管道一般沿地面敷设，地面式泵站或埋深较浅的泵站采用管沟内敷设管道，使泵站简洁、交通方便，维修地位宽敞。

2. 地面敷设

（1）当管路敷设在泵站地面以上并影响操作通道时，可在跨越管道处设置跨梯或通行平台，以便操作与通行。

（2）管路架空安装应不得阻碍通道及安设于电气设备上，管道可采用悬挂或沿墙壁的支柱安装，管底距地面不应小于 2.0m。

3. 管沟内敷设

（1）管道敷设在不通行地沟内，应有可揭开的盖板，一般采用钢板或铸铁板，也可用预制钢筋混凝土板或木板。

（2）管沟内的宽度和深度应便于检修。沟深一般按沟底距管底不小于 300mm 确定，管顶至盖板底的距离应根据管道埋深确定，且不小于 150mm。当管径不大于 300mm 时，管外壁距沟壁不小于 200mm；管径大于 300mm 时，不小于 300mm；一般管沟宽度大于 650mm。

（3）当管沟内敷设大型阀门和止回阀时，必须注意其旁通管和旁通阀的安装位置以及水流方向，必要时管道中心线可偏离管沟中心。如采用液压缓闭止回蝶阀时，必须考虑重锤的起升运动范围和检修地位，管沟要相应加宽。

（4）沟底应有 0.01 的坡度和管径大于或等于 100mm 的排水管，坡向集水坑或排水口。

2.6.6 附属设备的安装

水泵进出口管道的附属设备包括真空表、压力表和各种阀等，其安装应符合下列要求：

（1）管道上真空表，压力表等仪表接点的开孔和焊接应在管道安装前进行。

（2）就地安装的显示仪表应安装在手动操作阀门时便于观察表示值的位置；仪表安装前应外观完整，附件齐全，其型号、规格和材质应符合设计要求；仪表安装时不应敲击及振动，安装后应牢固、平整。

（3）各种阀门的位置应安装正确，动作灵活，严密不漏。

2.6.7 水泵试运转

1. 水泵试运转前的检查

（1）原动机的转向应符合泵的转向要求。

（2）各紧固连接部位不应松动。

（3）润滑油脂的规格、质量、数量应符合设备技术文件的规定；有预润要求的部位应按设备技术文件的规定进行预润。

（4）润滑、水封、轴封、密封冲洗等附属系统的管路应冲洗干净，保持畅通。

（5）安全保护装置应灵活可靠。

（6）盘车应灵活、正常。

（7）离心泵开动前，应先检查吸水管路及底阀是否严密；传动皮带轮的键和顶丝是否牢固；叶轮内有无东西阻塞。

2. 水泵起动、试运转

（1）泵起动前，泵的入口阀门应全开；出口阀门：离心泵全闭；其余泵全开。

（2）泵的试运转应在各独立的附属系统试运转正常后进行。

（3）泵的起动和停止应按设备技术文件的规定进行。

（4）泵在设计负荷下连续运转不应少于2h，并应符合下列要求：

1）附属系统运转应正常，压力、流量、温度和其他要求应符合设备技术文件的规定；

2）连接部位不应松动；

3）滚动轴承的温度不应高于75℃；滑动轴承的温度不应高于70℃；特殊轴承的温度应符合设备技术文件的规定；

4）填料的温升应正常；在无特殊要求的情况下，普通软填料宜有少量的泄漏（每分钟不超过10～20滴）；机械密封的泄漏量不宜大于10mL/h（每分钟约3滴）；

5）泵的安全、保护装置应灵活可靠；

6）振动应符合设备技术文件的规定，如设备技术文件没有规定而又需测振动时，可参照表2-8。

振动参数　　　　　　　　　　　　　　表2-8

转速(r/min)	≤375	>375～600	>600～750	>750～1000	>1000～1500	>1500～3000	>3000～6000	>6000～12000	>12000～20000
振幅不应超过(mm)	0.18	0.15	0.12	0.10	0.08	0.06	0.04	0.03	0.02

（5）停车：按调试方案达到要求，则可停止试运行。并根据运行记录签字验收。

（6）离心泵的试运转应遵守下列规定：

1）开泵前，应先检查吸水管及底阀是否严密、传动皮带轮的键和顶丝是否牢固、叶轮内有无东西阻塞，然后关闭阀门。

2）将泵体和吸水管充满水，排尽空气，不得在无液体情况下起动；自吸泵的吸入管路不需充满液体。

3）起动前应先将出水管阀门关闭，起动后再将阀门逐渐开启，不得在阀门关闭情况下长时间运转，也不应在性能曲线中驼峰处运转。

4）管道泵和其他直连泵（电动机与泵同轴的泵）的转向应用点动方法检查。

5）吸水管上的真空表，应在水泵运转后开启，停泵前关闭。

6）在额定负荷下，连续运转 8h 后，轴承温升应符合说明书规定，填料函应略有温升，调整填料函压盖松紧度，使其滴状渗漏。

7）机械运转中不应有杂音，各紧固连接部位不得有松动或渗漏现象。

8）原动机负荷功率或电动机工作电流，不得超过设备的额定值。

9）运行中应注意运转声响，观察出水情况，检查盘根、轴承的温度；如发现出水不正常、底阀堵塞或轴承温度过高时，应即停车检修。

停泵前应先将出水管阀门关闭，然后停泵。

（7）深井泵、潜水泵和真空泵的试运转还应符合《机械设备安装工程施工及验收规范》第三篇中有关规定和要求。

（8）试运转结束后，应关闭泵的出入口阀门和附属系统的阀门，放尽泵壳和管内的积水，防止生锈和冻裂。

3. 水泵运行故障及排除方法

（1）启动困难（见表 2-9）

表 2-9

故障原因	排除措施
水泵灌不满水	检查底阀和吸水管是否漏水；水泵底部放空螺丝或阀门是否关闭
水泵灌不进水	泵壳顶部或排气孔阀门是否打开
底阀漏水、底阀关	突然大量灌水，迫使底阀关上，如不见效果则底阀可能已坏，必须设法检修
底阀被杂物卡住	检查阀片并设法清除杂物
水泵或吸水管漏气、真空泵抽不成真空	检查吸水管及连接法兰本身是否漏水。拧紧填料压盖。检查水封冷却水管是否找开，水泵底部被水阀是否关紧。吸水井水位是否太低，吸水管是否漏气，灌泵给水管是否堵塞
真空系统故障	检查所有阀门是否在正确位置，真空止回阀是否失灵
真空泵补给水不足或真空泵抽气能力不足	增加真空泵补给水，但进水量过大或压力过高也会影响真空效率。如进水无问题，检查真空泵本身是否完好，发现问题即修理

（2）不出水或出水量过少见表 2-10。

表 2-10

故 障 原 因	排 除 措 施
水未灌满,泵壳中存有空气	继续灌水或抽气
水泵转动方向不对	改变电动机接线,即将三相进线中任意对换二根接线
水泵转速太低	检查电路,是否电压太低或频率太低
吸水管及填料函漏气	压紧填料,修补吸水管
吸水扬程过高,发生气蚀	检查吸水管有无堵塞,如属于水位下降或安装原因,设法抬高水位或降低泵的安装高度
水泵扬程低于实际需要扬程	进行改造、换泵
底阀、吸水管或叶轮填塞与漏水	检查原因、清除杂物、修补漏洞
水面产生旋涡,空气带入水泵	回深吸水口淹没深度或在吸水口附近漂放木板
减漏环漏水或叶轮磨损	更换磨损零件
水封管堵塞	拆下清理、疏通
出水阀门或止回阀未开或故障	检查出水阀门、止回阀

（3）振动或噪声过大（见表 2-11）。

表 2-11

故 障 原 因	排 除 措 施
基础螺栓松动或安装不完善	拧紧螺栓、完善基础安装、添加防振部件
泵与电机安装不同心	矫正同心度
发生气蚀	降低吸水高度减少吸水管水头损失
轴承损坏或磨损	更换或修理轴承
出水管存留空气	在存留空气处,加装排气设施

（4）转动困难或轴功率过大（见表 2-12）。

表 2-12

故 障 原 因	排 除 措 施
填料压得太死,泵轴弯曲,轴承磨损	松压盖,矫直泵轴,更换轴承
联轴器间隙太小	调整间隙
电压过低	检查电路,找出原因,对症检修
流量过大,超过使用范围太多	关小出水阀门

（5）轴承过热（见表 2-13）。

表 2-13

故 障 原 因	排 除 措 施
轴承安装不良	作同心检查和矫正泵轴与联轴器
轴承缺油或油太多(用黄油时)	调整加油量
油质不良,不干净	更换合格润滑油
滑动轴承的甩油环不起作用	放正油环位置或更换油环
叶轮平衡孔堵塞,泵轴向心力不平衡	清除平衡孔上堵塞的杂物
轴承损坏	更换轴承

（6）电机过负荷（见表2-14）。

表 2-14

故 障 原 因	排 除 措 施
转速过高	检查电机与水泵是否配套
流量过大	关小出水闸门
泵内混入异物	拆泵除去异物
电机或水泵机械损失过大	检查水泵轮与泵壳之间间隙，填料函、泵轴、轴承是否正常

（7）填料函发热（见表2-15）。

表 2-15

故 障 原 因	排 除 措 施
填料压盖太紧	调整松紧使滴水呈滴状连续渗出
填料函位置装得不对	调整位置
水封环位置不对或冷却水不足	调整水量、保持水封压力，确保冷却水流畅
填料函与轴不同心	检修、改正不同心

2.6.8 给水泵站工艺示例

给水泵站是城市给水系统中一个重要的组成部分，是整个给水系统赖以正常运转的枢纽。给水泵站主要分为取水泵站和送水泵站两种（根据工程需要有时也设加压泵站）。前者借助水泵和管道设备，从水源将原水输送入水厂进行净化；后者则将净化后的清水通过城市供水管网送给用户。

以地表水源的取水泵站往往建在靠近水源的地下深处，以便于取水。例如，某新建取水泵站总设计供水规模为 $16 \times 10^4 \mathrm{m}^3/\mathrm{d}$，一期工程为 $8 \times 10^4 \mathrm{m}^3/\mathrm{d}$，二期工程达到 $16 \times 10^4 \mathrm{m}^3/\mathrm{d}$。采用固定式泵房用两条自流管从河中取水。水源洪水位 76.70m，常水位 69.75m。枯水位 63.73m。拟定站址后的自流管长度70m，净水厂反应池前配水井最高水位高程 95.10m，泵站至净水厂输水干管总长483m；泵站工艺设计简述如下：根据所需的流量、扬程，水泵型号选用某水泵厂生产的 QG 型潜水供水泵（700QG1834-30-250）。取水泵站采用均匀供水方式。一期工程拟装 3 台同规格型号水泵（2台运行一台备用）；二期工程则达到 5～6 台同规格水泵（4用 1 备或 4 用 2 备）。单泵流量约为 $1750\mathrm{m}^3/\mathrm{h}$ 以下，扬程约为 30～31.5m。

水泵机组基础：QG 系列潜水泵为井筒式立装。700QG1834-30-250 水泵采用钢制井筒悬吊式安装，见示意图 2-26。由样本查得井筒内径 1100mm，安装孔内径 1600mm，地脚螺栓长度 500mm，淹深 1900mm，机组重 3400kg。

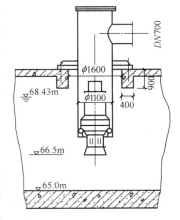

图 2-26 潜水泵安装示意图

经估算，闭阀启动时轴向推力约为 33200kg。梁的截面要满足强度和地脚螺栓埋设深度的要求，同时要有足够的刚度应进行结构设计计算。

机组与管道布置：潜水泵扬水管（即钢制井筒）DN1100，排出管DN700，故压水管采用DN700的钢管。水泵出口压水管路上装微阻缓闭止回阀、对夹式蝶阀各一个，联络

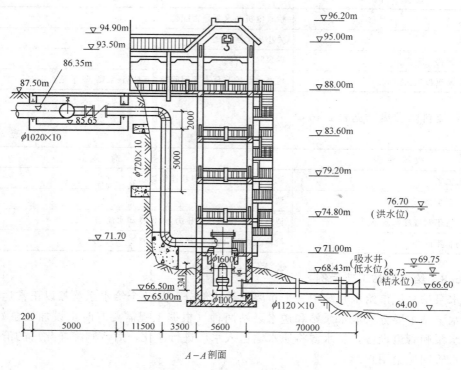

A-A剖面

图 2-27a　某水厂取水泵房（潜水泵房）

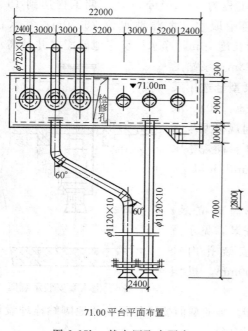

71.00平台平面布置

图 2-27b　某水厂取水泵房

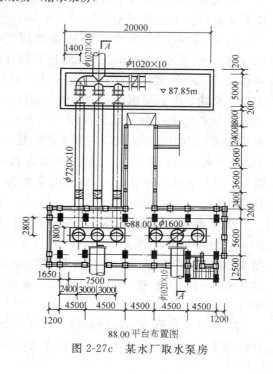

88.00平台布置图

图 2-27c　某水厂取水泵房

管上装对夹式蝶阀一个。输水管为两条 DN1000 钢管，一期工程只敷设一条。吸水室（井）为钢筋混凝土结构，长 22m、宽 5.6m、高 6m，池中布置 6 个 Φ1100 钢井。吸水室中不设拦污栅和闸板，按样本的说明，部分安装尺寸可根据设计要求确定。泵房布置如图 2-27a～2-27c 所示。

2.7 排 水 泵 站

2.7.1 排水泵站的分类

排水泵站是城市排水工程的重要组成部分，城市污水，雨水因受地质地形条件、水体水位等的限制，不能以重力流方式排除以及在污水处理厂中为了提升污水或污泥时，则需设置排水泵站。

排水泵站通常按其排水的性质分类，一般可分四类：

（1）污水泵站：设置于污水管道系统中，或污水处理厂内，用以提升城市污水；

（2）雨水泵站：设置于雨水管道系统中，或城市低洼地带，用以排除城区雨水；

（3）合流泵站：设置于合流制排水系统中，用以排除城市污水和雨水；

（4）污泥泵站：在城市污水处理厂中常设置污泥泵站。

排水泵站按其在排水系统中的位置又可分为中途泵站和终点泵站。按其启动方式也可分为自灌式泵站和非自灌式泵站。为了使排水泵站运行可靠，设备简单，管理方便，应首先考虑采用自灌式泵站。

2.7.2 排水泵站的组成

排水泵站主要组成部分包括：泵房、集水池、格栅、辅助间及变电室等。

1. 泵站：安装泵、电动机等主要设备；

2. 集水池：用以调蓄进水流量，使泵工作均匀。集水池中装有泵的吸水管及格栅等。

3. 格栅：设在集水池中，用以阻拦进水中粗大的固体杂质，以防止这些杂质堵塞或损坏泵叶轮。

4. 辅助间：包括修理间、储藏间、工作人员休息室及厕所等。

5. 变电室，按供电情况设置。

排水泵站一般宜单独修建，并应尽量搞好绿化，以减轻对周围环境的影响。在受洪水淹没的地区，泵站入口设计地面高程应比设计洪水位高出 0.5m 以上，必要时可设防洪措施。

2.7.3 水泵的选择

排水泵选择主要根据最高时设计流量 Q，全扬程 H，按水泵特性曲线或性能表来选定，并使泵在高效率范围内工作。

污水泵站的设计流量按污水管道的最高时设计流量确定。

雨水泵站及合流泵站的设计流量按雨水管渠或合流管渠的设计流量确定，并应留有适当的余地。

排水泵站的全扬程按下式计算：

$$H \geqslant H_{ss} + H_{sd} + \sum h_s + \sum h_d + h_n \tag{2-19}$$

式中　　H——泵的全扬程，m；

　　　　H_{ss}——吸水池地形高度，m，为集水池内最低水位与水泵轴线之际高差；

　　　　H_{sd}——压水地形高度，m，为水泵轴线与输水最高点（即压水管出口处）之高差；

　　$\sum h_s$、$\sum h_d$——污水通过吸水，压水管路的水头损失，m；应该指出，由于污水泵站一般扬程较低，局部损失占总损失比重较大，不可忽略不计。

　　　　h_n——安全扬程，一般采用 $1 \sim 2m$，

　　由于水泵在运行过程中，集水池中水位是变化的，因此所选取水泵在变化范围内应处于高效段，如图 2-28 所示。

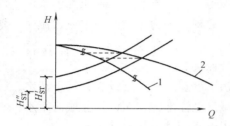

图 2-28　集水池中水位变化时水泵工况

H'_{ST}——最低水位时扬水地形高度；

H''_{ST}——最高水位时扬水地形高度

1—单泵特性曲线；2—两台泵并联特性曲线

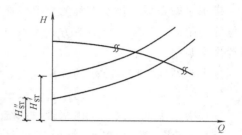

图 2-29　水泵并联及单独运行时水泵工况

H'_{ST}——最低水位时扬水地形高度；

H''_{ST}——最高水位时扬水地形高度

　　当泵站内的水泵超过两台时，在选择水泵时应注意不但在并联运行时，而且在单泵运行时都应在高效段内，如图 2-29 所示。工作泵可以选用同一型号的，也可以大小搭配。总的要求是在满足最大排水量的条件下，减少投资，节内电耗，运行安全可靠、维护管理方便。在可能的条件下，每台水泵的流量最好相当于 $1/2 \sim 1/3$ 的设计流量，并且以采用同型号的水泵为好。也可采用大、小泵搭配。如设置不同大小的两台泵，则小泵的流量不应小于大泵的 $1/2$；如设置一大两小共三台泵时，则水泵的流量应不小于大泵流量的 $1/3$。排水泵站的扬程一般不高，而流量较大（雨水泵站与合流泵站），且有较大颗粒的杂质。在污水泵站中常选用 PWL 立式离心污水泵（或潜污泵），流量较大时采用 ZL 型轴流泵。雨水泵站通常选用 ZL 型立式轴流泵或混流泵。

2.7.4　集水池、格栅

1. 集水池

污水泵站集水池的容积与进入泵站的流量变化情况，水泵的型号，台数及其工作制度，泵站操作性质，启动时间有关。流入泵站的流量一般可能出现下列两种情况：（1）流入泵站的流量小于泵站的抽水量；（2）流入泵站的流量大于泵站的抽水量。在前一种情况下，集水池容积主要满足泵运行上的要求，保证储蓄一定的污水量使泵开停不要过于频繁。在后一种情况下，集水池容积除满足上述要求外，尚须起蓄存流入泵站的进水量与抽水量间的超额部分的作用。因此，污水泵站集水池的容积应根据污水流量变化曲线图与泵抽水能力及工作情况，通过计算确定；当缺乏上述资料时，一般按最大一台泵 5min 的出水量计算。

　　对于雨水泵站，由于流入泵站的雨水量决定于降雨强度与历时，它的流量比污水量一

般大得多，雨水泵站集水池的容积一般不考虑起调节流量的作用，只是保证泵的运转上的要求。室外排水设计规范规定，一般采用不小于泵站中最大一台泵 30s 的出水量。

按上述要求求得排水泵站集水池的容积，是指集水池中最低水位与最高水位间的容积。集水池的实际尺寸还需根据吸水管和格栅布置上的要求决定。排水泵站集水池的最高水位不应超过管渠中设计水面。污水泵站集水池的最低水位与最高水位之间一般采用 1.5~2.0m。集水池底部应用 0.01~0.02 的坡度倾向集水坑。泵吸水喇叭口设在集水坑中，集水坑深度一般不小于 0.5m。排水泵站集水池中泵吸水管的布置形式如图 2-30 所示。每台泵的进水应不受其他泵进水的干扰。泵吸水管喇叭口中心与池壁间距一般采用喇叭口直径的 1.5 倍。相邻两喇叭口的中心距可采用喇叭口直径的 2.5 倍。

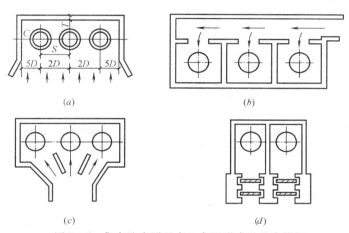

图 2-30　集水池中泵吸水口布置形式及进水格间

集水池应装置松动沉渣的设备。当采用离心泵时，一般可在泵出水管上安回流水管伸入吸水坑内。为了便于检修，污水泵站和合流泵站集水池的进水管渠上宜设闸门或闸槽，事故出水口应设在闸门之前。污水泵站的事故出水口若通向雨水管渠或水体，应征得卫生主管部门的同意。

2. 格栅

格栅常用圆钢或矩形截面的钢条、扁钢或不锈钢条等材料焊接在钢框架上制成。栅面与水面应成 60°~70° 的倾角。格栅底部应比集水池进水管管底低 0.5m 以上。栅条间隙应根据泵站水泵型号，主要按泵叶轮的流槽尺寸而定。污水泵站的格栅缝隙尺寸按表 2-16 采用。

污水泵站格栅缝隙尺寸　　　　　　　　　　　　　表 2-16

泵型号	2PWA	4PWA	6PWA	8PWA	14PWA	8PWL	14PWL
缝隙尺寸(mm)	30	50	75	100	150	100	150

格栅的宽度可用下列公式计算

$$B = S(n-1) + bn \tag{2-20}$$

$$n = \frac{Q_{\max} \sqrt{\sin\alpha}}{bhu} \tag{2-21}$$

式中　B——格栅宽度，m；

　　　　S——栅条宽度，m；

　　　　n——栅条间隙数个；

　　　Q_{max}——最大设计流量，m³/s；

　　　　α——格栅安装的倾角，°；

　　　　h——栅前水深，m；

　　　　u——通过格栅的流速，一般采用0.8～1.0m/s；

　　　　b——栅条间隙宽，m。

格栅按清渣方式可分为普通格栅与机械格栅。普通格栅靠人工清渣。在大型排水泵站中，多采用机械清渣。

机械格栅有圆弧型机械格栅，履带式机械格栅，曲臂式机械格栅，抓斗式机械格栅和移动式机械格栅。

2.7.5　雨水泵站的出流设备

雨水泵站应设置出流设备。出流设备一般包括出流井、出流管超越管和出水口四部分，如图2-31所示。

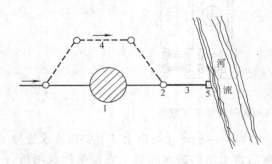

图2-31　雨水泵站的出流设备
1—泵站；2—出流井；3—出流管；
4—超越管；5—出水口

出流井中设有泵出口的单向阀，以便在泵停止时防止出流井内水位较高的雨水倒灌入集水池。可以每台泵设一出流井，亦可几台泵合用。出流井的井口高程应在河流最高水位以上，井口必须敞开，可设置铁栅盖板。在雨水泵站的进水管与出水管之间用超越连接，便于在河水水位不高，或者泵发生故障时，雨水可经超越管自流排出。超越管上应设置闸阀。雨水泵站的出水口应考虑对河道的冲刷及航运的影响，故应控制出口的流速与水流方向。流速一般控制在0.7～1.0m/s，出水口的水流方向，最好向河道下游倾斜，避免与河道垂直。在出口附近应设置挡土墙或护坡。

2.7.6　排水泵站的形式

排水泵站的形式根据进水管渠的埋设深度，进水流量，水文地质条件而定。排水泵站按泵房和集水池的组合方式分为合建式与分建式两种。对于雨水泵站，按泵是否浸入水中可分为湿式泵站与干式泵站。

排水泵站平面形状有圆形、矩形两种。圆形泵站受力情况比矩形泵站好，便于施工，造价低；矩形泵站对于机组和管道布置比较方便。根据设计与使用经验，当泵台数不多于四台的污水泵站及三台以下的雨水泵站，地下结构采用圆形最经济，其地面以上建筑物的形式可采用矩形，主要的是应与周围建筑物协调；水泵机组多于四台的泵站，地下建筑可以采用矩形，也可以采用椭圆形，其地面上建筑部分则不受地下形状的限制。

2.7.7　排水泵站的构造特点及示例

由于排水泵站的工艺特点，水泵大多数为自灌式工作，所以泵站往往设计成为半地下式或地下式，其深度，取决于来水管渠的埋深。又因为排水泵站总是建在地势低洼处，所以它们常位于地下水位以下，因此，其地下部分一般采用钢筋混凝土结构，并应采取必要的防水措施。应根据土压和水压来设计地下部分的墙壁（井筒），其底板应按承受地下水浮力进行计算。泵房的地上部分的墙壁一般用砖砌筑。

一般说来，集水池应尽可能和机器间合建在一起，使吸水管路长度缩短。只有当水泵台数很多，且泵站进水管渠埋设又很深时，两者才分开修建，以减少机器间的埋深。机器间的埋深取决于水泵的允许吸上真空高度。分建式的缺点是水泵不能自灌充水。

辅助间（包括工人休息室），由于它与集水池和机器间设计标高相差很大，往往分开修建。

当集水池和机器间合建时，应当用无门窗的不透水的隔墙分开。集水池和机器间各设有单独的进口。

在地下式排水泵站内，扶梯通常沿着房屋周边布置。如地下部分深度超过 3m 时，扶梯应设中间平台。

在机器间的地板上应有排水沟和集水坑。排水沟一般沿墙设置，坡度为 $i=0.01$，集水坑平面尺寸一般为 0.4m×0.4m，深为 0.5～0.6m。

对于非自动化泵站，在集水池中应设置水位指示器，使值班人员能随时了解池中水位变化情况，以便控制水泵的开或停。

当泵站有被洪水淹没的可能时，应设必要的防洪措施。如用土堤将整个泵站围起来，或提高泵站机器间进口门坎的标高，防洪设施的标高应比当地洪水水位高出 0.5m 以上。

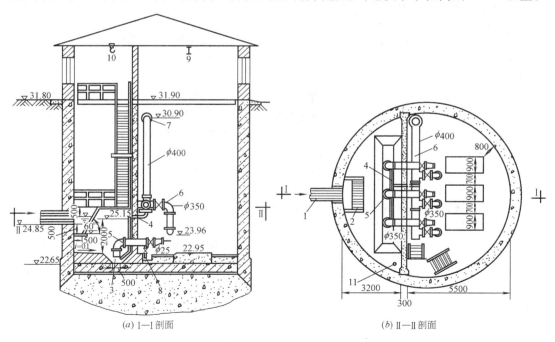

图 2-32　6PWA 型污水泵站

1—来水干管；2—格栅；3—吸水坑；4—冲洗水管；5—水泵吸水管；
6—压水管；7—弯头水表；8—PN25 吸水管；9—单梁吊车；10—吊钩

集水池间的通风管道必须伸到工作平台以下，以免在抽风时臭气从室内通过，影响管理人员健康。

集水池中一般应设事故排水管。

如图 2-32 所示为设卧式水泵（6PWA 型）的圆形污水泵站。泵房地下部分为钢筋混凝土结构，地上部分用砖砌筑。用钢筋混凝土隔墙将集水池与机器间分开。内设三台 6PWA 型污水泵（两台工作泵一台备用泵）。每台水泵出水量为 110L/s，扬程为 23m。各泵有单独的吸水管，管径为 350mm。由于水泵为自灌式，故每条吸水管上均设有闸门。三台水泵共用一条压水干管。

利用压水干管上的弯头，作为计量设备。机器间内的污水，在吸水管上接出管径为 25mm 的小管伸到集水坑内，当水泵工作时，把坑内积水抽走。

从压水管上接出一条直径为 50mm 的冲洗管（在坑内部分为穿孔管），通到集水坑内。

集水池容积按一台水泵 5min 的出水量计算，其容积为 33m³。有效水深为 2m。内设一个宽 1.5m，斜长 1.8m 的格栅。格栅用人工清除。

在机器间起重设备采用单梁吊车，集水池间设置固定吊钩。

思考题与习题

2-1 离心式泵的主要结构部件有哪些？

2-2 离心式水泵的工作过程原理是什么？

2-3 离心式泵在启动前应做哪些工作？其目的是什么？

2-4 离心式泵的减漏方式有几种？

2-5 离心式水泵产生轴向推力的原因是什么？有何危害性？一般采取什么措施消除？

2-6 离心式水泵常有几种分类？

2-7 什么是允许吸上真空高度？

2-8 在分析泵的基本方程式时，首先提出三个理想化假设是什么？

2-9 有一转速 $n=2900$rpm 的离心式水泵，理论流量 $Q_T=0.033$m³/s，叶轮直径 $D_2=218$mm，叶轮出口有效面积 $A_2=0.014$m²，$\alpha_1=90°$，$\beta_2=30°$，涡流修正系数 $K=0.8$，试求水在理论叶轮和实际叶轮中的理论扬程 H_T 和 H_T'。

2-10 离心式泵为什么采用闭闸启动？当闭闸运行时，$Q=0$，$N\neq0$，此时轴功率用于何处？是否可以长时间闭闸运行？为什么？

2-11 如何确定水泵的作用点？

2-12 什么是离心泵的安装高度？

2-13 某离心式水泵的输水量 $Q=5$L/s，水泵进水口直径 $D=40$mm，经计算，吸水管的水头损失 $h_{w1}=1.25$mH₂O，铭牌上允许吸上真空高度 $H_s=6.7$m 输送水温 50℃ 的清水，当地海拔高度为 1000m，试确定水泵最大安装高度 H_g。

第三章　给水管道系统

3.1　系　统　概　述

3.1.1　用水对象及用水要求

城市用水大致可分为综合生活用水、工业企业生产用水和工作人员生活用水、消防用水、浇洒道路和绿地用水等。

1. 综合生活用水

综合生活用水即人们日常生活所需用的水，包括城市居民日常生活用水、公共建筑生活用水。

（1）居民生活用水定额和综合生活用水定额，应根据当地国民经济和社会发展规划、城市总体规划和水资源充沛程度，在现有用水定额基础上，结合给水专业规划和给水工程发展的条件综合分析确定。

用水定额是对不同的用水对象，在一定时期内制订相对合理的单位用水量的数值。如居民生活用水定额是指每个居民每天生活用水量的一般范围，按 L/（人·d）计。我国《室外给水设计规范》（GBJ 13—86）中规定了城市居民生活用水定额和综合生活用水定额，见表 3-1 及表 3-2。工业企业内工作人员的生活用水量，应根据车间性质确定，一般可采用 25～35L/（人·班），小时变化系数为 2.5～3.0。工业企业内工作人员的淋浴用水量，应根据车间卫生特征确定，一般可采用 40～60L/（人·班），其延续时间为 1h（下班后淋浴），公共建筑生活用水定额见表 3-3。

（2）生活用水水质

作为人们生活用水的水质，必须符合现行的《生活饮用水卫生标准》的要求，应为：无色、无嗅、无味、不混浊、不含致病性病原体，化学物质的含量不影响使用，有毒物质的浓度在不影响人体健康的范围内。生活饮用水水质标准见表 3-4。

（3）生活用水的水压要求

城市给水管网应具有一定的水压，即最小服务水头，其值的大小是根据用水区内建筑

居民生活用水定额〔L/（人·d）〕　　　　　　　　　　　　　　表 3-1

城市规模 用水情况 分　区	特大城市		大城市		中、小城市	
	最高日	平均日	最高日	平均日	最高日	平均日
一	180～270	140～210	160～250	120～190	140～230	100～170
二	140～200	110～160	120～180	90～140	100～160	70～120
三	140～180	110～150	120～160	90～130	100～140	70～110

<h1 style="text-align:center">综合生活用水定额 [L/(人·d)]　　　　　表 3-2</h1>

城市规模 用水情况 分　区	特大城市		大城市		中、小城市	
	最高日	平均日	最高日	平均日	最高日	平均日
一	260～410	210～340	240～390	190～310	220～370	170～280
二	190～280	150～240	170～260	130～210	150～240	110～180
三	170～270	140～230	150～250	120～200	130～230	100～170

注：1. 特大城市指：市区和近郊区非农业人口 100 万及以上的城市；

大城市指：市区和近郊区非农业人口 50 万及以上，不满 100 万的城市；

2. 中、小城市指：市区和近郊区非农业人口不满 50 万的城市；

3. 一区包括：贵州、四川、湖北、湖南、江西、浙江、福建、广东、广西、海南、上海、云南、江苏、安徽、重庆；

二区包括：黑龙江、吉林、辽宁、北京、天津、河北、山西、河南、山东、宁夏、陕西、内蒙古河套以东和甘肃黄河以东的地区；

三区包括：新疆、青海、西藏、内蒙古河套以西和甘肃黄河以西的地区。

4. 经济开发区和特区城市，根据用水实际情况，用水定额可酌情增加。

<h2 style="text-align:center">集体宿舍、旅馆和公共建筑生活用水量定额及小时变化系数　　　表 3-3</h2>

序号	建筑物名称	单　位	最高日用水定额(L)	使用时数(h)	小时变化系数 K_h
1	单身职工宿舍、学生宿舍、招待所、培训中心、普通旅馆 　设公用盥洗室 　设公用盥洗室、淋浴室 　设公用盥洗室、淋浴室、洗衣室 　单独卫生间、公用洗衣室	 每人每日 每人每日 每人每日 每人每日	 50～100 80～130 100～150 120～200	24	3.0～2.5
2	宾馆客房 　旅客 　员工	 每床位每日 每人每日	 250～400 80～100	24	2.5～2.0
3	医院住院部 　设公用盥洗室 　设公用盥洗室、淋浴室 　设单独卫生间 　医务人员 　门诊部、诊疗所 　疗养院、休养所住房部	 每床位每日 每床位每日 每床位每日 每人每班 每病人每次 每床位每日	 100～200 150～250 250～400 150～250 10～15 200～300	 24 24 24 8 8～12 24	 2.5～2.0 2.5～2.0 2.5～2.0 2.0～1.5 1.5～1.2 2.0～1.5
4	养老院、托老所 　全托 　日托	 每人每日 每人每日	 100～150 50～80	 24 10	 2.5～2.0 2.0
5	幼儿园、托儿所 　有住宿 　无住宿	 每儿童每日 每儿童每日	 50～100 30～50	 24 10	 3.0～2.5 2.0

序号	建筑物名称	单 位	最高日用水定额(L)	使用时数(h)	小时变化系数 K_h
6	公共浴室 淋浴 浴盆、淋浴 桑拿浴(淋浴、按摩池)	每顾客每次 每顾客每次 每顾客每次	100 120~150 150~200	12 12 12	2.0~1.5
7	理发室、美容院	每顾客每次	40~100	12	2.0~1.5
8	洗衣房	每 kg 干衣	40~80	8	1.5~1.2
9	餐饮业 中餐酒楼 快餐店、职工及学生食堂 酒吧、咖啡馆、茶座、卡拉OK房	每顾客每次 每顾客每次 每顾客每次	40~60 20~25 5~15	10~12 12~16 8~18	1.5~1.2 1.5~1.2 1.5~1.2
10	商场 员工及顾客	每 m² 营业厅 面积每日	5~8	12	1.5~1.2
11	办公楼	每人每班	30~50	8~10	1.5~1.2
12	教学、实验楼 中小学校 高等院校	每学生每日 每学生每日	20~40 40~50	8~9 8~9	1.5~1.2 1.5~1.2
13	电影院、剧院	每观众每场	3~5	3	1.5~1.2
14	健身中心	每学生每日	30~50	8~12	1.5~1.2
16	会议厅	每座位每次	6~8	4	1.5~1.2
17	客运站旅客、展览中心观众	每人次	3~6	8~16	1.5~1.2
18	菜市场地面冲洗及保鲜用水	每 m² 每日	10~20	8~10	2.5~2.0
19	停车库地面冲洗	每 m² 每次	2~3	6~8	1.0

注:1. 除养老院、托儿所、幼儿园的用水定额中含食堂用水,其他均不含食堂用水。
2. 除注明外,均不含员工生活用水,员工用水定额为每人每班 40~60L。
3. 医疗建筑用水中已含医疗用水。
4. 空调用水应另计。

生活饮用水卫生标准　　　　　　　　　　　　　　表 3-4

序号	项 目	标 准	序号	项 目	标 准
1	感官性状和一般化学指标 色	色度不超过 15 度,并 不得呈现其他异色	9 10	铜 锌	1.0mg/L 1.0mg/L
2	混浊度	不超过 3 度,特殊情况 不超过 5 度	11 12	挥发酚类(以苯酚计) 阳离子合成洗涤剂	0.002mg/L 0.3mg/L
3	嗅和味	不得有异嗅、异味	13 14	硫酸盐 氯化物	250mg/L 250mg/L
4	肉眼可见物	不得含有	15	溶解性固体	1000mg/L
5	pH	6.5~8.5		毒理学指标	
6	总硬度(以碳酸钙计)	450mg/L	16	氟化物	1.0mg/L
7	铁	0.3mg/L	17	氰化物	0.05
8	锰	0.1mg/L	18	砷	0.05

序号	项　目	标　准	序号	项　目	标　准
19	硒	0.01	25	硝酸盐(以氮计)	20
20	汞	0.001	26	氯仿	$60\mu g/L$
21	镉	0.01	27	四氯化碳	$3\mu g/L$
22	铬(六价)	0.05	28	苯并(a)芘	0.01
23	铅	0.05	29	滴滴涕	1
24	银	0.05	30	六六六	5

物(不包括高层建筑物)层数确定的,即一层为10m,二层为12m,从三层起每增加一层其水头增加4m。

2. 生产用水

工业企业生产用水分为:冷却用水、生产过程用水、生产蒸汽和用于冷凝的用水、作为产品原料用水、交通运输用水等。

(1)生产用水量定额

工业企业生产用水量定额应根据具体的产品及生产工艺过程的要求确定,可参照由建设部、国家经贸委主持编制的《工业用水量定额》执行(由于该定额内容较多,本书不再列举)。

(2)工业企业生产用水水质及水压

工业企业生产用水的水质要求与企业生产的产品种类以及生产工艺有着密切的关系,各类工业企业生产用水的水质要求差异较大。

工业企业生产用水对水压的要求,视生产工艺要求而定。

3. 市政用水及汽车冲洗用水

对城镇道路进行保养、清洗、降温和消尘等所需用的水称为浇洒道路用水,1~1.5L/(m^2·次)(浇洒次数2~3次/d;对市政绿地所需用的水称为绿地用水,1~2L/(m^2·d)。

浇洒道路和绿地用水量,应根据路面、绿化、气候和土壤等条件确定。

汽车冲洗用水:轿车250~400L/(辆·d);公共汽车、载重汽车400~600L/(辆·d)。每辆汽车的冲洗时间为10min,同时冲洗的汽车数应按全部洗车台的数量确定。汽车库内存放汽车在25辆及25辆以下时,应按全部汽车每日冲洗一次计算;存放汽车在25辆及25辆以上时,一般按全部汽车的70%~90%计算。

4. 消防用水

消防用水即扑灭火灾所需用的水。城镇、居住区室外消防用水量,应按同一时间内的火灾次数和一次灭火用水量确定。详见表3-5。

我国城镇消防系统一般采用低压消防给水系统,消防时失火点处管网自由的水压不得小于10m。

3.1.2　给水系统的组成及布置形式

1. 给水系统的组成

城市给水系统可分为三部分:取水工程、净水工程和输配水工程。

(1)取水工程

城镇、居住区室外消防用水量 表 3-5

人数 （万人）	同一时间内的 火灾次数（次）	一次灭火 用水量（L/s）	人数 （万人）	同一时间内的 火灾次数（次）	一次灭火 用水量（L/s）
≤1.0	1	10	≤40.0	2	65
≤2.5	1	15	≤50.0	3	75
≤5.0	2	25	≤60.0	3	85
≤10.0	2	35	≤70.0	3	90
≤20.0	2	45	≤80.0	3	95
≤30.0	2	55	≤100.0	3	100

注：城市室外消防用水量包括居住区、工厂、仓库（包括堆场、储罐）和民用建筑的室外消防用水量。当工厂、仓库和民用建筑的室外消防用水量超过本表规定时，仍应确保其室外消防用水量。

包括取水构筑物和取水泵房，其任务是取得足够水量和优质的原水。

（2）净水工程（水处理工程）

包括各种水处理构筑物，其任务是对原水进行处理，满足用户对水质的要求。

（3）输配水工程

包括输水管道、配水管网、加压泵站以及水塔、清水池（水塔、清水池为调节构筑物）等，其任务是向用户提供足够的水量，并满足用户对水压的要求。图 3-1、图 3-2 所示分别是以地下水和以地面水为水源的给水系统。

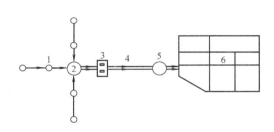

图 3-1　地下水源城市给水系统示意图
1—管井群；2—水池；3—泵站；
4—输水管；5—水塔；6—管网

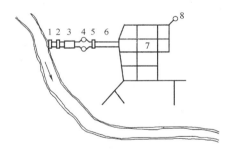

图 3-2　地面水源城市给水系统示意图
1—取水构筑物；2——级泵站；3—处理构筑物；4—清水池；5—二级泵站；6—输水管；7—管网；8—水塔

2. 给水系统的布置形式

城市给水系统的布置应根据城市总体规划、水源特点、当地自然条件及用户对水质的不同要求等因素确定。常见的城市给水系统的布置形式有以下几种：

（1）统一给水系统

城市的生活用水、生产用水、消防用水及市政用水均按生活饮用水水质标准，用统一的给水管网供给用户的给水系统，称为统一给水系统。如图 3-3 所示。

统一给水系统具有调度管理灵活、动力消耗少、管网压力均匀、供水安全性较高等特点。该系统较适用于中小城市、工业区、大型厂矿企业，用户集中不需要长距离转输水量，各用户对水质、水压要求相差不大，地形起伏变化较小，建筑物层数差异不大的城市。

（2）分区给水系统

根据城市或工业区的特点将给水系统分成几个系统，每个系统即可独立运行，彼此又可保持系统间的相互联系，以确保供水的安全性和调度的灵活性。这种给水系统称为分区给水系统。如图 3-4 所示。

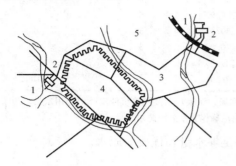

图 3-3　两水源统一给水系统
1—取水构筑物；2—水厂；3—给水管网；
4—旧城区；5—新城区

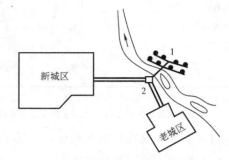

图 3-4　分区给水系统
1—管井群；2—泵站

这种给水系统比较适用于用水量大或城市面积辽阔或延伸很长及城市被自然地形分割成若干部分或功能分区较明确的大中城市采用。它的主要优点是根据各区不同情况布置给水系统。可节约动力费用和管网投资，缺点是设备分散，管理不方便。

（3）分质给水系统

原水经过不同的净化过程，通过不同的管道系统将不同水质的水分别供给相应的用户，这种给水系统称为分质给水系统。如图 3-5 所示。

该系统适用于优良的水源较贫乏及城市或地区中低质水的用水量所占的比重较大时采用。其优点是水处理构筑物的规模较小，投资省，合理利用不同的水资源，节约药剂费用和动力费用，缺点是给水系统多管线长，运行管理复杂。

（4）分压给水系统

因用户对水压要求不同而采用扬程不同的水泵分别提供不同压力的水至高压管网和低压管网供给相应的用户，这样的给水系统称为分压给水系统。如图 3-6 所示。

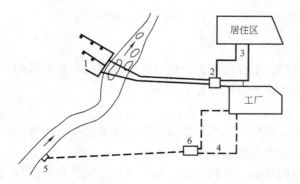

图 3-5　分质给水系统
1—管井群；2—泵站；3—生活用水管网；4—生产用
水管网；5—取水构筑物；6—生产用水处理构筑物

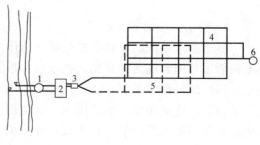

图 3-6　分压给水系统
1—取水构筑物；2—水处理构筑物；3—泵站；
4—低压管网；5—高压管网；6—水塔

该系统适用于城市地形高差较大及各用户对水压要求相差较大的城市或工业区。其优点是减少高压管道和设备用量，动力费用低，缺点是管道长、设备多，管理麻烦。

城市给水系统除采用单水源供水外，也可采用多水源供水。在有条件的城市应考虑采用多水源供水系统，单水源供水也应考虑多个取水口，以保证供水安全。

除上述给水系统外，当几个城市相距较近时，为保证各个城市供水水质安全，在其共有水源上游统一取水分别供给各个城市使用，这种给水系统称为区域给水系统。

在工业企业生产过程中，为节约用水减少污染，常采用重复给水系统和循环给水系统。

3.1.3 用水量的计算

在城市给水工程设计中，首先应确定城市的用水量。用水量是一项重要指标，它直接影响给水系统的规模和投资。

用水量的计算除依据用水量定额外，还要了解城市用水量的逐日、逐时变化规律，以便较合理准确地确定各种情况下的用水量，及单项工程的设计流量，使给水系统能经济合理地适应供水对象在各种用水情况下对供水的要求。

1. 用水量的变化

某一城市的用水量逐年、逐日、逐时都在变化，这种变化受诸多因素的影响。生活用水量随季节和生活习惯而变化，如，夏季比冬季用水量多，节假日比平时用水多，白天比夜间用水多。工业企业生产用水量则受生产工艺、设备能力、产品种类、产品数量、工作制度、季节等因素的影响。

（1）用水量变化系数

1）日变化系数 K_d

一年中最大一日的用水量，称为最高日用水量。

一年的总用水量除以全年供水天数所得数值，称为平均日用水量。

最高日用水量与平均日用水量的比值，称为日变化系数 K_d，其值约为 1.1～2.0。

2）时变化系数 K_h

最高日用水量日内用水量最多一小时的用水量，称为最高时用水量。

最高日内平均每小时的用水量，称为平均时用水量。

最高时用水量与平均时用水量的比值，称为时变化系数 K_h，其值约为 1.3～2.5

（2）用水量变化曲线

在设计给水系统时，为了能更好地适应供水对象对用水变化的需要，所以在确定调节构筑物的容积、二级泵站工艺设计时，需了解最高日 24h 的用水量逐时变化情况，即最高日用水量变化规律。以逐时用水量占全日用水量的百分比为纵坐标，以全日用水的小时数为横坐标，绘制的曲线称为该市最高日用水量变化曲线。如图 3-7 所示。

2. 用水量的计算

（1）城市最高日用水量 Q_d

1）居住区最高日生活用水量 Q_1 为：

$$Q_1 = \sum \frac{N_1 q_1}{1000} \quad (\text{m}^3/\text{d}) \tag{3-1}$$

式中　N_1——设计期限内居住区的人口数，人，当供水普及率达不到100％时，应乘以供水普及率系数；

　　　q_1——设计期限内采用的居民最高日生活用水量定额，L/(人·d)，参见表3-1。

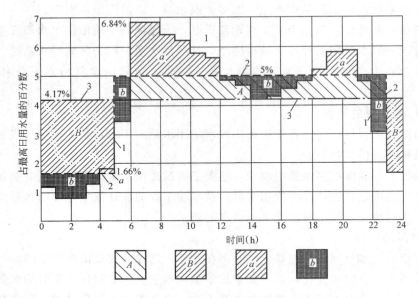

图 3-7　给水系统流量关系组合

A——一级泵站供水不足量；B——一级泵站供水多余量；

a——二级泵站供水不足量；b——二级泵站供水多余量；

1——最高日用水变化曲线；2——二级泵站供水曲线；3——一级泵站供水曲线

　　居民最高日生活用水量定额应参照整个城镇的一般水平确定，若城镇各区卫生设备类型有差异，其居民最高日生活用水量定额应分别选定，居住区最高日生活用水量应等于各区居民最高日生活用水量之和。

　　2）公共建筑生活用水量 Q_2 为：

$$Q_2 = \sum \frac{N_2 q_2}{1000} \quad (m^3/d) \tag{3-2}$$

式中　N_2——某类公共建筑生活用水单位的数量；

　　　q_2——该类公共建筑生活用水定额，参见表3-3。

　　3）工业企业职工生活用水量 Q_3 为：

$$Q_3 = \sum \frac{n N_3 q_3}{1000} \quad (m^3/d) \tag{3-3}$$

式中　N_3——每班职工人数，人；

　　　q_3——工业企业职工生活用水量定额，L/(人·d)；

　　　n——每日班制。

　　4）工业企业职工淋浴用水量 Q_4

$$Q_4 = \sum \frac{n N_4 q_4}{1000} \quad (m^3/d) \tag{3-4}$$

式中 N_4——每班职工淋浴人数，人；

q_4——工业企业职工淋浴用水定额，$[L/(人 \cdot d)]$，见表 3-2；

n——每日班制。

5）工业企业生产用水量 Q_5：

对于已建成且正在生产的工业企业等于同时使用的各工业企业或各车间生产用水量之和；对于在规划区内的未知工业企业生产用水量可采用"万元产值耗水量法"、"用水量增长率法"或"生产与生活用水量比例计算法"等方法估算。

6）市政用水量 Q_6 为：

$$Q_6 = \frac{n_6 S_6 q_6}{1000} + \frac{S_6' q_6'}{1000} \quad (m^3/d) \tag{3-5}$$

式中 q_6、q_6'——分别为浇洒道路和绿化用水量标准；

S_5、S_6'——分别为浇洒道路和绿化面积，m^2；

n_6——每日浇洒。

7）未预见水量（包括管网漏失水量）Q_6 为：

一般按上述各项用水量之和的 $15\% \sim 25\%$ 计算，即：

$$Q_6 = (0.15 \sim 0.25)(Q_1 + Q_2 + Q_3 + Q_4 + Q_5) \tag{3-6}$$

该城镇最高日设计水量 Q_d 为：

$$\begin{aligned} Q_d &= Q_1 + Q_2 + Q_3 + Q_4 + Q_5 + Q_6 \\ &= (1.15 \sim 1.25)(Q_1 + Q_2 + Q_3 + Q_4 + Q_5) \quad (m^3/d) \end{aligned} \tag{3-7}$$

（2）消防用水量 Q_x

消防用水量 Q_x 一般单独成项，通常作为给水系统校核计算之用，可按下式计算：

$$Q_x = N_x q_x \quad (L/s) \tag{3-8}$$

式中 N_x、q_x——分别为同时发生火灾次数和一次灭火用水量。城镇居住区室外消防用水量，应按同一时间内的火灾次数和一次灭火用水量确定，同一时间内的火灾次数和一次灭火用水量不应小于表 3-5 的规定。

（3）城市最高日平均时用水量 Q_c，可按下式计算：

$$Q_c = \frac{Q_d}{24} \quad (m^3/h) \tag{3-9}$$

（4）城市最高日最高时设计用水量 Q_{max}，可按下式计算：

$$Q_{max} = K_h \frac{Q_d}{24} \quad (m^3/h) \tag{3-10}$$

设计给水管网时按最高日最高时设计用水量计算，以（L/s）为单位，即

$$q_{max} = \frac{Q_{max}}{3600} \quad (L/s) \tag{3-11}$$

注意式（3-10）中的 K_h 为全部给水区用水量的时变化系数。由于各种用水的最高峰

同时发生的可能性比较小，因此上述通过叠加法计算的最高时设计用水量与实际最高时用水量存在一定的误差。一般应通过实际调查，编制用水区各种用水量的逐时变化表，从统计中得到各种用水规律，将同一时间内的各种用水量合并，找出最高时用水量或求得时变化系数 K_h，以此作为设计依据。

【例题 3-1】 鲁南某市区规划人口 15 万人，居住房屋一般为六层，其中 70% 的家庭室内有给水排水卫生设备及淋浴设备，30% 的家庭室内有给水排水卫生设备并有淋浴设备和集中热水供应。经调查统计大型公共建筑（包括学校、机关、宾馆、饭店、医院、各类商场、车站等）最高日生活用水量为 4000m³/d。该市区有两个大型工业企业：A 企业有职工 1.5 万人，最大班 7000 人（工作时间集中在 8～16 时），其余两班各为 4000 人，每班有 40% 职工在高温车间作业，每班下班后淋浴人数除高温车间的职工外，另有 80% 一般车间职工；B 企业有职工 1.2 万人，最大班 6000 人（工作时间集中在 8～16 时），其余两班各为 3000 人。每班有 50% 职工在高温车间作业，每班下班后淋浴人数除高温车间的职工外，另有 80% 一般车间职工，车间生产轻度污染身体。A 企业生产用水量 15000m³/d，B 企业生产用水量 10000m³/d（市政用水暂不考虑）。$K_H=2.0$。试计算该市：

1. 最高日设计用水量；
2. 最高日平均时用水量
3. 最高时设计用水量。

【解】 1. 最高日设计用水量：

（1）生活用水量计算

1）居住区居民生活用水量

居住区居民最高日生活用水量定额根据当地实际情况按表 3-1 选用：

室内有给水排水卫生设备并有淋浴设备采用 140L/(人·d)

室内有给水排水卫生设备并有淋浴设备和集中热水供应 180L/(人·d)

则居住区居民最高日生活用水量 Q_1 为：

$$Q_1 = \sum \frac{N_1 q_1}{1000} = \frac{150000 \times 70\% \times 140}{1000} + \frac{150000 \times 30\% \times 180}{1000} = 22800 \text{m}^3/\text{d}$$

2）大型公共建筑生活用水量为：$Q_2 = 4000 \text{m}^3/\text{d}$

3）工业企业职工生活用水量为：

A 企业一般车间职工人数为：（7000＋4000×2）×60%＝9000 人；

A 企业高温车间职工人数为：（7000＋4000×2）×40%＝6000 人；

B 企业一般车间职工人数为：（6000＋3000×2）×50%＝6000 人；

B 企业高温车间职工人数为：（6000＋3000×2）×50%＝6000 人

工业企业职工生活用水量定额选用：高温车间 35L/(人·d)，一般车间 25L/(人·d)。则 A、B 两企业职工生活用水量按式（3-3）计算：

$$Q_3 = \sum \frac{n N_3 q_3}{1000} = \frac{9000 \times 25 + 6000 \times 35}{1000} + \frac{6000 \times 25 + 6000 \times 35}{1000} = 795 \text{m}^3/\text{d}$$

4）工业企业职工淋浴用水量为：

工业企业职工淋浴用水量定额按表 3-2 选用：高温车间 60L/(人·d)，一般车间 40L/

（人·d）。

则 A、B 企业职工淋浴用水量按式（3-4）计算：

$$Q_4 = \sum \frac{nN_4q_4}{1000}$$

$$= \frac{9000 \times 80\% \times 40 + 6000 \times 60}{1000} + \frac{6000 \times 80\% \times 40 + 6000 \times 60}{1000}$$

$$= 1200 \text{m}^3/\text{d}$$

淋浴时间在下班后一小时内使用。

（2）工业企业生产用水量为：

$$Q_5 = 15000 + 10000 = 25000 \text{m}^3/\text{d}$$

（3）未预见水量和管网漏失水量：

未预见水量和管网漏失水量按上述各项用水量总和的 20% 计，则

$$Q_6 = (Q_1 + Q_2 + Q_3 + Q_4 + Q_5) \times 20\%$$

$$= (22800 + 4000 + 795 + 1200 + 25000) \times 20\%$$

$$= 10759 \text{m}^3/\text{d}$$

最高日设计用水量 Q_d 为：

$$Q_d = Q_1 + Q_2 + Q_3 + Q_4 + Q_5 + Q_6$$

$$= 22800 + 4000 + 795 + 1200 + 25000 + 10759$$

$$= 64554 \text{m}^3/\text{d}$$

2. 最高日平均时用水量和最高时设计用水量

（1）最高日平均时用水量

$$\overline{Q_h} = \frac{Q_d}{24} = \frac{64554}{24} = 2689.75 \text{m}^3/\text{h}$$

（2）最高时设计用水量

$$Q_{max} = K_H \frac{Q_d}{24} = 2.0 \times \frac{64554}{24} = 5379.5 \text{m}^3/\text{h}$$

3.1.4 给水系统各部分的设计流量及相互关系

1. 给水系统各部分的设计流量

给水工程是由多个功能互不相同而且又彼此密切联系的组成部分连接而成，共同完成向用户安全供水的任务。为了保证供水的可靠性，给水系统各组成部分应按最高日用水量设计，给水系统各部分设计流量应根据工作特点和运行方式确定。

（1）取水构筑物、一级泵站和水处理构筑物的设计流量

取水构筑物、一级泵站和水处理构筑物通常是以城市最高日平均时用水量再加水厂自身用水量进行计算（必要时还应校核消防补充水量），对于原水需要进行处理的水厂，应考虑水厂在生产过程中，过滤池的反冲洗用水及沉淀池的排泥用水，这部分用水即为水厂自身用水量。水厂自身用水量的大小取决于给水处理方法、构筑物形式以及原水水质等因

素，一般按最高日平均时用水量的 5%～10% 计。即：

$$Q_p = (1.05 \sim 1.10)Q_c \qquad (3\text{-}12)$$

式中　Q_c——城市最高日平均时用水量，m^3/h。

其原因有两方面：①从水厂运行角度，水处理构筑物需要连续、均匀地运行，流量稳定，有利于处理构筑物运行稳定和管理，降低运行成本。否则水厂运行管理复杂，降低处理效果，且运行成本高。②从工程造价角度，在最高日用水量一定的情况下，每日 24 小时均匀工作，平均每小时流量将会最小，因此，使得取水构筑物、一级泵站及水处理构筑物等各项设施规模最大限度地缩小，从而降低工程造价。

（2）二级泵站、输水管和配水管网的设计流量

二级泵站、输水管和配水管网的设计计算流量应按输配水系统在最高日最高时的工作情况确定，并根据系统中有无水塔（或高位水池）及其在管网中的位置而定。

无水塔的管网，即管网中不设水塔而由二级泵站直接供水。其二级泵站、输水管和配水管网均以最高日最高时设计用水量 Q_h 作为设计流量。

设有网前水塔的管网，即水塔设在配水管网前端。其二级泵站及从二级泵站到水塔的输水管应按泵站分级工作线的最大一级供水流量 $Q_{\text{II max}}$ 设计；从水塔到管网的输水管和配水管网应按最高日最高时用水量 Q_h 设计。

设有对置水塔的管网，即水塔设在配水管网末端。其二级泵站、从二级泵站到管网的输水管应按泵站分级工作线的最大一级供水流量 $Q_{\text{II max}}$ 作为设计流量；从水塔到管网的输水管则应该按 $(Q_h - Q_{\text{II max}})$ 作为设计流量；其配水管网仍按最高日最高时用水量 Q_h 设计。由于在最高用水时，二级泵站和水塔分别向管网供水，以满足管网最高时用水量 Q_h 的要求，这种情况下计算的管网管径往往比一端供水时的管径小，为保证安全供水，还必须按最大转输流量进行校核调整。在设置对置水塔的管网系统中，当二级泵站供水流量大于管网用水量时，多余的水通过管网流入水塔，流入水塔的流量称为转输流量，最大一小时转输流量称为最大转输流量。这一小时称为最大转输时。

当有网中水塔时，有两种情况，一种是水塔靠近二级泵站，并且泵站的供水流量大于泵站与水塔之间用户的用水流量，此种情况类似于网前水塔的管网；另一种是水塔离泵站较远，且泵站的供水流量小于泵站与水塔之间用户的用水流量，泵站与水塔之间出现供水分界线，此种情况类似于对置水塔的管网。其设计流量可按网前水塔管网或对置水塔管网确定。

（3）二级泵站与水塔（或高地水池）、管网的流量关系

通常二级泵站的工作情况与管网中是否设有调节构筑物（水塔或高地水池）有关。当系统中设有流量调节构筑物（水塔或高位水池）时，二级泵站的供水流量不随管网用水量逐时变化而变化，二级泵站分级供水，二者之间的流量差额由水塔或高地水池给予调节。即，用水高峰时二级泵站与水塔或高位水池同时向管网供水，当二级泵站供水量大于管网用水量时，多余的水量则流入水塔或高位水池。

（4）一级泵站与二级泵站的流量关系

一级泵站通常均匀供水，而二级泵站一般为分级供水（一般不超过三级），或随管网用水量的变化而变化，所以，一、二级泵站的供水量在同一时刻往往不相等。在一、

二级泵站之间建造清水池的目的，就在于调节两泵站间流量的差额。图 3-7 中虚线 2 表示二级泵站工作线，虚线 3 表示一级泵站工作线，从 20 时到次日 5 时（夜晚），一级泵站供水量大于二级泵站供水量，这段时间的多余水量在清水池中储存；但是在凌晨 5 时到晚上 20 时（白天），一级泵站供水量小于二级泵站供水量，这段时间内二级泵站必须取用清水池中储存的水，以满足管网用水量的要求。在一天内，从清水池中取用的水量等于向清水池中贮存的水量，清水池的这部分容积称为调节容积，其值等于图中的 A 部分面积，或等于 B 部分面积（A＝B），即，等于累计贮存的水量或累计取用的水量。

　　（5）二级泵站与水塔（或高地水池）、管网之间的流量关系

　　通常二级泵站的工作情况与管网中是否设有调节构筑物（水塔或高地水池）有关。当系统中设有流量调节构筑物（水塔或高位水池）时，二级泵站的供水流量不随管网用水量逐时变化而变化，二级泵站分级供水，二者之间的流量差额由水塔或高地水池给予调节。即用水高峰时二级泵站与水塔或高位水池同时向管网供水，当二级泵站供水量大于管网用水量时多余的水量则流入水塔或高地水池贮存。

　　在无水塔的管网中，为保证安全供水，二级泵站必须按照用水量变化曲线工作，即二级泵站每时每刻的供水流量应等于管网的用水量，故二级泵站最大供水流量应等于最高日最高时设计用水量。为了使二级泵站在任何时候既能安全供水，又能在高效率下经济运行，设计二级泵站时，应根据用水量变化曲线选择大小搭配一定数量的水泵（或选择变频调速水泵），以适应用水量变化，满足用户对水量的要求。

　　2. 清水池的容积和水塔的容积

　　在给水系统中，清水池是必不可少的调节构筑物。清水池的有效容积通常由四部分组成：

　　（1）一级泵站与二级泵站的流量调节容积；（2）水厂自身用水量；（3）消防贮量；（4）安全贮量。（个别水厂还应满足接触消毒时间要求所必须的容积）水塔的容积由调节容积和消防贮量两部分。

　　对于清水池的调节容积，可由一、二级泵站供水量曲线确定；水塔的调节容积，可由二级泵站供水量曲线和管网用水量变化曲线确定。若二级泵站每小时供水量等于管网用水量，则管网中可不设水塔，成为无水塔管网系统。对于设有水塔的管网，二级泵站每小时供水量越接近管网用水量，水塔的容积就越小，但是清水池的容积将增大。如果一级泵站与二级泵站每小时供水量越接近，则清水池的调节容积就越小，但是水塔的容积将明显增大，以便调节二级泵站供水量和管网用水量之间的差额。所以给水系统中流量的调节是由水塔和清水池来共同分担的。由于水塔造价高大，大中城市一般不设水塔，有条件的城市可考虑设高地水池。

　　水塔和清水池调节容积的计算，通常采用两种方法，一种是根据供水量与用水量的变化推算，另一种是根据经验估算。

　　（1）清水池的有效总容积为：

$$QW_c = W_1 + W_2 + W_3 + W_4 \quad (m^3) \tag{3-13}$$

式中　W_1——调节容积，m^3，在缺乏资料情况下，一般可按水厂最高日设计水量的

$10\% \sim 20\%$ 计算；

W_2——水厂自身用水量，m^3；水厂自身用水量贮存于清水池中。若取用地下水且无需处理时，一级泵站可直接把水输入管网，但为了提高水泵的效率和延长井的使用年限，一般先输水到水厂清水池中，再用二级泵站将水输送至给水管网，这种情况可不考虑水厂自身用水量；

W_3——消防贮量，m^3，$W_3 = Q_x T$，其中 Q_x 为室外消防用水总流量，m^3/h，按现行《建筑设计防火规范》的规定执行；T 为消防历时，一般为 $2 \sim 3h$；

W_4——安全贮量，m^3，为避免清水池抽空，威胁供水安全，设计清水池时应考虑预留一定水深（$0.5m$ 左右）的容量作为安全贮量。当清水池有效水深为 $3.5 \sim 5.0m$ 时，$W_4 = \dfrac{1}{6} \sim \dfrac{1}{9}(W_1 + W_2 + W_3)$。

此外还需用清水池存水最少时的容积（即消防贮量和安全贮量之和），核算其清水池容积是否满足加氯消毒接触反应时间不小于 $30min$ 的要求，若不能满足时，则应加大清水池的容积。

当供水及用水变化曲线的资料取得有困难时，清水池及水塔的容积可凭经验来选定。清水池的总容积可按最高日用水量的 $20\% \sim 30\%$ 估算；水塔容积按最高日用水量的 $6\% \sim 8\%$ 估算。小城市取上限，大城市取下限。由于水塔造价高，所以大中城市一般不设水塔，而是利用高地（山、丘陵）建造高地水池取代水塔。

为保证水厂不间断的供水，清水池的设置个数一般不小于 2 座，若只设置一座则应分 2 格，每座（格）容积为 $\dfrac{W_c}{2}(m^3)$，并能单独工作和分别放空，以便清洗或检修时，水厂能不间断供水。

（2）水塔的有效容积：

$$W_t = W_1 + W_2 \qquad (m^3) \tag{3-14}$$

式中　W_1——调节容积，$W_1 = kQ_d$，m^3，其中，k 为水塔调节容积占最高日设计用水量的百分比。在缺乏生活给水系统资料情况下：分级供水时，可取最高日用水量的 $6\% \sim 8\%$；均匀供水时，可取最高日用水量的 $8\% \sim 15\%$；

W_2——消防贮水量，m^3，按现行《建筑设计防火规范》的规定执行，一般按 $10min$ 室内消防用水量计算。

3.1.5　给水系统的水压关系（给水管网的工况）

1. 一级泵站的扬程

以地表水为水源的给水系统为例。其取水构筑物、一级泵站和水处理构筑物的扬程关系，如图 3-8 所示。一级泵站的扬程可按下式计算确定：

$$H_p = h_s + h_c + H_0 \tag{3-15}$$

式中　h_s——泵站中水泵吸水管路水头损失，m；

h_c——水泵压水管（包括输水管）的水头损失，m；

H_0——一级泵站静扬程，等于集水井中最低水位与水处理构筑物设计水位的高差，m。

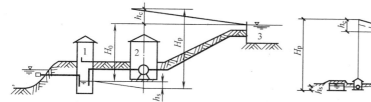

图 3-8　取水构筑物、一级泵站和
水处理构筑物的高程关系

1—取水构筑物；2——级泵站；3—絮凝池

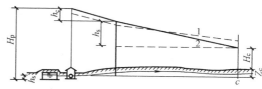

图 3-9　无水塔管网的水压线

1—最小用水小时；最高用水小时

2. 二级泵站扬程、水塔高度的确定及水压关系

在给水管网中能起到控制管网水压的点，称为给水管网控制点，也称供水最不利点。在给水管网设计中这是一个重要的概念。因为只要控制点的最小服务水头能满足用户及消防等的水压要求，则全管网的各点服务水头就均能符合要求。这一点一般在远离二级泵站或在地形较高处。给水管网设计计算时应首先确定控制点的位置。

二级泵站的扬程和水塔的高度，就是以保证控制点所需要的最小服务水头为条件计算确定的。

（1）无水塔的管网

无水塔的管网水压线如图 3-9 所示，图中水压线标高是以清水池最低水位为基准（±0.00）算起的。为保证最高用水时控制点所需的最小服务水头，二级泵站的扬程为：

$$H_p = Z_c + H_c + h_n + h_c + h_s \qquad (3-16)$$

式中　Z_c——管网控制点 c 的地面与清水池最低水位高差，m；

　　　H_c——控制点要求的最小服务水头，m；

　　　h_c——输水管路中的水头损失，m；

　　　h_n——配水管网中的水头损失，m；

　　　h_s——吸水管路中的水头损失，m；

在确定二级泵站扬程时，通常不考虑城市中个别高层建筑物所需的水压，这些高层建筑物所需的水压由用户单独加压解决。

（2）网前水塔的管网

如图 3-10 所示，在网前水塔的管网中，最高用水时，二级泵站供水量小于管网用水量，不足的水量由水塔供给，即二级泵站与水塔同时向管网供水。当二级泵站的供水流量大于管网用水流量时，多余的水则流入水塔贮存。

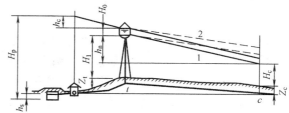

图 3-10　网前水塔管网的水压线

1—最高用水时；2—最小用水时

对于网前水塔的管网要确定二级泵站的扬程，必须先求出水塔高度，即水塔水柜底高出地面的高度，再求出二级泵站的扬程。水塔水柜底的高度 H_t，可按下式计算：

$$H_t = H_c + h_n - (Z_t - Z_c) \qquad (3\text{-}17)$$

式中　Z_t——水塔处地面标高与清水池最低水位标高差，m；

　　　h_n——最高用水时水塔至控制点的管路水头损失，m；

其余符号同前。

从式（3-17）可以看出水塔宜修建在地势较高的地方：如果修建水塔处的 Z_t 越大，则水塔高度 H_t 越低，当有地形可以利用时甚至可使 $H_t = 0$，就可以用高地水池代替水塔，造价可大为降低。网前水塔的缺点是：水塔高度是按设计年限内最高时用水量确定的，在未达到设计流量以前的期间内，管网水压总是高于所需，从而浪费了能量。当用水量大于设计流量时，因管网内水头损失的增大导致局部地区的水压不足，因此它对城市未来用水量变化的适应性较差。

水塔高度确定后，则二级泵站的扬程可按下式计算：

$$H_p = Z_t + H_t + H_0 + h_c + h_s \qquad (3\text{-}18)$$

式中　H_0——水塔水柜的有效水深，m；

　　　h_c——二级泵站至水塔管路的水头损失，m；

其余符号同前。

（3）对置水塔的管网（或称为网后水塔的管网）

城市地形离二级泵站越远越升高时，水塔应设在管网末端，形成对置水塔的管网系统，如图 3-11 所示。最高用水时二级泵站和水塔同时从管网两端向管网供水，两者各有各自的供水区，在供水区交界处形成供水分界线，其供水分界线上的水压最低，此时供水分界线通常经过控制点（特殊地形例外）。

当控制点确定后，其最高时，二级泵站的扬程计算式同无水塔管网二级泵站的扬程计算式相同，式中的各项意义也相同；水塔高度计算式同网前水塔管网的水塔高度计算式相同，式中的各项意义也相同。

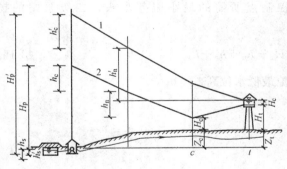

图 3-11　对置水塔管网的水压线

1—最大转输时；2—最高用水时

供水分界线是在某一时段内供水与用水动态平衡而形成的，它随二级泵站供水流量和管网用水流量的变化而变化。如，当二级泵站开启水泵的型号及台数不变时，（即运行方式不变），随着管网用水流量不断减少，二级泵站的供水区域会逐渐扩大，供水分界线会向水塔一侧移动，管网中各点的水头会普遍增加，直到二级泵站供水流量等于管网用水流量时，水塔供水区消失（即水塔不向管网供水），如此发展下去，二级泵站供水流量将大于管网用水流量，多余的流量流入水塔，流入水塔的流量叫做转输流量，即产生如图 3-11 中类似于水压线 1 所示的水压关系。随着转输流量增加，管网中部分管线的水头损失也随之增加，最高时供水分界线附近处的管线增加最为明显。当转输流量达到最大值时，二级泵站的扬程也达到最大值，此时称为最大转输时。

最大转输时的二级泵站扬程为：

$$H'_p = Z_t + H_t + H_0 + h'_n + h'_c + h'_s \quad (\text{m}) \tag{3-19}$$

式中 Z_t、H_t、H_0 意义同前；

h'_n——最大转输时管网的水头损失，m；

h'_c——最大转输时输水管的水头损失，m；

h'_s——最大转输时泵站内水泵吸水管和压水管的水头损失，m。

虽然最大转输时管网的用水量较小，但因为较大的转输流量必须通过管网流入水塔，水流到达水塔的距离长，产生的水头损失有可能比最高时大，并且水塔的水柜位置较高。这时，二级泵站的扬程有可能比最高时二级泵站的扬程高，此时控制二级泵站扬程的控制点已由最高时的 c 点转变为水塔，（水塔所要求的水压高程为：$Z_t + H_t + H_0$），所以，最大转输时二级泵站的扬程 H'_p 往往大于最高用水时二级泵站的扬程 H_p（即 $H'_p > H_p$）。当按最高用水时所选的水泵型号和台数（为便于管理，所选的水泵型号和台数不宜过多）难于同时兼顾时（即水泵高效段范围内的最大扬程值小于最大转输时的二级泵站扬程），应考虑酌情放大某些管段的管径，保证最大转输时能流入水塔，工程中一般不设专用工况水泵。

（4）网中水塔的管网

当城市中心的地形较高或为了靠近大用户，水塔设置在管网中间，构成网中水塔的给水系统，这时水压线分布如图 3-12 所示。根据水塔在管网中的位置及二级泵站供水流量是否大于泵站和水塔之间的用户流量，有两种工作情况：

第一种情况是水塔位置向二级泵站方向靠近，并且二级泵站供水流量大于泵站和水塔之间的用户用水流量，其余的水量供至水塔以后的管网中，因此分不出供水分界线，其工作情况类似于网前水塔管网，则水塔

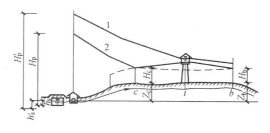

图 3-12 网中水塔管网的水压线
1—最大转输时；2—最大用水时

高度和二级泵站扬程的计算确定方法同网前水塔的管网。

第二情况是水塔位置距二级泵站较远，并且二级泵站供水流量小于泵站和水塔之间的用户用水流量，不足的流量由水塔供给，在二级泵站与水塔之间将出现供水分界线，其工作情况类似于对置水塔的管网，则水塔高度和二级泵站扬程的计算确定方法同对置水塔的管网。

（5）设加压泵站的管网

随着给水区的扩大和用水量的增加，若导致二级泵站的扬程不能满足远处用户的水压要求时，可在管网水压不足的地区设置加压泵站。假若二级泵站的扬程提高后，引起泵站附近地区的压力远高于所需水压，使得供水能量浪费很大，可设加压泵站；当管网延伸很长而且地势又比较平坦，建造水塔的费用很高不能考虑，或由于用水量的增加，旧的水塔失去调节作用时，可在管网中适当位置设置加压泵站。这样可将部分地区的水压提高，而二级泵站的扬程则不一定提高，以节省动力费用。设加压泵站后整个给水区（管网）的水

压比较均匀。通过调度，加压泵站在用水高峰时开启水泵，在用水量小时停泵，使二级泵站始终能保持在高效率下工作。

加压泵站的位置越靠近二级泵站，则二级泵站的扬程越低，但这时所需加压的水量就越多。反之，加压泵站的位置离二级泵站越远，虽然加压的水量少，但是二级泵站的扬程则降低不多。因此，在选定加压泵站位置时应作技术和经济比较。当加压泵站位置已经确定时，则加压泵站的增压高度是：在平坦地区等于加压泵站到控制点之间的水头损失；地形不平坦地区，则需计算加压泵站和控制点的高程差。

管网用水量变化较大时，仅为满足短时间的高峰用水需要埋设大口径管道，显然是不经济的。这时可采用水库加压泵站，即在水压不足的地区设加压泵站并建造水池以调节高峰流量，缩小管网的管径。设水库加压泵站后水压线分部如图 3-13 所示。

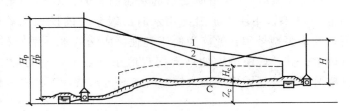

图 3-13 设水库泵站的管网水压线
1—蓄水池进水时；2—最高用水时

（6）消防时管网系统的水压关系

管网的管径、二级泵站的水泵型号和台数都是根据最高时流量确定的，但在消防时，管网额外增加了消防流量，管网的水头损失会明显增加，管网系统的水压也就会发生较大的变化。所以，为保证供水安全，必须按消防时的条件对管网进行核算。

目前，我国城镇给水系统普遍采用低压管网。低压管网是管网只保证消防时所需流量，而消防所需水压由消防车从消火栓取水自行加压。消防时管网通过的流量为最高时设计用水量加消防用水量，管网各点的自由水头不得低于 10m 水柱。因此，管网除了在平时满足最高用水时的流量和水压要求外，还必须满足消防时的流量和水压要求，这些都需要通过管网计算来确定。

1）无水塔管网系统消防时的水压情况

无水塔管网系统消防时的水压线如图 3-14 所示。根据城市人口规模确定同一时间的失火次数，其中一点应设在控制点 C 处，其他失火点设在相对困难处。

消防时所需二级泵站的扬程为：

$$H_{px} = Z_c + H_{cx} + h_{nx} + h_{cx} + h_{sx} \tag{3-20}$$

式中　Z_c——失火点 C 地面标高和清水池最低水位标高的差，m；

　　　H_{cx}——失火点 C 允许的最低自由水压，m，不得低于 10m H_2O；

　　　h_{nx}——消防时管网的水头损失，m；

　　　h_{cx}——消防时输水管的水头损失，m；

　　　h_{sx}——消防时泵站的水头损失，m，泵站内吸水管和压水管的水头损失之和；

将消防时和最高用水时的水泵扬程加以比较，可看出，一方面，消防时由于管网中增

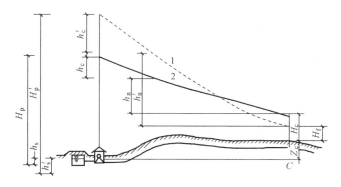

图 3-14　无水塔管网在消防时的水压线

1—消防时；2—最高用水时

加了消防流量，使给水系统的水头损失增大；另一方面，消防时要求的最低自由水压 H_{cx} 比最高用水时要求的自由水压 H_c 小。

因此，根据系统增加的水头损失值 $\Delta h=(h_{nx}+h_{cx}+h_{sx})-(h_n+h_c+h_s)$ 和减少的自由水头值 $\Delta H=(H_c-H_{cx})$ 的大小，看消防时所需的水泵扬程 H_{px} 和最高用水时（简称最高时）所需的水泵扬程 H_p 的关系，可有以下几种情况：

① 当 $\Delta h=\Delta H$ 时，则 $H_{px}=H_p$。但是，由于消防时增加了消防流量，所以最高用水时所选的水泵机组不能满足消防时给水系统流量要求，这时只需在二级泵站内增设与最高时工作型号相同的水泵（即增设消防泵），以满足最高时及消防时的需要。

② 当 $\Delta h<\Delta H$ 时，则 $H_{px}<H_p$。这时视 (H_p-H_{px}) 值的大小，核算最高用水时所选水泵机组，通过工况点的改变（水泵扬程降低，而流量增加），看能否满足消防时的流量（最高时设计流量＋消防流量）要求，如果不能满足要求，只需按第一种情况采取措施即可。

③ 当 $\Delta h>\Delta H$ 时，则 $H_{px}>H_p$。这时视 (H_p-H_{px}) 值的大小采取措施。若按最高用水时所选水泵机组，通过工况点的改变（水泵扬程增大，而流量减少），能满足消防时对扬程要求时，只需按第一种情况采取措施即可，否则应放大部分对消防时水泵扬程影响比较大的管段的管径。

2）有水塔管网系统消防时的水压情况

网前水塔的管网消防时的水压线如图 3-15 所示。根据消防时的自由水压和管网的水头损失，消防时的管网水压线可能高于水塔最高水位，网中水塔也有这种情况。当遇到这种情况时，在火警发生时及时关闭水塔的进、出水阀门，以免大量水进入水塔，造成水塔不断溢水，而管网的水压无法提高。这时管网的全部流量由二级泵站提供。如果消防时水压线低于水塔，则水塔仍可起流量调节作用，此时进、出水阀门无需关闭。

对置水塔的管网在消防时的水压线如图 3-16 所示。假定着火地点在水塔附近，因为消防时所需水压低于最高时，所以水塔存水可供消防使用，但因水塔容积小，很快就会放空，此时消防水泵的选择与无水塔的管网消防时相同。消防时所需水泵扬程可能大于也可能小于最高时水泵扬程。

网中水塔的管网在消防时，随着泵站和水塔之间以及水塔以后的管网中供水量的大小，水塔所起的作用可能同网前水塔或对置水塔。

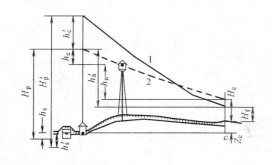
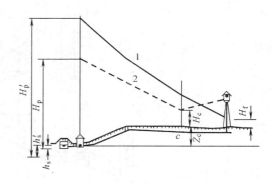

图 3-15　网前水塔管网在消防时的水压线　　　　图 3-16　对置水塔管网在消防时的水压线

由于水塔不考虑室外消防的储备水量，并且体积小，在消防时起不到多大的作用，所以，为保证消防时安全供水，设有水塔的管网在消防核算时，可不考虑水塔的调节作用，仍然按无水塔管网系统进行核算。

综上所述，二级泵站水泵型号和台数、水塔高度、输水管管径及配水管网的管径是根据最高日最高时用水量和水压要求计算确定的，为了在各种情况下都能保证安全供水，还应按下列情况进行核算：

① 消防时的情况，按最高日最高时用水量加消防水量和发生消防时的设计水压核算。

② 最大转输时（只限于对置水塔的管网），按最大转输时的流量和设计水压核算。

③ 事故情况，即最不利管段损坏时的情况（只限于环状管网），城镇按通过 70% 的设计流量（包括消防用水量）进行核算。工矿企业按有关规定和设计水压核算。

核算的目的在于验证由最高时用水量确定的管径和水泵扬程能否保证其他各种用水情况下的水量和水压。

3.2　给　水　管　网

3.2.1　输水管及配水管网的布置

输水和配水工程（给水管网）的基本任务是将原水输送至水厂和将处理后的水输送到用户，保证用户有足够的水量和水压，并保持水质的稳定和安全。这一供水任务是通过泵站、输水管、配水管网及清水池、水塔（高地水池）等调节构筑物的共同工作来完成的。它是一个系统工程，就整个给水系统而言，它的作用非常重要，由于其工程量占整个给水工程量比重较大，所以投资也大，约占给水工程总投资的 50%～80%。因此，合理地进行输配水系统的设计和运行管理，无疑是非常重要的。

所谓给水管网是由各种大小的给水管道连接而成，其平面形状呈网状结构，所以称之为给水管网。根据各部分管道在系统中的作用，又将其分为输水管和配水管网两大部分。输水管是指从水源到水厂、从水厂到配水管网及从水塔到配水管网之间的管道。输水管上一般不接用户，主要起转输水的作用。配水管网是将输水管送来的水输送到用水户的管道系统。

1. 输水管的布置

输水管管线的选择、布置原则及要求如下：

（1）在保证不间断供水的前提下，尽可能做到线路最短，土方工程量最少，工程造价最低，少占或不占农田。

（2）尽可能沿现有道路或规划道路定线，便于施工和运行维护管理。

（3）充分利用地形，力求全部或部分重力流输水，降低工程建设费用和运行管理费用。

（4）尽可能减小与铁路、高等级公路及河谷的交叉。尽量避免穿越滑坡、塌方、沼泽、岩层、地下水位高、湿陷性黄土、高侵蚀性土壤及易被洪水淹没冲刷的地段。假如遇到以上问题，应进行技术经济比较，权衡利弊考虑是否可以绕行通过，如果必须穿越，则需采取相应技术措施，确保供水安全。

（5）输水管线的条数（一般不宜少于两条），应根据给水系统的重要程度、输水量的大小、输水的距离、供水水源以及水厂的数量、分期建设安排等因素，确定是采用一条输水管线还是采用两条输水管线。

1）当允许间断供水或一处水源断水对整个供水系统供水影响并不大的多水源给水工程，一般可设一条输水管线。

2）当不允许间断供水时，则应设两条，或设一条。如果输水距离较远，可考虑敷设一条输水管线，但应在靠近配水管网附近，同时修建安全贮水池（且应进行技术经济比较确定输水管的条数），用以作为输水管发生故障时能继续不间断的供水。安全贮水池容积 W 可按下式计算：

$$W = (Q_1 - Q_2) \qquad\qquad (3\text{-}21)$$

式中 Q_1——事故时用水量，m^3/h；

Q_2——事故时其他水源最大供水量，m^3/h；

T——事故延续时间（h），应根据管线长度、管材、地形、气候、交通和维修能力等因素确定；当城镇用水量小于 $2000m^3/d$ 时，一般可按 $8\sim12h$ 计算。

（6）当采用两条或两条以上输水管时，一般应设连通管，把输水管线分为若干个环路，并安装必要的阀门，以保证供水安全和运行管理。连通管和阀门布置如图 3-17 及图 3-18 所示。

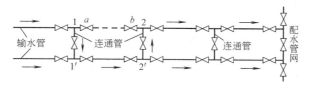

图 3-17　两条输水管上连通管的布置

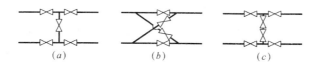

图 3-18　阀门及连通管的布置

(a) 5 阀门布置；(b) 4 阀门布置；(c) 6 阀门布置

在图 3-18 中（a）为常用布置形式；（b）布置的阀门较少，但是管道需立体交叉，配件较多，故很少采用；当供水要求安全极高，维修任一管段或配件不得中断供水时，可采用（c）布置。

当输水管的直径小于或等于 400mm 时，连通管直径和阀门直径应与输水管直径相同；当输水管的直径大于 500mm 时，可通过经济比较确定是否缩小连通管和阀门的口径，但不得小于输水管直径的 80%。

输水管和连通管的设计流量，应按任何一段发生故障仍能通过事故用水量计算确定。城镇的事故水量为设计水量的 70%，当负有消防给水任务时还应包括消防水量。

输水管上的连通管和阀门间距应根据事故抢修时允许的排水时间确定。具体位置要结合地形起伏、穿越障碍物等因素综合考虑而定，或参考表 3-6。

连通管和阀门间距   表 3-6

输水管长度（km）	<3	3～10	10～20
间距（km）	1.0～1.5	2.0～2.5	3.0～4.0

（7）在输水管线的隆起点以及倒虹管的上、下游侧应装设排（进）气阀，以便及时排除管内的空气，减少水流阻力；排气阀在放空管道或发生水锤时能及时引入空气，防止管内产生负压。输水管敷设应有一定的坡度，最小坡度应大于 $1:5DN$，DN 为输水管的管径，以 mm 计。管线坡度小于 $1:1000$ 时，应每隔 0.5～1.0km 装设一个排气阀。即使在平坦地区埋设管道时，也应做成上升或下降的坡度，以便在管坡顶点处装设排气阀，在低处安装泄水阀和泄水管，以利于输水通畅和便于放空维修。泄水管应接至河沟或低洼处，当不能自流排出时，可设集水井，用水泵将其排除。泄水管直径一般为输水管直径的 $\frac{1}{3}$。

（8）重力流输水管渠应根据具体情况设置检查井和通气设施。检查井间距：当管径为 700mm 以下时，不宜大于 200m；当管径为 700～1400mm 时，不宜大于 400m。

非满流的重力输水管渠，必要时还应设置跌水井或控制水位的设施。

（9）明渠输水具有漏水量大、易受污染、易淤积和滋长水生动植物等缺点，一般只用来输送浑水。输送生活饮用水或清水则必须采用暗管或暗渠。

（10）设计满流输水管道时，应考虑发生水锤的可能，必要时应采取消除水锤的措施。

（11）管道上的法兰接口不宜直接埋在土中，而应设在检查井或地沟内。特殊情况下必须埋在土中时，应采取保护措施，以免螺栓锈蚀，影响维修。

2. 配水管网的布置

（1）配水管网的构成

在配水管网中，根据各管线所起的作用和管径大小，可分为：（配水）干管、分配管（也称配水支管）、进户管（又称引入管或接户管）三类。其系统水流的流向如图 3-19 所示。

干管的作用是从输水管取水输送至各用水区的配水管管线，同时也可直接为沿线用户供水。其管径比较大，最小管径不应小于 100mm，大中城市则在 200mm 以上。

分配管连接于干管上，把干管输送来的水，配给进户管和消火栓。为满足室外消防给水要求，分配管最小管径不应小于 100mm，大中城市采用 150～200mm。

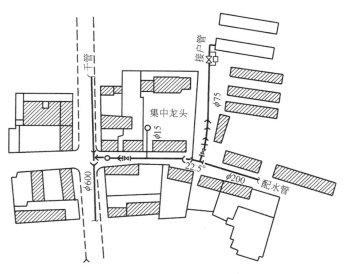

图 3-19　干管、配水管和接户管布置

进户管一般连接在分配管上，将水送给用户。一般每个用户敷设一条进户管，对于供水可靠性要求较高或用水量大的用户，可采用两条或数条，并应从不同方向的配水管或干管接入，增加供水的可靠性。

（2）配水管网的布置形式

配水管网的布置形式，根据城市总体规划、城市规模、各类用户的分布及供水安全可靠性要求等，可分为树状管网和环状管网两种基本形式，如图 3-20 和图 3-21 所示。

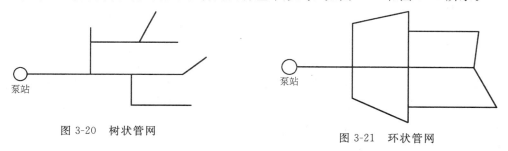

图 3-20　树状管网　　　　　　　　　　　　图 3-21　环状管网

为简化起见，城镇配水管网的布置和计算，通常只限于干管及干管与干管之间的连接管（连接管属于干管范畴），不包括分配管和进户管。

1）树状管网（也称枝状管网）

如图 3-20 所示。管网的布置呈树枝状，随着管网向供水区延伸，用水户逐渐减小，则干管的管径也逐渐减小。树状管网的优点是：干管的总长度短，构造简单，造价低。其缺点是：①供水至任一用户只有一条供水管线；②当某一管线或节点发生故障需停水检修时，则下游的所有管线就会停止供水，停水范围较大；③管网水锤现象发生的几率较高，对设施破坏较为严重；④对于管网末端的部分管线，由于用水量的减少，管内水流流动缓慢，甚至停止流动形成"死水"，其水质极易变坏。所以这种管网供水的水力条件和安全可靠性较差。树状管网一般适用于对供水安全可靠性要求不高，短时停水影响不大的供水区域，主要用于小城镇和小型工矿企业，或者在建设开发初期，为减少一次性投资费用，采用树状管网，以后逐步发展形成环状管网。

2）环状管网

如图 3-21 所示。管线间相互连接形成环状，故称为环状管网。环状管网的优点是：①供水至任一用户有两条或两条以上供水管线；②当任一条管线损坏时，可用闸阀将损坏管线与其他管线隔开，进行检修，水可以从另外管线供给下游用户，停水范围小；③管网水锤现象发生的几率相对较低，且能大大减轻因水锤现象所产生的危害；④由于水可沿管线经常流动不易形成"死水"，水质一般不会恶化。总之，环状管网的突出优点是供水安全可靠性较高，水力条件好。环状管网的缺点是：管线总长度比较长，建设费用较树状管网高。环状管网适用于对供水连续性、供水安全可靠性等要求较高的供水区域，如大中城市和大中型工业企业。

给水管网的布置既要安全供水，又要贯彻节约投资的原则。从上述两种管网各自的特点可以看出，要安全供水则必须采用环状管网，要节省投资最好采用树状管网。所以，安全供水和节省投资之间难免会产生矛盾，这一矛盾的解决必须统一在保证用户对供水要求上，在保证用户对供水要求的前提下，要尽可能地减少一次性投资。要使这一矛盾能得到合理地解决，就必须将两种管网有机地结合起来，在某一供水区域内采用环状管网和树状管网相结合的布置形式，即混合型管网（综合型管网）。一般在建设初期，对供水连续性和安全可靠性要求较高的区域（通常为供水区域的中心地区）布置成环状管网，而外围地区则布置成树状管网，随着发展再逐步增设管线形成环状，达到分期建设的可能。

（3）配水管网的布置原则

配水管网的布置（定线）通常应按下列基本原则进行：

1）干管布置的主要方向应该向供水主要流向延伸，供水主要流向则取决于水源（水厂、二级泵站）、大用户、加压泵站和水塔等构筑物的相对位置。

2）为保证供水的可靠性，应在供水主要流向上布置若干条大致平行的干管。根据供水区的具体情况，干管之间的间距一般控制在 400～800m 左右。这些管线应布设在两侧用水量较大的街道下，并以最短的距离到达主要用水区、大用户及调节构筑物，以提高干管的配水效率，降低工程造价和运行费用。在干管和干管之间的适当位置设置连接管，即形成环状管网，连接管的间距一般在 800～1000m 左右。在保证供水要求的前提下，尽量减少干管和连接管的数量，以节省投资。

3）干管和连接管应沿城市道路布置，尽量避免在高级路面或重要道路下敷设，减少对城市交通的影响，并利于施工和维护管理。

4）干管尽可能地布置在地形较高的城市道路下，以降低干管内的水压，增加供水的安全性。

5）管道在街道下的平面位置和高程位置应符合城市或厂区管道综合设计的要求。

6）干管的布置应考虑城市的未来发展和分期建设要求，并留有余地。

（4）配水管网的敷设的其他技术要求

为了保证管网的正常运行和维护管理，管网上的适当位置应安装各种必要的附件，如阀门、消火栓、排气阀和泄水阀等，详见本章第 3.2.3。

1）城镇生活饮用水的管网，严禁与非生活饮用水的管网连接。严禁与各单位自备的生活饮用水供水系统直接连接。

2）给水管道应设在污水管道上方。当给水管与污水管平行设置时，管外壁净距不应小于 1.5m。当给水管设在污水管侧下方时，给水管必须采用金属管材，并应根据土壤的渗水性及地下水位情况，妥善确定净距。

3）城镇给水管道与建筑物、铁路和其他管线的水平净距，应根据建筑物基础的结构、路面种类、卫生安全、管道埋深、管径、管材、施工条件、管内工作压力、管道上附属构筑的大小及有关规定等条件确定。一般不得小于表 3-7 中的规定。

给水管道与建筑物、铁路和其他管线的水平净距　　　　表 3-7

构 筑 物 名 称	与给水管道的水平净距（m）	构 筑 物 名 称	与给水管道的水平净距（m）
铁路远期路堤坡脚	5	热力管	1.5
铁路远期路堑坡顶	10	街树中心	1.5
建筑红线	5	通讯及照明杆	1.0
低、中压煤气管（<0.15MPa）	1.0	高压电杆支座	3.0
次高压煤气管（0.15～0.3MPa）	1.5	电力电缆	1.0
高压煤气管（0.3～0.8MPa）	2.0		

注：如旧城镇的设计布置有困难时，在采取有效措施后，上述规定可适当降低。

4）给水管道相互交叉时，其净距不应小于 0.15m。生活饮用水给水管道与污水管道或输送有毒液体管道交叉时，给水管道应敷设在上面，且不应有接口重叠；当给水管道设在下面时，应采用钢管或钢套管，套管伸出交叉管的长度每边不得小于 3m，套管两端应采用防水材料封闭。

5）当给水管道与铁路交叉时，其设计应按《铁路工程技术规范》规定执行，并取得铁路管理部门同意。

6）管道穿过河流时，可采用管桥或河底穿越等形式，有条件时应尽量利用已有或新建桥梁进行架设。河底穿越的管道，应避开锚地，一般宜设两条，按一条停止工作时，另一条仍能通过设计流量进行设计。当通过有航运河道时，过河管的设计应取得航运管理部门的同意，并应在两岸设立标志。

3.2.2　给水管网的水力计算

给水管网水力计算的任务和目的在于：按最不利条件下的流量（按最高日最高时流量），计算确定管网中各管段的管径，计算各管段的水头损失；由控制点所要求的自由水头和各管段的水头损失，推求管网中各节点的水压高程、自由水头、二级泵站的扬程及水塔高度。

1. 管网各管段的计算流量

给水管网的水力计算中，首先须计算出各管段的沿线流量，由沿线流量计算节点流量，由节点流量计算（或拟定）出各管段的计算流量，进而拟定各管段的管径及水头损失，再根据管网所要求的自由水头（控制点）推算出管网的总水头损失各节点的水压高程、自由水头，最后推算出二级泵站的扬程、水塔高度。

（1）沿线流量

通常，在配水管网的每一条干管和分配管上，承接了若干用水户。这些用水户可分为两类：一类是用水大户，如大中型工业企业及大型公共建筑（学校、机关、医院、宾馆、车站等等），这些用水量比较大且用水时间较为集中流量称之为集中流量，常用 Q_1、Q_2、Q_3……Q_n 表示。另一类是一些用水量比较小的用户，用水量不等，用水时间不同一，并且其沿线分布（接水的位置）也不均匀，这些小用水户用水流量常用 q_1、q_2、q_3……q_n 表示，这些沿管线分配的小用水户用水流量，称为沿线流量。如图 3-22 所示。

图 3-22　干管配水情况

若按照实际情况进行管网的设计计算，其计算工作相当复杂，也加大了施工及运行管理的难度，更不利于今后的发展，所以没有必要。为了达到满足实际用水要求，又使管网的水力计算简化的目的，所以，在给水管网水力计算时首先将这些配水流量进行简化，即近似计算法——比流量法。比流量法分为：长度比流量法和面积比流量法。长度比流量法计算简便，但误差较大；面积比流量法较切合实际，但计算工作量大。两种方法分述如下：

1）长度比流量

所谓长度比流量法就是首先将给水管网中集中流量去除，剩下沿线小用户配水流量 q、q_2、q_3……q_n，假设这些沿线配水流量均匀分布在所有配水干管上，则配水干管单位长度上的配水流量称为长度比流量，记作 q_{cb}，按下式计算：

$$q_{cb} = \frac{Q - \sum Q_i}{\sum L_{ij}} \tag{3-22}$$

式中　q_{cb}——长度比流量，L/（s·m）；

　　　Q——管网设计总用水量，L/s；

　　$\sum Q_i$——管网中大用户集中流量总和，L/s；

　　$\sum L_{ij}$——管网中配水干管的总计算长度，m，其计算长度为：两侧配水按管道的实际长度计算，单侧配水按实际长度的一半计算，两侧不配水时不计。

比流量的大小随用水量变化而变化。因此，不同供水条件下（最高用水时、最大转输时、事故时、消防时）的比流量是不同的，须分别计算。

有了长度比流量，则可求出各管段的沿线流量。如：某一管段的沿线流量 q_y 可按下列公式计算：

$$q_y = q_{cb} \cdot L_{ij} \quad (L/s) \tag{3-23}$$

式中　L_{ij}——该配水干管的计算长度，m。

整个管网的沿线流量总和为 $\sum q_y$，其值等于 $q_{cb} \cdot \sum L_{ij}$。从式（3-22）可知，该值等于管网总用水量减去大用户集中用水总和 $\sum Q_i$，即等于（$Q - \sum Q_i$）。

2）面积比流量

假定沿线流量 q_1、q_2、q_3……q_n 均匀分布在整个供水面积上，则单位供水面积上的配水流量就称为面积比流量，记作 q_{mb}，可按下式计算：

$$q_{mb}=\frac{Q-\sum Q_i}{\sum \omega_i} \quad [L/ (s \cdot m^2)] \qquad (3-24)$$

式中　$\sum \omega_i$——给水区域内需沿线配水的供水面积总和，m^2；

其余符号意义同前。

干管每一管段所负担的供水面积的划分，可按角平分线法和对角线法划分进行计算，如图3-23所示。

由面积比流量 q_{mb}，也可以计算出某一管段的沿线流量 q_y，其计算公式为：

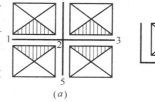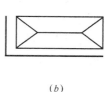

$$q_y=q_{mb} \cdot \omega_i \quad (L/s) \qquad (3-25)$$

图 3-23　供水面积划分

(a) 对角线法；(b) 分角线法

式中　ω_i——该管段的供水面积，m^2。

同理，整个管网的沿线流量总和 $\sum q_y=q_{mb} \cdot \sum \omega_i$。经公式变换可知，$q_{mb} \cdot \sum \omega_i = Q-\sum Q_i$。

从上述两种计算沿线流量方法来看，由于面积比流量法是按沿线供水面积考虑，所以面积比流量法计算结果比用长度比流量法计算结果更切合实际，较为准确一些。但是由于此法计算各管段的面积颇为麻烦。当供水干管分布比较均匀，管距大致相等时，二者计算结果相差很小。因此，在这种情况下，采用长度比流量法则更为简便。还应当指出，当用水区域内各区卫生设备或人口密度差异较大时，各区的比流量值应分别计算，以使计算结果更准确。

（2）节点流量

按上述比流量法求的是管网中各管段的沿线流量，但就某一管段而言其流量由两部分组成，如图3-24（a）所示。一部分为沿本管段均匀泄流给沿线各用户的沿线流量，其流量沿管线呈线性变化；另一部分是通过本管段输送到下游管段的流量，这一流量在本管段沿程不发生变化，称为转输流量。从图3-24（a）可以看出，从管段起端A到末端B管段内的流量是沿程变化的，这种变化的流量是不便于用来确定各管段的管径和水头损失，因

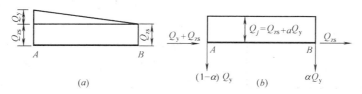

图 3-24　管段输配水情况

此，还必须将其进一步简化。简化的方法是化渐变流为均匀流，全管段引用一个不变的流量，即折算流量，记为 Q_j，如图3-24（b）所示。使折算流量 Q_j 所产生的水头损失等于沿程变化的流量所产生的水头损失，管线折算流量 Q_j 的计算公式为：

$$Q_j=Q_{zx}+\alpha q_y \quad (L/s) \qquad (3-26)$$

式中　α——折减系数，其值在 $0.5\sim 0.58$ 之间。一般在靠近管网起端的管段，其转输流

量比沿线流量大很多，α 值接近于 0.5，在管网末端的管段，α 值皆大于 0.5，为了既满足工程需要计算又方便，通常采用 $\alpha=0.5$；

Q_{zs}——转输流量，L/s。

由此，就可以将管段的沿线流量化为节点流量，方法是将该管段的沿线流量平半分配于管段起端和末端的节点上（即假设该管段的沿线流量的一半从一端流出，另一半沿线流量从该管段的另一端流出，管道沿线将不再向外输出水量，故此，管段的流量沿途不变）。管网中任一节点上，往往有几条管段连接而成，因每一条管段都有一半的沿线流量分配到该节点上，所以管网中任一节点的节点流量 q_i，应等于连接于该接点上各管段沿线流量总和的一半。即可按下式计算：

$$q_i=0.5\sum q_y \quad (\text{L/s}) \tag{3-27}$$

若整个给水区域内管网的比流量相同时，有公式 (3-27)、(3-28) 可得到节点流量计算公式 (3-29) 的另一种表达形式：

$$q_i=0.5q_{cb}\sum L_i \quad (\text{L/s}) \tag{3-28}$$

或

$$q_i=0.5q_{mb}\sum \omega_i \quad (\text{L/s}) \tag{3-29}$$

式中　$\sum L_i$——与该节点相连接各管段的计算长度之和，m；

　　　$\sum \omega_i$——与该节点相连接各管段所担负的配水面积之和，m^2。

另外，集中流量也可折算到管段两端节点上，其粗略折算分配的方法为：根据集中流量所在管段中的位置，按相距两端节点的距离的远近，以反比关系将流量分配到节点上。对于较大的集中流量处可直接作为节点处理（在管段编号时将该点进行编号），无需再进行折算。

至此为止，给水管网水力计算图上只有集中在节点的流量，包括节点流量和大用户集中流量。大用户集中流量可单独注明，也可和节点流量加起来在相应节点上注出总流量。一般在管网计算图的节点旁引出细实线箭头，注明该节点的流量，以便于进一步计算。

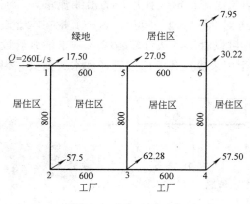

图 3-25　节点流量计算图

【例题 3-2】　某城市最高时总用水量为 260L/s，其中集中供应的工业用水量 120L/s（分别在节点 2、3、4 各集中出流 40L/s）。各管段长度（单位：m）和各节点编号见图 3-25，管段 1—5、2—3、3—4 为一侧供水，其余为两侧供水。试求：（1）干管的比流量；（2）各管段的沿线流量，（3）各节点流量。

【解】　1. 配水干管计算长度：

$$\sum L_{ij}=0.5L_{1-5}+0.5L_{2-3}+0.5L_{3-4}+L_{1-2}+L_{3-5}+L_{4-6}+L_{6-7}$$

$$=0.5\times(600+600+600)+800+800+800+500$$

$$=4400\text{m}$$

2. 配水干管比流量：

$$q_{cb}=\frac{Q-\sum Q_I}{\sum L_{ij}}=\frac{260-120}{4400}$$

$$=0.03182L/(s \cdot m)$$

3. 沿线流量：

管段的沿线流量为：

$$q_{1-2}=q_s L_{1-2}=0.03182 \times 800=25.45L/s$$

各管段的沿线流量计算如表 3-8 所列。

管段沿线流量计算　　　　　　　　　　表 3-8

管　　段	管段计算总长度(m)	比流量[L/(s·m)]	沿线流量(L/s)
1—2	800		25.45
2—3	0.5×600=300		9.55
3—4	0.5×600=300		9.55
1—5	0.5×600=300		9.55
3—5	800	0.03182	25.45
4—6	800		25.45
5—6	600		19.09
6—7	500		15.91
合计	4400		140.00

4. 节点流量计算：

如节点 5 的节点流量为：

$$q_5=0.5\sum q_L=\frac{1}{2}\times(0.5q_{1-5}+q_{3-5}+q_{5-6})$$

$$=0.5\times(0.5\times9.55+25.45+19.09)$$

$$=24.66L/s$$

各节点的节点流量计算如表 3-9 所列。

各管段节点流量计算表　　　　　　　　　　表 3-9

节　点	节点连的管段	节点流量(L/s)	集中流量(L/s)	节点总流量(L/s)
1	1—2、1—5	0.5(25.45+9.55)=7.50		17.50
2	1—2、2—3	0.5(25.45+9.55)=17.50		57.50
3	2—3、3—4、3—5	0.5(9.55+9.55+25.45)=22.28	40	62.28
4	3—4、4—6	0.5(9.55+25.45)=17.50	40	57.50
5	1—5、3—5、5—6	0.5(9.55+25.45+19.09)=27.05	40	27.05
6	4—6、5—6、7—6	0.5(25.45+19.09+15.91)=30.22		30.22
7	6—7	0.5(15.91)=7.95		7.95
合计		140.00	120.00	260.00

（3）管网的计算流量（流量分配）

当计算出管网中各节点的节点流量后，就可以进行管网的流量分配，其目的在于确定管网中每一管段的计算流量，据以拟定管网各管段管径和管网的水力计算。在管网计算中流量分配是一个很重要的环节。

将计算结果的各节点总流量用数字和箭头标明在计算图的相应节点上。

当运用折算流量法求出各节点流量，并把大用户的集中流量移至附近的节点上后，则管网所有各节点流量的总和，就等于二级泵站及水塔供给总流量（即总供水流量）。

根据质量守恒原理，每一节点必须满足节点平衡条件：即流入某一节点的流量必须等于从该节点流出的流量。若规定流入节点的流量为正，流离节点的流量为负，则两者的代数和应等于零，即 $\sum Q_i = 0$。上述平衡条件也可表示为：

$$q_i + \sum q_{ij} = 0 \tag{3-30}$$

式中　q_i——节点 i 的节点流量，L/s；

　　$\sum q$——连接在节点 i 上的各管段流量，L/s。

管网的流量分配就是依据式（3-30）给定的条件进行的，依据式（3-30）计算确定管段计算流量的难易程度与采用的管网布置形式有关，现分别叙述如下：

1) 树状管网　在树状管网中，从二级泵站或水塔到管网任一节点的水流方向只有一个，每一管段的流量只有惟一的一个流量值，即流经某一管段的流量等于该管段以后所有节点流量之和。可顺水流方向推算各管段计算流量，也可逆水流方向推算各管段计算流量。如图 3-26 所示，设进入管网的流量为 Q，则管网各管段的流量见表 3-10。

树状管网管段计算流量　　　　　　　　　　　　　　　表 3-10

管段编号	计 算 流 量	管段编号	计 算 流 量
0—1	$q_{0-1} = q_1 + q_2 + q_3 + q_4 + q_5 + q_6 + q_7 + q_8 = Q$	1—5	$q_{1-5} = q_5 + q_6 = Q - q_1 - q_2 - q_3 - q_4 - q_7 - q_8$
1—2	$q_{1-2} = q_2 + q_3 + q_4 + q_7 + q_8 = Q - q_1 - q_5 - q_6$	5—6	$q_{5-6} = q_6 = Q - q_1 - q_2 - q_3 - q_4 - q_5 - q_7 - q_8$
2—3	$q_{2-3} = q_3 + q_4 = Q - q_1 - q_2 - q_5 - q_6 - q_7 - q_8$	2—7	$q_{2-7} = q_7 + q_8 = Q - q_1 - q_2 - q_3 - q_4 - q_5 - q_6$
3—4	$q_{3-4} = q_4 = Q - q_1 - q_2 - q_3 - q_5 - q_6 - q_7 - q_8$	7—8	$q_{7-8} = q_8 = Q - q_1 - q_2 - q_3 - q_4 - q_5 - q_6 - q_7$

2) 环状管网（见图 3-27）　环状管网的流量分配不同于树状管网，这是因为从二级泵站流向管网内任一节点的流量，可以通过不同的线路组合供给。所以，环状管网不可能像树状管网那样，使得到每一管段惟一的流量分配值，而是有多种组合方案。

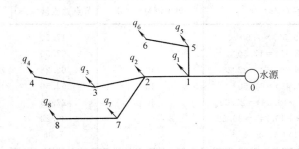

图 3-26　树状管网流量分配

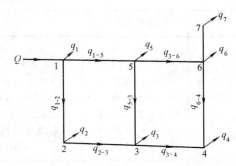

图 3-27　环状管网流量分配

环状管网流量分配可按下列原则和步骤进行：

A. 根据供水区域内的实际情况，在供水管网平面图上确定控制点的位置。由水源、控制点、大用户和调节构筑物的位置，确定供水管网的主要流向。并参照供水管网的主要流向，使水流沿最近的线路输水至大用户、水塔及主要用水区，拟定管网各管段的水流方向。

B. 尽量在供水主要流向的平行干管上分配大致相等的流量。以免一条干管损坏时其余干管负荷过重。主要干管与次要干管相汇合时，主要干管应适当多分一些流量；干管与干管之间的连接管一般可少分一些流量。

C. 流量分配时，任一节点应满足节点流量平衡条件，即 $\sum Q_i = 0$。

按上述原则分配到各管段的流量，即为环状管网各管段的计算流量。有了这个流量可初步选定管网各管段的管径，进行管网的水力计算（管网平差计算），通过管网最高用水时、消防时、最大转输时及事故时的水力计算，可确定各种状态条件下管网中各管段的流量及管径。

由于环状管网水力计算较复杂本课程不再介绍。

2. 给水管网中各管段管径的拟定

给水管网中各管段的管径，应按最高用水时各管段的计算流量确定。当管段的计算流量已定时，则管径可按下式计算：

$$d = \sqrt{\frac{4Q}{\pi v}} \quad \text{(m)} \tag{3-31}$$

式中　Q——管段通过的计算流量，m^3/s；

　　　　v——流速，m/s。

上式表明，管段的管径不但与通过的计算流量有关，而且还与管道内水流的流速大小有关，如果只知道管道通过的流量，而流速未确定，则还不能确定管径，所以还必须选定流速。

从式（3-31）还可看出，流量一定时，管径与流速的平方根成反比。如果流速选取的较小，则管径就会大，相应的管网造价增加，但管网的水头损失减小，所需水泵扬程将降低，运行管理费用（电费）低；反之，如果流速选取的较大，则管径就会小，相应的管网造价将降低，但管网的水头损失明显增加，所需水泵扬程增高，运行管理费用高。所以，管线管径的确定，要综合考虑管线的建造费用和年经营费用，这两个主要的经济因素。若以 G 表示建造费用，以 Y 表示年经验管理费用，以 t 表示投资偿还期，则 t 年内的运行管理费用为 $t \cdot Y$，总费用为 $W = G + t \cdot Y$，以费用为纵坐标，以流速 v 为横坐标，由此分别绘出 $t \cdot Y \sim v$ 和 $G \sim v$ 曲线，如图3-28所示。总费用 W 曲线的最低点则表示管网造价和运行管理费用之和最小，即最为经济，此点所对应的流速即为经济流速 v_e。

影响经济流速的因素有很多，如：管材价格、施工条件、动力费用、投资偿还期等。由于我国各地因上述因素存在差异，所以其经济流速值各地也不相同。工程设计中，当缺乏经济流速分析资料时，常采用平均经济流速选择管径，即大口径管道经济流速较大，小口径管道经济流速较小，可参考下列数值：

$D=100\sim400\text{mm}$ 时，采用 $v_e=0.6\sim0.9\text{m/s}$；

$D>400\text{mm}$ 时，采用 $v_e=0.9\sim1.4\text{m/s}$。

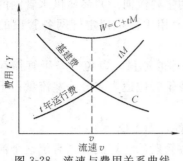

图 3-28　流速与费用关系曲线

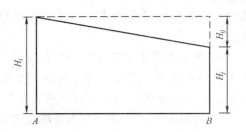

图 3-29　管段水头损失

经济流速参考表　　　　　　　　　　　　　　表 3-11

管径(mm)	经济流速 v_e(m/s)	管径(mm)	经济流速 v_e(m/s)
$100\sim250$	0.7	$700\sim800$	1.2
$300\sim600$	1.0	>900	$1.3\sim1.6$

3. 各管段水头损失的计算

管网各管段的计算流量 q_{ij} 和经济管径 D_{ij} 确定后，便可计算管网中各管段的水头损失 h_{ij}，如图 3-29 所示。管网中任一管段两端节点的水头和管段水头损失之间有下列关系：

$$h_{ij}=H_i+H_j \tag{3-32}$$

式中　h_{ij}——管段 ij 的水头损失，mH_2O；

　H_i、H_j——从某一基准面算起的管段起端 i 和终端 j 的测压管水头，mH_2O。

按水力坡度计算管段水头损失，则：

$$h=i\cdot L \tag{3-33}$$

在给水管网水力计算中，主要考虑沿管线长度上的水头损失，配件和附件等的局部水头损失通常忽略不计。

（1）水头损计算公式

水力学中，我们学过水头损失计算公式，即达西公式：

$$h=\lambda\frac{L}{D}\cdot\frac{v^2}{2g} \tag{3-34}$$

或　　　　　　　　　$$i=\lambda\frac{1}{D}\cdot\frac{v^2}{2g} \tag{3-35}$$

式中　h——管段水头损失，mH_2O 柱；

　　i——水力坡度；

　　L——管段长度，m；

　　D——管道的内径，m；

　　v——管道内水流平均流速，m/s；

λ——沿程阻力系数；

g——重力加速度，m/s^2。

在给水排水工程计算中，采用根据大量实验资料制定的经验公式计算：

舍维列夫公式（水温10℃）——旧铸铁管和旧钢管

当 $v \geqslant 1.2\text{m/s}$ 时： $\qquad i = 0.00107 \dfrac{v^2}{D^{1.3}}$ $\qquad\qquad$ (3-36)

当 $v < 1.2\text{m/s}$ 时： $\qquad i = 0.000912 \dfrac{v^2}{D^{1.3}} \left(1 + \dfrac{0.867}{v}\right)^{0.3}$ $\qquad$ (3-37)

式中各符号意义同前。

钢管和铸铁管水力计算表是按式（3-36）和式（3-37）编制而成的。进行管网水力计算时，可查阅《给水排水设计手册》钢管和铸铁管水力计算表，即可得出相应的 i 和 v 值，并按式（3-33）计算出管段的水头损失。

4. 给水管网水力计算步骤

给水管网水力计算步骤如下：

（1）根据城市地形及规划，确定控制点位置，进行管网定线。

（2）计算干管的总计算长度。

（3）求干管的长度比流量。

（4）计算各管段的沿线流量。

（5）计算各节点的节点流量。

（6）将集中流量移至离其最近的节点上。

（7）拟定管网各管段的水流方向，进行流量分配。各接点流量应满足 $\sum Q = 0$ 的条件。

（8）根据各管段流量，按经济流速查水力计算表，选取各管段的管径。同时查得各管段的水力坡度。

（9）按公式（3-33）计算各管段的水头损失。对于树状管网，可由控制点所要求的自由水头，逆水流方向推算各节点的水压高程和自由水头，并推算出二级泵站的扬程和水塔高度。但是对于环状管网，如果各环的水头损失代数和 $\sum h_{ij} \neq 0$，即产生闭合差，且其闭合差超过允许值，则需进行流量调整计算——管网平差计算。

（10）环状管网平差计算。当各环水头损失闭合差达到允许的计算精度后，逆水流方向，选择一条最不利线路推算管网中各节点的水压高程、自由水头以及二级泵站的扬程和水塔的高度。

【例题 3-3】 某市区最高时总用水量为 138.6L/s。其中供给大用户用水量 65.2L/s，管网布置如图 3-30 所示。其中管段 1—2 为单边配水，其余为两边配水，管网各节点的自由水头要求不低于 20m。各节点地面标高列于表 3-12 和表 3-13 中。试计算管网各节点的水压。

【解】 1. 该管网的供水控制点为 6 点，管线 1—2—3—4—5—6 为该树状管网的控制干管。

2. 沿线流量及节点流量计算

干管总计算长度为：

$$\sum L_{ij} = \frac{1}{2}L_{1-2} + L_{2-3} + L_{3-4} + L_{4-5} + L_{5-6} + L_{2-7} + L_{3-8} + L_{4-9} + L_{5-10}$$

$$= 0.5 \times 420 + 250 + 410 + 500 + 570 + 340 + 400 + 520 + 470$$

$$= 3670\text{m}$$

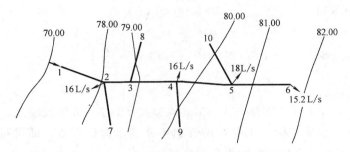

图 3-30　树状管网水力计算实例

干管的长度比流量 q_{cb}：

$$q_{\text{cb}} = \frac{Q - \sum Q_i}{\sum L_{ij}} = \frac{138.6 - 65.2}{3670} = 0.0208\text{L/(s·m)}$$

各管段的沿线流量见表 3-12。

各管段沿线流量计算表　　　　　　　　　　　表 3-12

管 段 编 号	管长(m)	管段计算长度(m)	比流量[L/(s·m)]	沿线流量(L/s)
1—2	420	0.5×420	0.02	4.2
2—3	250	250	0.02	5.0
3—4	410	410	0.02	8.2
4—5	500	500	0.02	10.0
5—6	570	570	0.02	11.4
2—7	340	340	0.02	6.8
3—8	400	400	0.02	8.0
4—9	520	520	0.02	10.4
5—10	470	470	0.02	9.4
合　　计		3670		73.4

3. 推求各管段的计算流量，从节点 6 开始推算，管段 5—6 的流量为：

$$q_{5-6} = q_6 = 5.7 + 15.2 = 20.9\text{L/s}$$

管段 4—5 的流量为：

$$q_{4-5} = q_{5-6} + q_5 + q_{5-10} = 20.9 + 33.4 + 4.7 = 59\text{L/s}$$

同理，逐条推算各管段计算流量。

节点流量计算见表 3-13。

管段节点流量计算表   表 3-13

节点编号	节点流量(L/s)	集中流量(L/s)	节点总流量(L/s)
1	0.5×4.2=2.1		2.1
2	0.5×(4.2+5.0+6.8)=8.0	16	24
3	0.5×(5.0+8.2+8)=10.6		10.6
4	0.5×(8.2+10+10.4)=14.3	16	30.3
5	0.5×(10+11.4+9.4)=15.4	18	33.4
6	0.5×11.4=5.7	15.2	20.9
7	0.5×6.8=3.4		3.4
8	0.5×8.0=4.0		4.0
9	0.5×10.4=5.2		5.2
10	0.5×9.4=4.7		4.7

4. 由各控制管段的计算流量并根据经济流速，查水力计算表得各管段的管径和水头损失，见表 3-14。

控制干管水力计算表   表 3-14

管段编号	管长(m)	流量(L/s)	管径(mm)	水力坡度(mm/m)	水头损失(m)	流速(m/s)	节点	地面标高(m)	水压标高(m)	自由水压(m)
1—2	420	136.5	400	4.22	1.77	1.08	1	77.28	109.53	32.25
2—3	250	109.1	400	2.78	0.70	0.87	2	78.16	108.45	30.29
3—4	410	94.5	350	4.16	1.71	0.985	3	78.84	107.75	28.91
							4	79.76	106.04	26.28
4—5	500	59	300	3.77	1.89	0.83	5	80.66	104.15	23.49
5—6	570	20.9	200	4.34	2.47	0.67	6	81.68	101.68	20

5. 从最不利点（即节点 6）开始，推算控制干管上各节点的水压。节点 6 所需的自由水头为 20m，该点的水压标高为地面标高与自由水压之和即：

$$81.68+20=101.68m$$

节点 5 的水压标高为：

$$101.68+2.47=104.15m$$

节点 5 的自由水压为：

$$104.15-80.66=23.49m$$

控制干管上其他各节点水压标高，自由水头计算方法与节点 5 相同，其值列于表 3-14 中。

6. 各支管上的节点水压标高和自由水头应根据表 3-14、表 3-15 中的数据推算。计算时从支管与控制干管的连接点开始，逐渐向远处的节点计算。如节点 8 的水压标高是根据节点 3 的水压标高 107.75 减去管段 3—8 的水头损失 2.68m，得到节点 8 的水压标高 105.07m。其自由水头为：

$$105.07-79.05=26.02m$$

支干管水力计算　　　　　　　　　　　　　　　　　　　　表 3-15

管段编号	管长(m)	流量(L/s)	管径(mm)	水力坡度(mm/m)	水头损失(m)	流速(m/s)	节点	地面标高(m)	水压标高(m)	自由水压(m)
2—7	340	3.4	100	4.99	1.70	0.44	7	78.50	106.75	28.25
3—8	400	4.0	100	6.69	2.68	0.52	8	79.05	105.07	26.02
4—9	520	5.2	100	10.80	5.61	0.68	9	800.18	100.43	20.25
5—10	470	4.7	100	8.97	4.22	0.61	10	79.90	99.93	20.03

管网水力计算结果详见图 3-31。

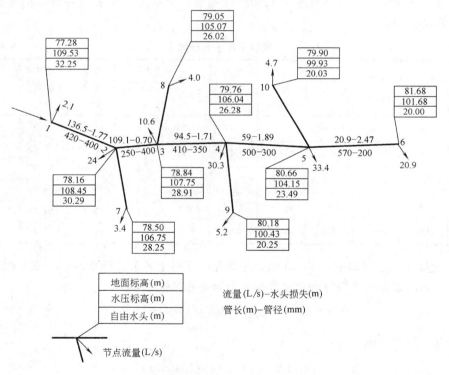

图 3-31　树状管网水力计算成果图（最高用水时）

3.2.3　给水管材、附件、附属构筑物

1. 给水管材、配件及附件

给水工程常用的管材可分为金属管和非金属管两大类。

（1）铸铁管

铸铁管是给水管网及输水管道最常用的管材。他抗腐蚀性好，经久耐用，价格较钢管低。缺点是质脆，不耐振动和弯折，工作压力较钢管低，管壁较钢管厚，且自重较大。

铸铁管接口形式有承插式和法兰式两种，如图 3-32 所示。室外直埋给水管线通常采用承插式接口，构筑物内部管线则较多采用法兰式接口。

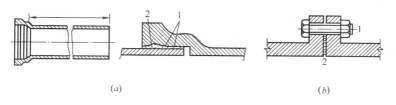

图 3-32　铸铁管接口形式图
(a) 承插式　　　　　　　　　　　　(b) 法兰式
1—油麻辫（绳）、橡胶圈；2—石棉水泥等　　　1—螺栓；2—垫片

我国现在生产的铸铁管内径为 75～1500mm，长度为 4～6m，承受压力分为低压、普压及高压三种规格，见表 3-16 所列。

铸铁管规格　　　　　　　　　　　表 3-16

类别	高压管				普压管				低压管			
	直径	长度	试验压力	工作压力	直径	长度	试验压力	工作压力	直径	长度	试验压力	工作压力
	(mm)	(m)	(MPa)	(MPa)	(mm)	(m)	(MPa)	(MPa)	(mm)	(m)	(MPa)	(MPa)
连铸	75～1200	4～5	2.5	1	75～1500	4～6	2～2.5	0.75	75～900	4～5	1.5～2	0.45
砂型离心	150～500	5～6	～3	1	75～1500	4～6	2～2.5	0.75	75～900	4～6	1.5～2	0.45

目前工程中，广泛使用延性球墨铸铁管，这种管材具有铸铁管的耐腐蚀性和钢管的韧性。采用球墨铸铁管是管道抗振的主要措施之一，因为它的抗拉强度是普通铸铁管的 3 倍左右。接口均采用柔性接口，抗弯性能好，接口施工方便，劳动强度低。

在给水管道转弯、分支、直径变化及连接其他附属设备处，须采用管道配件连接。常用管道零（配）件见表 3-17。

（2）钢管

钢管分为焊接钢管和无缝钢管。焊接钢管又分为直缝钢管和螺旋焊接钢管。钢管具有耐高压、韧性好、耐振动、管壁薄、重量轻、管节长、接口少、并且加工方便。但是钢管比铸铁管价格高，耐腐蚀性差、使用寿命较短。钢管主要用于压力较高的输水管线，穿越铁路、河谷，对抗振有特殊要求的地区及泵房内部的管线。钢管接口可采用焊接、法兰连接、管径小于 100mm 时可采用螺纹连接。钢管在施工过程中应认真做好防腐处理。

（3）预应力和自应力钢筋混凝土管

预应力钢筋混凝土管的最大工作压力 1.18MPa，管径一般为 400～1400mm，管节管长为 5m。

自应力钢筋混凝土管的工作压力为 0.4～0.1MPa。管径一般为 100～600mm。预应力和自应力钢筋混凝土管均采用承插式橡胶圈接口。弯头和渐缩管等需采用特制铸铁或钢制管件。

编号	名　称	符　号	编号	名　称	符　号
1	承插直管		17	承口法兰缩管	
2	法兰直管		18	双承缩管	
3	三法兰三通		19	承口法兰短管	
4	三承三通		20	法兰插口短管	
5	双承法兰三通		21	双承口短管	
6	法兰四通		22	双承套管	
7	四承四通		23	马鞍法兰	
8	双承双法兰四通		24	活络接头	
9	法兰泄水管		25	法兰式墙管（甲）	
10	承口泄水管		26	承式墙管（甲）	
11	90°法兰弯管		27	喇叭口	
12	90°双承弯管		28	闷头	
13	90°承插弯管		29	塞头	
14	双承弯管		30	法兰式消火栓用弯管	
15	承插弯管		31	法兰式消火栓用丁字管	
16	法兰输管		32	法兰式消火栓用十字管	

　　预应力和自应力钢筋混凝土管均具有良好的抗渗性和耐久性、施工安装方便、水力条件好等优点。因自重大，质地脆，在搬运时严禁抛掷和碰撞。

（4）塑料管

塑料管分玻璃钢/聚氯乙烯（FRP/PVC）复合管、高密度聚乙烯（HDPE）管材、聚氯乙烯管等。给水工程常用硬聚氯乙烯管和高密度聚乙烯（HDPE）管。塑料管具有表面光滑、耐腐蚀、重量轻、加工和接口方便等优点。

2. 给水管道的埋设

给水管道通常敷设在地下，给水管道埋设时，对管顶、管底和转弯处等，要采取一定的技术措施，以保证其安全可靠地工作。管道的埋设深度，应根据冰冻、外部荷载、管材强度、管道交叉以及土壤地基等因素确定，金属管道的覆土深度，一般不小于 0.7m，非金属管的覆土深度应不小于 1.0～1.2m，以免受到动荷载的作用而影响其强度。冰冻地区管道的埋深除决定于上述因素外，还需考虑土壤的冰冻深度。一般管底在冰冻线以下的最小距离：管径 D 小于 300mm 时，为 $D+200mm$；D 在 300 到 600 之间时，为 $0.75D$；D 大于 600 时，为 $0.5D$。

管底应有适当的基础，管道基础的作用是防止管底只支在几个点上，整个管段不均匀下沉引起管道的破裂。根据地质情况，采用相应的基础：如天然基础、砂基础和混凝土基础等，如图 3-33 所示。当地基地耐力较高和地下水位较低时，管道可直接埋在整平的天然地基上，可不作基础处理；如地基较差时应做砂垫层基础和混凝土基础；在岩石或半岩石地基处，须铺垫厚度为 100mm 以上的中砂或粗砂作为基础，再在上面敷设管道；对于松软的地基，应对地基采取加固处理。

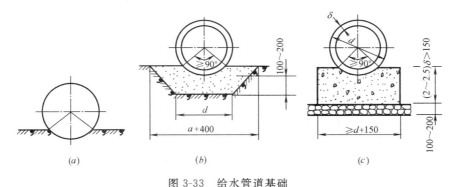

图 3-33　给水管道基础
（a）天然基础；（b）砂基础；（c）混凝土基础

3. 给水管网附件

为了保证给水系统的正常运行，便于维修和使用，在管道上需设置必要的阀门、消火栓、排气阀和泄水阀、给水栓等附件。

（1）阀门

阀门是控制水流、调节管道内的水量、水压的重要设备，并具有在紧急抢修中迅速隔离故障管段的作用。但是，由于阀门价格昂贵，所以在满足运行调节要求的前提下，阀门安装的数量应尽可能少。输水管道和配水管网应根据具体情况设置分段和分区检修的阀门。通常设在分支管处、穿越障碍物和过长的管线上应设置一定数量的阀门，但在设计中应注意检修阀门布置的间距不应超过 5 个消火栓的布置长度，约在 400～600m。从干管接出的支管、分配管上一般均须装设阀门。

阀门的口径一般和相应的管道的直径相同。但因阀门价格较高，为降低造价，当管直径大于 500mm 时，允许安装 0.8 倍管径的阀门。

阀门的种类按闸板分有楔式和平行式两种；若按阀杆的上下移动又分为明杆和暗杆两种。泵站内一般采用明杆；输配水管道上，一般采用手动暗杆楔式阀门。见图 3-34、图 3-35、图 3-36。

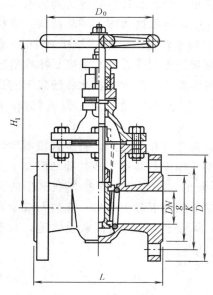

图 3-34 法兰暗杆楔式阀门

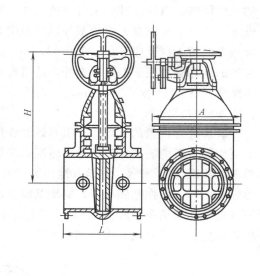

图 3-35 伞齿轮传动暗杆楔式阀门

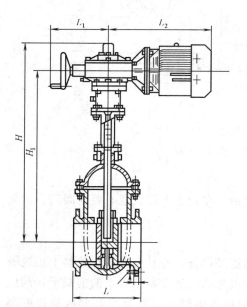

图 3-36 电动法兰明杆平行双闸板阀门

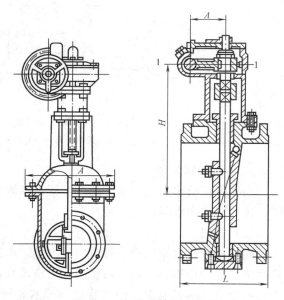

图 3-37 伞齿轮传动的蝶阀

由于大型阀门关闭时单侧受到水压作用力较大，开启比较困难。因此，当其直径大于 600mm 时，为便于启闭，可在阀门上安装伞齿轮传动装置、电动、气动或水力传动启闭装置。有时在闸板两侧安装连通管，连通阀门两侧管道。在开启比较困难时，开阀时先开旁通阀，降低阀门两边的水压差，便于开启，关闭时后关旁通阀。管径较大时阀门开启不宜过快，否则会造成水锤而损坏管道及水泵。

除上述阀门外，工程上还常用蝶阀。它具有结构简单、外形尺寸小、重量轻、操作轻便灵活、价格低等特点，其功能与上述阀门相同，如图3-37所示。

（2）逆止阀

逆止阀（也称单向阀或称止回阀），主要功能是限制水流只能沿一个方向流动，若水从反方向流来，逆止阀则自动关闭。通常安装在水压大于196kPa的水泵压水管上，防止突然停电或其他事故时水倒流，有时在给水管网的特别位置上也安设逆止阀。逆止阀的形式较多，主要分为旋启式和升降式两大类。如图3-38所示为旋启式逆止阀，其阀瓣可绕轴转动。当水流方向相反时，阀瓣因自重和水压作用而关闭。在直径较大的管线上，经常采用多瓣阀门的逆止阀，由于几个阀瓣并不同时闭合，所以能有效地减轻水锤作用。

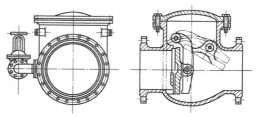

图3-38 旋启式逆止阀

（3）水锤消除设备

水锤又称为水击，它常发生在压力管上阀门关闭过快或水泵压水管上的单向阀突然关闭时，此时管中，水压可能升高到正常时的数倍，因而对管道或阀件产生破坏作用。消除或减轻水锤的破坏作用的措施有：①延长阀门启闭时间；②在管线上安装安全阀；③在管线上安装水锤消除器；④有条件时取消泵站的单向阀和底阀。安全阀可防止因水管中的水压过高而发生事故，适用于消除因启闭阀门过快引起的水锤。分弹簧式和杠杆式两种，前者用弹簧而后者用杠杆上的重锤以控制开启阀门所需的水压。

图3-39为弹簧式安全阀，当管线中的水压大于弹簧的压力时，阀瓣顶起，水经侧管排出，压力随之下降。弹簧的压力可以调节。

水锤消除器适用于消除因突然停泵产生的水锤，安装在单向阀的下游，距单向阀越近越好。图3-40为自动复位下开式水锤消除器，工作原理如下：水泵突然停止后，管线起端的压力下降，水锤消除器缸体2外部的水经阀门8流到管7，缸体中的水经阀3流到管8，此时在重锤5作用下，活塞1下落到虚线所示位置，当最大水锤压力到来时，高压水即经排水管4排出。一部分水经单向阀瓣上的小孔回流到缸体内，直到活塞下的水量慢慢增多，压力加大，使活塞上升，重锤复位，排水管管口封住为止。缓

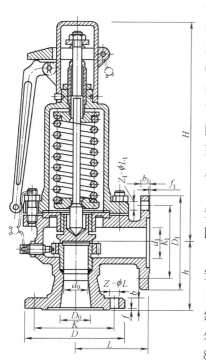

图3-39 弹簧式安全阀

冲器 6 用以使重锤平稳复位。消除停泵水锤还可在泵站设缓闭止回阀。

（4）消火栓

消火栓是发生火警时的取水龙头，分地面式和地下式两种。

地面式消火栓装于地面上，目标明显，易于寻找，但容易受到损坏，有时可能妨碍交通。地面式一般适用于气温较高的地区。地下式消火栓适用于气温较低的地区，安装于地下消火栓井内，使用不如地面式方便，但作为消防人员应熟悉当地消火栓设置位置。如图 3-41、图 3-42 所示。

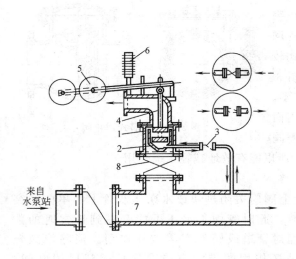

图 3-40　自动复位下开式水锤消除器　　　　　图 3-41　地面式消火栓

为了使用方便，消火栓通常设在交叉路口、人行道边等醒目位置。消火栓按规定应距建筑物外墙不小于 5m，距车行道边不大于 2m，以便消防车上水，且不影响交通。

消火栓与配水管的连接有直通和旁通两种方式。前者直接从分配管的顶部接出，后者从分配管接出支管再与消火栓连接。支管上设阀门以便检修。

（5）排气阀和泄水阀

1）排气阀

在输水管道和配水管网隆起点和平直段的必要位置上应装设排气阀。排（进）气阀的作用是自动排除管道中聚积的气体，以免空气积存在管道中减小管道过水断面，增加水头损失；当管线损坏出现真空时，空气可经该阀进入管内。如图 3-43 所示，排气阀内有浮球，当管内没有积存的气体时，浮球上浮封住排气口。随着气体增加，排气阀内的水位下降，浮球随着下落，气体则经排气口排出。排气阀分单口和双口两种。单口排气阀用于管道直径小于 400mm 的给水管道上，双口排气阀用于管道直径大于或等于 400mm 的给水管道上。单口排气阀直径在 16～25mm，双口排气阀直径 50～200mm。

排气阀应垂直安装并应设在单独的井室内，以便于维修，有时也可和其他管网配件合用一个井室。

2）泄水阀

100

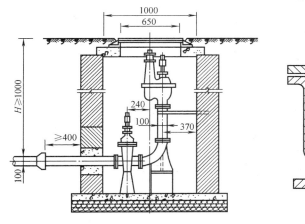

图 3-42 地下式消火栓

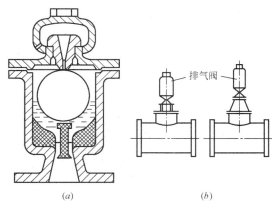

图 3-43 排气阀
(a) 排气阀构造; (b) 安装方式

在管段的最低点应安装泄水阀。其作用是排除管道中的沉积物以及检修时放空管道内存水。在维修或试压时由泄水阀排泄出的水可直接排入水体或沟渠，或排入集水井，再由水泵提升排除。

为保证供水水质，树状管网的末端应装置排水阀。

4. 给水管网附属构筑物

（1）地下井室

输配水管道上的各种附件，为便于操作和维护，一般应设在专用地下井内，如阀门井、消火栓井、排气阀井、放水井等。为了降低造价，配件和附件应布置紧凑。井的平面尺寸，取决于给水管道的直径以及附件的种类和数量，井的深度由管道埋设深度确定。地下井室应满足操作阀门及拆装维修管道阀件所需的最小尺寸：井底到承口或法兰盘底的距离至少为 0.1m，法兰盘和井壁的距离宜大于 0.15m，从承口外缘到井壁的距离应在 0.3m以上，以便于施工维修。

地下井室一般用砖石砌筑，或采用钢筋混凝土现浇、预制建造。

地下井的形式，可根据所安装的附件类型、大小和路面材料来选择。阀门井可参见给水排水标准图 S143、S144。排气阀井可参见标准图 S146。室外消火栓安装见标准图 S162。

位于地下水位较高处的井室，井底和井壁应不透水，在给水管穿越井壁处应保证有足够的水密性。地下井应具有抗浮稳定性。

（2）给水管道穿越障碍物的措施

给水管道在穿越各种障碍物，如过铁路、重要公路、河流及山谷必须采取相应的处理措施。

1）管道穿越铁路和重要公路的措施

当给水管道穿越铁路和重要公路时，通常是在铁路和重要公路的路基下垂直穿越。

设套管穿越：套管管材可采用钢制套管或钢筋混凝套管。开槽法施工时套管直径应比管道直径大 300mm。掘进顶管施工时，套管直径一般比管道直径大 500～800mm。管顶

（设套管时为套管管顶）在铁路轨底或公路路面下的深度不得小于 1.2m，以减轻动荷载对管道的冲击。套管应有一定坡度以便排水。给水管线穿过铁路或公路的两端，应分别设阀门井，井内设阀门及支墩，并根据具体情况在低的一端设泄水阀、排水管或集水坑，如图 3-44 所示。

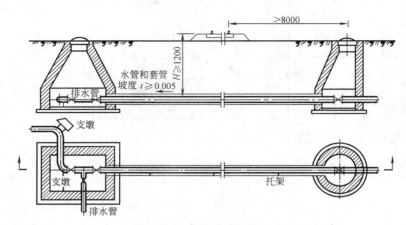

图 3-44　设套管穿越铁路的给水管

当穿越临时铁路、次要铁路及一般公路且管道埋设较深时，可不设套管。

建造专用管沟。管沟形式可采用矩形或拱形。材料可采用砖、块石、钢筋混凝土等材料。

2）管道穿越河谷的措施

管道穿越河道或深谷时，可以利用现有桥梁架设给水管、敷设倒虹管或者建造专用管

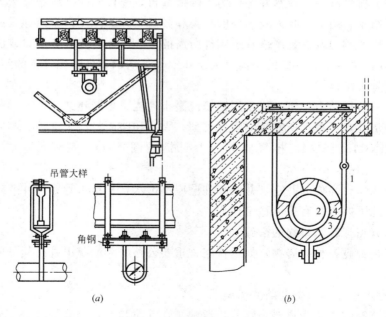

图 3-45　梁桥下吊管法

（a）钢桥下的水管吊架；（b）桥梁人行道下吊管法

1—吊环；2—水管；3—隔热层；4—垫块

桥，但要根据工程实际情况确定穿越的措施。给水管悬吊在桥梁的人行道下穿越河流最为经济，施工和检修比较方便，应考虑振动的影响，寒冷地区为防止冰冻应采取保温措施。如图 3-45 所示。如果无桥梁，则可考虑设置倒虹管或架设管桥。倒虹管的优点是隐蔽，但检修不便。倒虹管应选择在地质条件较好，河床及河岸不受或少受冲刷处，若河床土质不良时，应作管道基础。钢制倒虹管要加强防腐处理。为保证安全供水，倒虹管一般设两条，两端应设阀门井，井内安装闸门、泄水阀和两倒虹管的连通管，以便放空检修或冲洗倒虹管，阀门井顶部标高应保证洪水时不致淹没。倒虹管管顶在河床下的埋深，应根据水流冲刷情况而定，不得小于 0.5m，在航线的范围内不得小于 1.0m。倒虹管管径可小于上下游管道的直径以使管内流速较大而不易沉积泥沙，但当两条管道中一条发生事故，另一条管中流速不宜超过 2.5～3.0m/s。倒虹管见图 3-46。

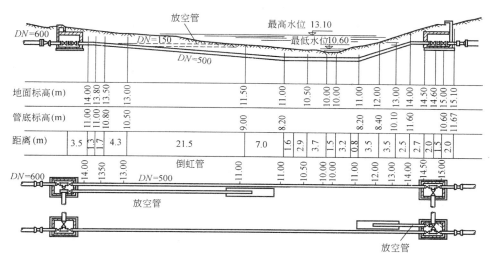

图 3-46　倒虹管

大口径水管由于重量大，架设在桥下有困难时，可建专用管桥。管桥应有适当高度以免影响船舶航行。在过桥水管的最高点设排气阀，两端设置伸缩接头。在寒冷易发生冰冻的地区应采取保温防冻措施。

（3）给水管道支墩

给水管承插式接口的管线，在弯头、三通及管端盖板等处，均能产生向外的推力，当推力较大时，会引起承插接头松动甚至脱节，造成漏水，因此必须设置支墩以保持管道输水安全。但当管径小于 350mm 且试验压力不超过 980kPa，或管道转弯角度小于 5°～10° 时，因接头本身足以承受外推力，可不设支墩。支墩应根据管道的管径、转弯角度、试压标准、接口摩擦力等因素通过计算确定。支墩材料可用砖、混凝土、浆砌块石等。如图 3-47 和图 3-48 所示为水平弯管支墩和水平叉管支墩，其他形式见《给排水设计手册》。

（4）调节构筑物

管网内调节流量的构筑物，有水塔和高位调节水池等。建于高地的水池其作用和水塔相同，既能调节流量，又可保证管网所需的水压。对于处于山区丘陵地带的城市或工业区，当高地离用水区不远时，可建造高地水池。如果城镇附近缺乏高地，或因高地离用水区太远，输水管较长、采用水泵单独供水不经济时，可考虑建造水塔，水塔较适用于小城镇和中小型工矿企业。

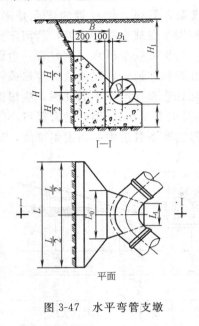

图 3-47　水平弯管支墩　　　　　　　图 3-48　水平叉管支墩

A. 水塔　水塔的构造如图 3-49 所示，主要由水柜（或水箱）、塔体、管道及基础等组成。

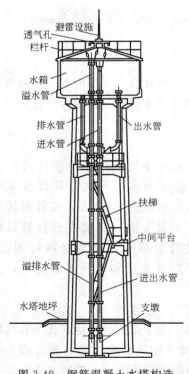

图 3-49　钢筋混凝土水塔构造

水柜（或水箱）：水柜的作用是贮存调节水量，它的容积包括调节容量和消防贮量。水柜有多种形状，常见的形状有圆筒球底形、圆筒球穹底形、球形、倒伞形（倒锥形）、复合底型等多种形式。

在寒冷的地区，为防止水柜中的水冻结及水柜壁冻裂，应在水柜外壁采用防冻保温措施。常采用的措施有：①水柜壁上贴砌一层厚为 8～10cm 的泡沫混凝土或膨胀珍珠岩等轻质材料；②贴砌一层一砖厚的空斗墙；③在水柜外面加保温外壳，外壳与水柜壁之间距离应不小于 0.7m，之间填装保温材料。

塔体：塔体用以支承水柜，常用的材料有：砖石、钢材、钢筋混凝土、装配式钢筋混凝土或预应力钢筋混凝土。塔体形状有圆筒式和支柱式。

水塔的管道及附件：水塔中的管道有：进水管、出水管、溢流水管、排水管等。附件主要有：浮球阀、滤网、单向阀、闸门、喇叭口、伸缩接头等。

为观察水柜内水位变化及控制，应设浮标水尺或电极水位计、遥测和自动控制等。

基础：水塔基础常用的材料有砖石、混凝土、钢筋混凝土等。

另外，水塔上还有一些附属设施，如为防雷电的避雷针、扶梯、平台、栏杆和照明设施等。

容量 $30\sim400\mathrm{m}^3$，高度 $15\sim32\mathrm{m}$ 的水塔，参见给水排水标准图 S843~847。

B. 水池

给水工程中，常用钢筋混凝土水池、预应力钢筋混凝土水池和砖石砌筑水池等。平面形状一般做成圆形或矩形。钢筋混凝土水池采用最多，如图 3-50。一般当水池容积小于 $2500\mathrm{m}^3$ 时，以圆形较为经济，大于 $2500\mathrm{m}^3$ 时以矩形较为经济。

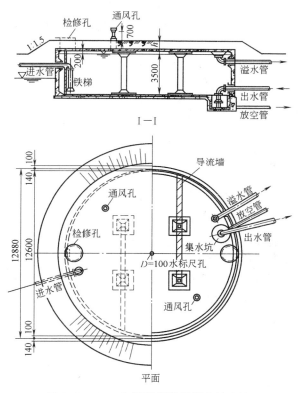

图 3-50 400m³ 圆形钢筋混凝土清水池

水池应有单独的进水管和出水管，安装地点应保证池水的经常循环，一般从池一侧上部进水，从另一侧下部出水。此外应有溢水管，管径和进水管相同，管端有喇叭口，溢水管上不安装阀门，但出口应设网罩或设溢流井。水池的放空管设在集水坑内，管径一般按最低水位时 2h 内将池水放空计算；容积在 1000m³ 以上的水池，至少应设两个检修孔，孔的尺寸应满足池内管配件的进出要求。为防止池内水发生短流现象，池内应设导流墙。为使池内自然通风，应设若干通风孔，孔口高出水池填土面 0.7m 以上。池顶覆土厚度视当地平均室外气温而定，一般在 0.3~0.7m 之间，气温低则覆土厚一些。此外覆土厚度还应考虑到池体抗浮要求。当地下水位较高，池子埋深较大时，覆土厚度还需满足抗浮要求。为便于观测池内水位，可装置浮标水尺或水位传示仪。

在同时还贮存消防用水的水池，应采取各种措施避免平时取用消防用水。

5. 给水管道施工图、管道设备安装

(1) 给水管网总平面布置图、节点详图、管道纵断面图。

给水管网设计应绘制总平面图、节点详图、管道纵断面图及其他详图。

1) 给水管网总平面图按 1:2000～1:10000 的比例尺绘制。图中应标明新建、扩建管道位置、范围与原有管道关系，还应表示出有关街道（坊）、河流、风向玫瑰图、与其他管道的关系以及必要的说明等。

2) 给水管网节点详图，在给水管网中，管线相交点称为节点，在节点处通常设有弯头、三通、四通、渐缩管（大小头）、阀门、消火栓等管件和附件。

当给水管网、管材及管径确定以后，则应进行节点详图设计，力求使各节点的配件、附件布置合理紧凑，并尽可能减小阀门尺寸，降低造价。用规范图例符号绘出节点详图。其各个配件、附件按类别及规格进行编号，列出节点管件一览表，如图 3-51 所示。

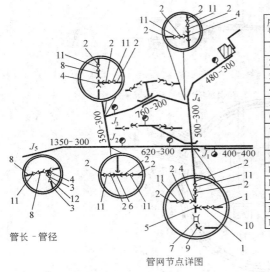

材料表

序号	名称	图例	规格型号	材料	数量	单位	备注
1	插盘短管	⊢─	DN400	铸铁	2	个	
2	插盘短管		DN300	铸铁	16	个	
3	插盘短管		DN200	铸铁	2	个	
4	双承丁字管	✕	DN300 DN300	铸铁	4	个	
5	双承丁字管		DN400 DN300	铸铁	1	个	
6	三承丁字管		DN300	铸铁	1	个	
7	双承渐缩管	⊢〉	DN300 DN400	铸铁	9	个	
8	承盘短管	⊢〈	DN300	铸铁	2	个	
9	弯头	⌣	DN400	铸铁	1	个	
10	闸阀	➤⊢	$Z_{41}T$-10 DN400		1	个	
11	闸阀		$Z_{41}T$-10 DN300		9	个	
12	闸阀		$Z_{41}T$-10 DN200		1	个	
13	管道	───	DN400	铸铁	800	m	
14	管道		DN300	铸铁	4060	m	

管长 - 管径

管网节点详图

图 3-51　管网节点详图

3) 给水管道平面图及纵断面图

给水管道平面图采用 1:1000 或 1:500 的比例绘制。图中道路、街坊、给水管道分别用细实线、中实线、粗实线绘制，其他各种管线用中实线绘制。图中标明：道路名称、街坊和建筑物名称、管道名称及管段编号、路口中心坐标、管道节点及其他管线交叉点处坐标、阀门井坐标、道路各部分宽度、给水管道及其他管线的材料和规格、各种管线在道路上的平面位置和埋深等。如图 3-52 所示。

给水管道纵断面图采用横向比例为 1:1000 或 1:500，纵向比例为 1:200 或 1:100 绘制。图中应标注地面线、道路、铁路、排水沟、河谷、建筑物、构筑物的编号及与给水管道相关的各种地下管道、地沟、电缆沟等的相对距离和各自的标高。给水管道采用单粗实线绘制。

(2) 管道主要附属设备的安装

1) 水表安装要点：

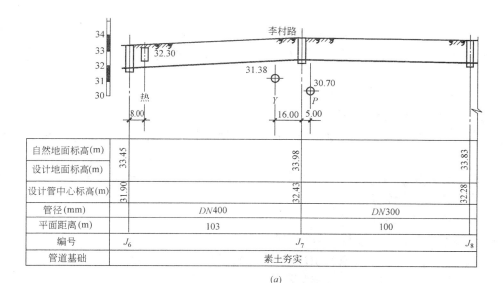

(a)

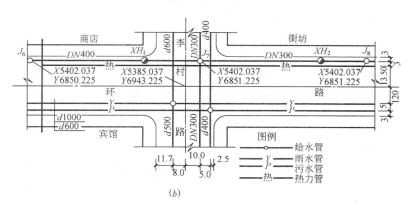

(b)

图 3-52 给水管道平、剖面图

（a）给水管道纵断面图；（b）给水管道平面图

a. 尽量将水表设置于便于抄读的地方，并尽量与主管靠近，以减少进水管长度。

b. 选择安装位置时，应当考虑拆装、搬运方便，必要时考虑今后换大口径水表或预留水表的位置，且应考虑防冻与卫生条件。

c. 注意水表安装方向，务必使进水方向与表上标志方向一致。旋翼式水表应水平安装，切勿垂直安装，水平螺翼式水表可以水平、倾斜、垂直安装，但倾斜、垂直安装时，须保持水流流向自下而上。

d. 为使水流稳定地流经水表，使表计量准确，其表前阀门与水表之间的稳流长度应大于或等于 8～10 倍管径。

e. 小口径水表在水表与阀门之间应装设活接头；大口径水表前后采用伸缩节相连，或者水表两侧法兰采用双层胶垫。

2）室外消火栓安装要点：

a. 安装位置通常选定在交叉路口或醒目地点，距建筑物距离不小于 5m，距道路边不大于 2m，地下式消火栓应在地面上标示明显位置。

b. 消火栓连接管管径应大于或等于 100mm。

c. 地下式安装应考虑消火栓出水接口处要接管的充分余地，保证接管用时方便。

d. 在寒冷地区，乙型地上式消火栓安装试水后应打开水龙头，放掉消火栓主管中的水，以防冬季冻坏。

3) 安全阀安装要点：

a. 安装方向应当使管内水从阀盘下向上流出。

b. 安装弹簧式安全阀应注意调节螺母位置，使阀板在规定的工作压力下可以自动开启。

c. 安装杠杆式安全阀须保持杠杆水平，按工作压力将重锤的重量与力臂调正好，并用罩将其盖住，以免重锤移动。

4) 水锤消除器安装要点

a. 安装地点通常选定在靠近单向阀或水锤压力最大的地方。

b. 安装下开式水锤消除器应在消除重锤下面设置支墩，托住重锤，重锤下落时，杠杆不得压在消除器杆上，以防损坏消除器。

c. 为了维修方便，消除器与地面距离不得小于 1.0m。

5) 排气阀安装要点：

a. 应当垂直安装，切勿倾斜。

b. 地下管道排气阀应设置在井内，安装处应做到环境清洁，并采取保温措施。

c. 在长距离输水管线上每隔 500～1000m 应考虑设置一个排气阀。

6) 给水阀门井的砌筑

a. 操作阀门井尺寸见表 3-18 和表 3-19。

地面操作阀门井尺寸　　　　　　　　　　　　　　　表 3-18

阀门直径(mm)	井室内径(mm)	最小井深(mm)		管中心到井底高(mm)	收口砖层敷
		阀门	手轮阀门		
75(80)	1000	1310	1380	438	3
100	1000	1380	1440	450	3
150	1200	1560	1630	475	5
200	1400	1690	1800	500	7
250	1400	1800	1940	525	7
300	1600	1940	2130	550	9
350	1800	2160	2350	675	11
400	1800	2350	2540	700	11
450	2000	2480	2850	725	13
500	2000	2660	2980	750	13

b. 阀门井的砌筑要点：

（A）井室底施工要点

① 采用 C8 混凝土底板，下铺 15cm 厚块石（或砾石）垫层，无论有无地下水，井室底板均应设置集水坑；

② 管道穿过井壁或井底，须预留 5～10cm 的环缝，用油麻填塞并捣实，或用灰土填实，再用砂浆封面；沉降缝在管道上部应当预留稍大一些。

阀门井径(mm)	井室内径(mm)	最小井深(mm)	管中心到井底高(mm)
70(80)	1200	1440	440
100	1200	1500	450
150	1200	1630	470
200	1400	1750	500
250	1400	1880	525
300	1600	2050	550
350	1800	2300	675
400	1800	2430	700
450	2000	2680	725
500	2000	2740	750

井下操作阀门井尺寸   表 3-19

（B）井壁的砌筑要点

① 井壁通常采用 Mu7.5 砖，M5 混合砂浆砌筑，灰缝灰浆应饱满；

② 当采用 C18 钢筋混凝土预制井筒时，拼装时须有 M10 水泥灰浆抹缝；

③ 井壁内外均需用 1：2 水泥砂浆抹面，厚 2cm，抹面高度应高于地下水最高水位 0.25m；

④ 井壁内的爬梯应作防腐处理，水泥砂浆高未达到设计强度 75％ 以前，切勿脚踏爬梯。

（C）井室的砌筑要点

① 井盖安装应做到轻便、牢靠、型号统一、标志明显；井盖上配备提盖与撬棍槽；在室外温度小于等于－20℃的地区，应将井中设置为保温井口，增置木制保温井盖板。

② 井室应在铺好管道，装好阀门之后着手砌筑，其尺寸与阀门、配件在井室内的位置有关，应保证阀门与配件的拆换，接口或法兰不得砌于井外，且与井壁、井底的距离不得小于 0.25m；雨天砌筑井室，须在铺筑管道时一并砌好，以防雨水汇入井室而堵塞管道；

③ 盖板顶面标高应力求与路面标高一致，误差不超过±5mm，当为非路面时，井口须略高于路面，但不得超过 50mm，且做坡度为 0.02 的护坡。

7）支墩的砌筑要点：

a. 支墩的后背应为原状土，两者应紧密靠紧，若采用砖砌支墩，原状土与支墩间缝隙，应以砂浆填密实。

b. 为防止管件与支墩发生不均匀沉陷，水平支墩与管件间应设置沉降缝，缝间垫一层油毡。

c. 向下弯管支墩为保证弯管与支墩的一体性，可做成将管件上箍以连接钢箍，钢箍以钢筋引出，与支墩浇筑在一起，钢箍的钢筋应指向弯管的弯曲中心，钢筋露在支墩外面部分，应具有不小于 50mm 厚的 1：3 水泥砂浆保护层；向上弯管支墩的弯管应嵌进支墩，嵌进部分中心大角不宜小于 135°。

d. 在管径大于 700mm 管线上选用弯管且水平设置时，应避免采用 90°弯管；垂直设置时，应避免采用 45°以上的弯管。

e. 垂直向下弯管支墩内的直管段应包玻璃布一层，缠草绳两层，再包玻璃布一层。

f. 砌筑支墩用的砖的强度等级不低于 Mu7.5；混凝土强度等级不低于 C8；砂浆不低于 M5。

6. 给水管道工程质量检查

管道工程安装以后，要经过施工单位，检查监督单位和建设单位的质量检查，确认工程质量合格后，才能交付使用。

检查工作主要由施工单位配合施工监理人员进行。主要内容包括外观检查、断面检查和渗漏检查。外观检查主要是对管道基础、管道、阀门井及其他附属构筑物的外观质量进行检查；断面检查是对管道断面尺寸、中心位置及高程、管道坡度的检查，看其是否符合设计要求；渗漏检查是对管道严密性的检查，通常重力流管道采用闭水试验方法，而给水管道属于压力流管道则采用水压试验方法。

（1）给水管道的质量检查

给水管道压力试验是检验给水管道铺设质量的主要项目之一。管道安装完毕，应对管道系统进行压力试验。按试验的目的，可分为检查管道机械性能的强度试验和检查管道连接情况的严密性试验。按试验时使用的介质，可分为用水作介质的水压试验和用气体作介质的气压试验。

1）水压试验

a. 试压前的准备工作

A. 划分试验段：管道试压应分段进行，这样有利于充水和排气，减少对地面交通的影响，便于流水作业施工及加压设备的周转使用，见表 3-20。

试验管段划分　　　　　　　　　　　　　　　　表 3-20

施 工 地 段	分 段 长 度(m)
在一般条件下	500～1000
管段转弯多时	300～500
湿陷性黄土地区	200
管道通过河流、铁路等障碍物时	单独进行试压

B. 试压后背设置：

① 作用于后背的力：管道试压时，采用原有管沟土挡作后背墙时，其长度不得小于 5m；后背墙支撑面积，可视土质与试验压力值而定，一般土质按承受 0.15MPa。通常在土方开挖时，需保留 7～10m 沟槽原状土不挖。作试压后背预留后背的长度、宽度应进行安全验算。

管道试压前，试压管道的端部应用管堵堵死，通常采用钢制承堵、插堵或法兰堵板。打压时堵板受到水压力的作用后克服接口的黏着力，通过支撑结构把剩余水压力传递给后背墙。作用于后背墙的力可按式（3-38）计算：

$$R = P - P_s \tag{3-38}$$

式中　R——管堵传递给后背的作用力，N；

　　　P——试压管段管子横截面的外推力，N；

　　　P_s——承插口填料黏着力，N。

② 后背墙的土抗力：为了保证试压工作的顺利进行，必须保证后背结构的稳定性。即达到最大试验压力时，土体不发生破坏；因此应使管堵传给后背的作用力小于后背土抗力。

后背墙应与管道轴线垂直。从管堵至后背墙传力段，可用方木、顶铁或千斤顶等支顶。为了防止后背变形后管道接口拔出，通常使用千斤顶支顶。其结构如图 3-53 所示。

C. 试验装置及仪器设备：管道试压装置如图 3-54 所示，由加压泵、压力表、量水箱、注水管、排气阀、后背等组成。

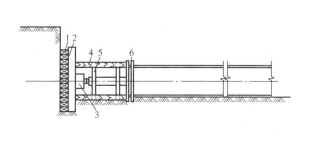

图 3-53　千斤顶支顶示意图
1—后背方木；2—立柱；3—螺栓千斤顶；
4—撑木；5—立柱；6—管堵

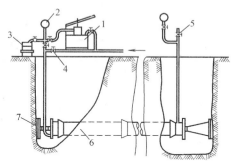

图 3-54　水压试验装置图
1—手摇泵；2—压力表；3—量水箱；4—注水
管；5—排气阀；6—试验管段；7—后背

压力试验选用的压力表其最大量程为测定压力的 1.3～1.5 倍，其精度等级不低于 1.5 级。压力表壳直径不小于 150mm。试压管道两端各设试压表 1 块，分别装在试验管段端部与管道轴线相垂直的支管上，并设闸阀控制，以便于拆卸。

试压泵分活塞泵及多级离心泵。驱动方式有手摇试压泵、电动试压泵及柴油机驱动的试压泵。手摇式活塞试压泵适用小口径管道试压；多级离心泵适用较大口径管道试压。试压泵应安装在管道低端。试压系统的阀门都应启闭灵活，严密性好。

D. 其他准备工作：

① 检查管基合格后，按要求回填管身两侧和管顶 0.5m 以内土方，管口处暂不回填，以便检查和修理。

② 在各三通、弯头、管件处做好支墩并达到设计强度。未没支墩及锚固设施的管件，应采取加固措施。

③ 管道中的消火栓、水锤消除器、安全阀等附件；不参入水压试验，可用专用管件临时组装法兰铁盖板，待试压合格后再进行组装。

④ 应考虑管道试压后的排水出路和排水设备，能及时迅速地排除试压水。

b. 管道充水与排气

管道试压应使用洁净水，最好使用自来水。管道灌满水后，应在不大于工作压力下充水浸泡。铸铁管、球墨铸铁管和钢管在无水泥砂浆衬里时，浸泡时间不少于 24h；有水泥砂浆衬里时，浸泡时间不少于 48h；预应力、自应力混凝土管及现浇或预制钢筋混凝土管渠，管径小于或等于 1000mm 时，不少于 48h；管径大于 1000mm 时，不少于 72h。硬聚氯乙烯塑料管，不小于 48h。

管道经浸泡后，在试压之前需进行多次初步升压试验方可将管道内气体排净。检查排气的方法是：在充满水的管道内进行加压，如果出现管内升压很慢、表针摆动幅度较大且读数不稳定，放水时会有"突突"的声响并喷出许多气泡时，都说明管内尚有气体未被排除，应继续排气，直到上述现象消失，方能确认气体已经排除。此刻进行正式水压试验所测得的结果才是真实的。

c. 管道水压试验操作技术要求

A. 管道试压标准：管道的试验压力，一般施工图纸均注明要求。如果没有注明，可按表 3-21 采用。

给水管道水压试验试验压力（MPa）   表 3-21

管材种类	工作压力 P	试验压力
钢管	P	P+0.5 且不小于 0.9
铸铁及球墨铸铁管	≤0.5	2P
	>0.5	P+0.5
预应力、自应力混凝土管	≤0.6	1.5P
	>0.6	P+0.3
现浇或预制钢筋混凝土管渠	≥0.1	1.5P

B. 强度试验：管道试验时，将水压升至试验压力后，保持恒压 10min，经对接口、管身检查无破损及漏水现象，认为管道强度试验合格。

C. 管道严密性试验：管道严密性试验时，应首先进行严密性的外观检查。在水压达到试验压力，管道无漏水现象时，认为严密性外观检查合格。接着可进一步做渗水量测定，见表 3-22。

压力管道严密性试验允许渗水量 [L/(min·km)]   表 3-22

管径(mm)	钢管	铸铁管 球墨铸铁管	预应力、自应力 混凝土管
100	0.28	0.70	1.40
125	0.35	0.90	1.56
150	0.42	1.05	1.72
200	0.56	1.40	1.98
250	0.70	1.55	2.22
300	0.85	1.70	2.42
350	0.90	1.80	2.62
400	1.00	1.95	2.80
450	1.05	2.10	2.96
500	1.10	2.20	3.14
600	1.20	2.40	3.44
700	1.30	2.55	3.70
800	1.35	2.70	3.96
900	1.45	2.90	4.20
1000	1.50	3.00	4.42
1100	1.55	3.10	4.60

管径(mm)	钢　　管	铸铁管 球墨铸铁管	预应力、自应力 混凝土管
1200	1.65	3.30	4.70
1300	1.70	—	4.90
1400	1.75	—	5.00

渗水量的测定方法有放水法和注水法两种（本书不再介绍，详见《给排水工程施工技术》。）。测出的渗水量和管道的允许渗水量进行比较，若实测渗水量小于允许渗水量为合格。管道的允许渗水量见表 3-22。做好水压试验与渗水量试验记录，见表 3-23。

水压试验与渗水量试验记录表 表 3-23

工程名称		工程地点		管径(mm)		管线长度(m)		
管线工作压力		试验压力		10min 允许下降值				
强度试验记录	次数	时间	试验压力	压　力　降　值			外观检查情况	
	1							
	2							
	3							
	4							
渗水量试验记录	项　　目		次数 单位		1	2	验收记录	验收评语
	由试验压力下降 0.1MPa 的时间 T_1							
	由试验压力下降 0.1MPa 的时间 T_2							
	由试验压力下降 0.1MPa 的放水量 W		L					
	渗水量计算 $q = \dfrac{W}{T_1 - T_2}$		L/min					
	单位渗水量		L/(min·km)					
	允许渗水量		L/(min·km)					签字
	差值							

D. 水压试验的注意事项

① 应有统一指挥，分工明确，对后背、支墩、接口设专人检查；

② 开始升压时，对两端管堵及后背应加强检查，发现问题及时停泵处理；

③ 应分级升压，每次升压以 0.2MPa 为宜。每升一级应检查后背、支墩、管身及接口，当无异常现象时，再继续升压；

④ 水压试验时，严禁对管身、接口进行敲打或修补缺陷，遇有缺陷时，应作出标记，待卸压后再修补；

⑤ 在试压时，后背、支撑附近不得站人，检查时应在停止升压后进行。

2）气压试验

气压试验是以压缩空气为介质对管道进行强度和严密性试验的一种方法，用于严重缺水地区。气压试验应进行两次，即回填土以前的预先试验和沟槽全部回填后的最后试验。试验项目分为强度试验和严密性试验两项。其试验压力见表 3-24 中的规定。

气压试验的试验压力规定 表 3-24

试验种类	管 材	工作压力 P（MPa）	强度试验压力（MPa）	严密性试验压力（MPa）
预先试验	钢管	$P \leqslant 0.5$	0.6	0.3
		$P > 0.5$	1.15P	
	铸铁管	$P > 0.5$	0.15	0.1
		$P \leqslant 0.5$	0.15	
最后试验	钢管	$P \leqslant 0.5$	0.6	0.03
		$P > 0.5$	1.15P	
	铸铁管	$P \leqslant 0.5$	0.6	0.03

A. 管道的预先试验

气压试验装置如图 3-55 所示。在预先试验时，应将压力升至强度试验压力，恒压 30min（为保持试验压力，允许向管内补气），若管线和接口未发生破坏，然后将压力降至严密性试验压力，再进行外观检查，如无渗漏现象，则认为合格。

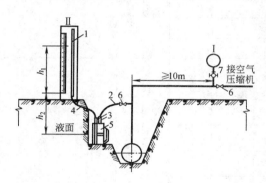

图 3-55 气压试验装置示意图
Ⅰ—弹簧压力表；Ⅱ—液体压力计
1—玻璃管；2—胶软管；3—连接管；4—连接用胶管；
5—液体压力计的液罐；6—截止阀；7—三通式旋塞

B. 最后试验

最后试验时，将压力升至强度试验压力，恒压 30min，若管道未发生破坏，则降压至 0.05MPa，再恒压 24h。恒压结束后，将水柱压力计的压力调整为 0.03MPa（当用煤油柱压力计时，则调整为 3450mm），并记录试验开始的时间和气压表压力（mmHg），试验时间终了时，记录管道压力和气压表压力。试验时间见表 3-22。

如果管道在气压试验时未发生破坏，且实测压降值不大于表 3-25 所给出的允许值，则认为管道合格。

长度不大于 1km 的钢管道和铸铁管道气压试验时间和允许压力降值 表 3-25

管径(mm)	钢管道		铸铁管道	
	试验时间（h）	试验时间内的允许压力降值（mmH$_2$O）	试验时间（h）	试验时间内的允许压力降（mmH$_2$O）
100	$\frac{1}{2}$	55	$\frac{1}{4}$	65
125	$\frac{1}{2}$	45	$\frac{1}{4}$	55

管径(mm)	钢管道		铸铁管道	
	试验时间 （h）	试验时间内的允许压力降值 （mmH₂O）	试验时间 （h）	试验时间内的允许压力降 （mmH₂O）
150	1	75	$\frac{1}{4}$	50
200	1	55	$\frac{1}{2}$	65
250	1	45	$\frac{1}{2}$	50
300	2	75	1	70
350	2	55	1	55
400	2	45	1	50
450	4	80	2	80
500	4	75	2	70
600	4	50	2	55
700	6	60	3	65
800	6	50	3	45
900	6	40	4	55
1000	12	70	4	50
1100	12	60	—	—
1200	12	50	—	—
1400	12	45	—	—

3）管道冲洗消毒

给水管道试压合格后，应分段连通，进行冲洗、消毒，用以排除管内污物和消灭有害细菌，使管内出水符合《生活饮用水水质标准》。经检验合格后，方可交付使用。

① 管道冲洗

冲洗要求：管道冲洗一般以上游管道的自来水为冲洗水源，冲洗后的水可通过临时放水口排至附近河道或排水管道。安装放水口时，其冲洗管接口应严密，并设有闸阀、排气管和放水截门等，弯头处应进行临时加固。冲洗水管可比被冲洗的水管管径小，但断面不宜小于被冲洗管直径的 1/2。冲洗水的流速不小于 1.0m/s。冲洗时尽量避开用水高峰，不能影响周围的正常用水。冲洗应连续进行，直至检验合格后停止冲洗。

② 管道消毒

管道消毒的目的是为了消灭新安装管道内的细菌，使水质达到饮用水标准。

消毒液通常采用漂白粉溶液，其氯离子浓度不低于 2mg/L。漂白粉的常规用量可参考表 3-26 选用。

每 100m 管道消毒所需漂白粉用量　　　　　　　　　　表 3-26

管径(mm)	100	150	200	250	300	400	500	600	800	1000
漂白粉(kg)	0.13	0.28	0.5	0.79	1.13	2.01	3.14	4.53	8.05	12.57

注：1. 漂白粉含氯量以 25% 计。

　　2. 漂白粉溶解率以 75% 计。

　　3. 水中含氯浓度 30mg/L。

消毒液由试验管段进口注入。灌注时可少许开启来水闸阀和出水闸阀，使清水带着消毒液流经全部管段，至从放水口检验出规定浓度的氯为止，然后关闭进出水闸阀，将含氯水浸泡 24h 后再次用清水冲洗，直到水质管理部门取样化验合格为止。

3.3 给水系统的维护与管理

3.3.1 给水系统的管理机构

给水系统的管理工作是由专门的管理机构负责进行的。管理机构的组织情况由给水系统的规模大小决定。

城市给水系统一般是由公用事业管理局或自来水公司负责。其下属为各水厂和业务站，具体负责日常的管理工作。

给水系统的工作效果，在很大程度上决定于它的管理水平。给水系统管理工作的主要任务是：

1. 保证不间断供水，并满足水量和水压的要求。

2. 保证符合标准的水质。

3. 合理利用给水构筑物，挖掘设备潜力，增产节约，降低成本。

3.3.2 给水构筑物的技术管理

1. 河流取水构筑物的技术管理

在河流取水构筑物运转期间，必须经常观测给水水源的情况，即观测水位涨落、河道变化、泥沙移动、河岸冲淤、卫生防护、冰冻及水质等。当发现有不正常的情况发生时，应及时采取措施。

取水头部和进水口的格栅应及时清洗，自流管和格网要定期冲洗，每年检查管道上的配件不能少于两次。

要定期检查岸井，护岸构筑物，水工构筑物的情况，当发现有猛烈冲刷时，应采取措施及时消除。

2. 管井的技术管理

对每个管井均应编制说明书，其内容包括井的设计计算书、井的结构情况，地质剖面图、钻井记录、评价、抽水试验及水质分析资料等。

对井及其装备的总检查一年进行两次（一次在洪水期以前，一次在冬季开始之前）。应有井的检查记录、工作记录和维修记录。至少每月进行一次井的细菌检验。

3. 水厂的技术管理

水厂的技术管理，对于保证水质水量、安全供水、降低消耗、提高设备利用率等都有十分重要的作用。水厂的技术管理一般由主管副厂长负责。化验室主任对水的净化质量负直接责任。

水厂的具体工作都由值班人员进行，他们的职责是监视净水工艺流程，及时调制和正确投配药剂；正确操作和管理各净水构筑物使之正常运行；定期采样测定各部位的水质，做好构筑物的运行记录。通常每年应对各构筑物进行一次清洗、消毒工作。测量仪表、水表也应每年校验修理一次。寒冷地区应对净水构筑物、投药设备等切实做好冬季防冻工作。

4. 清水池和水塔的技术管理

清水池视水质情况至少每两年清洗一次，重新装水前应对水池进行消毒工作，杀灭残留的大肠菌。

水塔中水箱及高地水池的沉渣（沉沙，淤泥等）至少每年清除一次，也应在清洗后用漂白粉或液氯消毒。

对水池和水塔的清洗工作均应做好记录。对高地水池的漏水情况要每年进行检查，并计算漏水量。

水池和水塔的一切出入口和人孔，平时都应关闭，进入水池的制度应规定在工作的细则中。

5. 调度工作

对于没有水池和加压泵站的多水源给水系统。为了使系统内各部分的工作得到协调，实现经济有效地供水，通常应设调度室对给水系统进行集中控制和调度。

调度室的主要任务是了解整个给水系统的工作情况，统筹安排各水厂和泵站的生产和运转。一旦系统内的净水构筑物、泵站或管网中的设备发生故障时，随时进行调度或采取其他补救措施。因此，在调度室中除了应有给水系统总平面图、水厂工艺流程示意图、城市管网布置图外，还须有遥控、遥测和遥信机构，以便对管网中有代表性的测压点进行水压遥测，对水池、水塔进行水位遥测，对各水厂的出水进行流量遥测；对泵站的电压、电流和运转情况进行遥信，在给水系统模拟屏上显示遥测、遥信的主要数据，并发出调度指示，对泵站和主要阀门进行遥控。

3.3.3 给水管网的技术管理

给水管网技术管理的目的，是保证管网经常处于良好的工作状况，维持正常的输水能力。保证安全供水，降低管网的漏损率，改善用户的用水条件。

给水管网的技术管理内容包括：

1. 建立管线图纸和记录卡片的技术档案；

2. 检漏和修漏；

3. 水管的清垢和防腐蚀；

4. 用户接管的安装、清洗和防冰冻；

5. 管网事故检修；

6. 维修阀门、消火栓、水表等附件。

管网养护所需的技术资料有：

1. 管线图。图上表明管线的直径、位置、埋深、阀门、消火栓的位置，用户接管的直径和位置等；

2. 管线穿越河流、铁路、公路等障碍物的构造详图；

3. 阀门和消火栓记录卡，包括安装年、月、日、地点、直径、型号，检修记录等；

4. 竣工记录和竣工图。

管线埋在地下，施工完毕覆土后难以看到，因此应在覆土前及时分段绘制竣工图，将施工中的修改部分在原设计图纸中订正。竣工图中应标明给水管线位置、管径、管材以及埋管深度、承插口方向、连接方式、配件形式和尺寸、阀门形式和位置、沟槽土质、地下水位、管道防腐、支墩砌筑、各管道间的立体交叉处理等。

竣工图上的管线和配件位置可用搭角线表示，注明管线上某一点或某一配件到附近房屋（用门牌或里弄号码表示）的距离，便于日后寻找和进行养护检修。

为了做好上述工作，必须熟悉管线的情况和各配件与附件的安装位置、性能等。还应对管网及其附属构筑物有计划地定期进行巡视。巡视时应注意各阀门井中的阀门和消火栓的位置是否有变动。法兰上的螺栓是否松动，发现问题应及时修理。平时还要准备好检修用的各种管材、阀门配件及修理工具等。

3.3.4 检漏与修复

防止管网漏水不但可降低给水成本，也等于新开辟水源。另一方面，漏水还可能使建筑物的基础失去稳定而造成建筑物的破坏。因此，检漏和防漏对于经济效益、社会效益、环境效益和供水安全都具有很大的意义。

引起漏水的原因很多，如：

① 由于土壤对管壁腐蚀或水管质量差、使用期长而破损；

② 管线接头不密实或基础不平整引起接头松动；

③ 因阀门关闭过快或失电停泵，引起水锤使管壁产生纵向裂纹，甚至爆裂；

④ 阀门腐蚀，磨损或污物嵌住无法关紧等；

⑤ 管线穿越障碍物的措施不当，或水管被运输机械等动荷载压坏，使水管产生横向裂纹或接头松动等等。

检漏的方法有直接观察、听漏、分区检漏等，可根据具体条件选用。

1. 直接观察法

直接观察法是从地面上观察漏水迹象。如路面或河岸边有清水渗出，排水窨井中有清水流出，局部路面沉陷，路面积雪局部溶化，晴天出现湿润的路面，旱季某些地方的树木花草特别茂盛，或离管线损坏处甚远的地方发现水流等。本法简单易行，但只能找出明漏，结果较粗略，通常在白天进行。

2. 听漏法

主要应用听漏器寻找隐蔽的漏水现象（即暗漏），是确定漏水部位的有效方法。听漏分接触听漏、钻洞打钎听漏和地面听漏三种方式。一般在深夜进行，以免受到车辆行驶和其他杂声的干扰。

听漏器是用听觉鉴别管道因漏水而产生的微小振动声的工具。有用电流的和不用电流两种，前者为单柄式或双柄式听漏棒，后者为专门的电子检漏仪，它们都有扩大和传递漏水声的功能。

图 3-56 为最简易的听漏工具（听漏棒）。它是一根空心木管 1（或外包木质护理的铜管）一端接一个与耳机相似的，内有铜片的空心木盒 2，另一端的空孔中塞以少许白腊，以免堵塞。检漏时，用耳紧贴空心木盒，将木管另一端放在欲检查的地面、阀门或消火栓上。如果管道有漏水现象，漏水

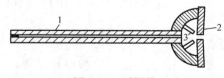

图 3-56 听漏棒

1—空心水管；2—空心木盒；3—铜片

的声音在木管中发生共鸣，传至空心木盒内的铜片，就发出类似铜壶烧水将要沸腾的声音。发现这种可疑的声音后，再到附似雨水窨井查看有无清水流出及流出的方向，从而确定漏水地点。

这种听漏器在无风和其他杂音的情况下，可检查出埋深 1～1.5m 的管线在 1～2m 范围内的漏水地点。听漏效果取决于听漏者的经验和对地下管线的熟悉情况。听漏时尽可能沿管线进行。听漏点的距离，根据水管使用年限和漏水的可能性凭经验选定。

电子检漏仪是比较现代化的检漏工具，它由拾音器、放大滤波和显示器三部分组成。拾音器通过晶体探头将管道漏水时发出的低频振动转化为电信号，经放大器放大后由耳机听到或在仪表上显示出来。

电子检漏仪的灵敏度很高，所有杂声均可放大听到，故在放大器中有滤波装置，以减少杂音干扰，放大真正的漏水声。

3. 分区检漏法

这种方法是把整个给水管网分成若干小区域，将被检查区与其他区相通的阀门和该区内连接用户的阀门全部关闭，暂停用水。在某一起控制作用的阀门前后跨接一直径为 10～20mm 与水管平行的旁通管，在旁通管，装有水表。然后打开阀门，让该区进水。若该区管线不漏水，水表指针应不转动。若漏水，将引起旁通管内水流动而使水表指针转动。这时可从水表上读出漏水量，见图 3-57。

照此法可将检漏区再分小区检查，逐步缩小范围，并结合听漏法即可找出漏水地点。并在漏水点做好标记，以便及时检修。

分区检漏法要在可短期停水和不影响消防的情况下才能进行。

通过各种检漏方法查出漏水地点后，应立即堵漏修复，以保证管线正常工作。

图 3-58 表示管壁腐蚀成小孔状时，可用马鞍式短管与水管之间垫橡皮块夹紧的方法堵漏。如腐蚀的孔眼不大于 10～15mm，可用如图 3-59 所示的方法，先将孔眼钻大，攻上内螺纹，以短螺栓蘸铅丹油旋紧堵之。如局部管壁腐蚀成许多小孔时，可如图 3-60 所示的方法，用钢板焊接堵漏。

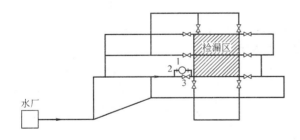

图 3-57 分区检漏
1—水表；2—旁通管；3—阀门

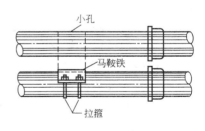

图 3-58 马鞍式短管堵漏

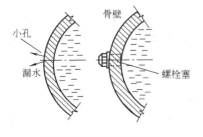

图 3-59 短螺栓堵漏

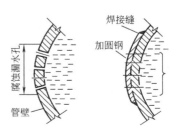

图 3-60 钢板焊接堵漏

因水锤或路面动荷载使管壁产生较大的纵向或横向裂纹，或接头松动造成漏水时，为保证管网的正常工作，应予以换管或加固接头。

对铸铁管管壁的小裂纹，用 1kg 左右铁锤敲击不致扩大时，亦可用夹具式套管夹住，中间垫橡皮块以保证密实不漏水，如图 3-61。为了防止裂纹扩大，可在未夹套管前先在裂纹的两端钻 1～2mm 的小孔。

如管壁有很大的裂纹，应换新管，或将旧管中损坏部分截掉，用活动式套管连接新管与旧管，如图 3-62 所示。

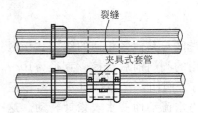

图 3-61　夹具式套管堵漏

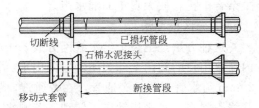

图 3-62　活动式套管连接新管与旧管

若铸铁管的承插口破坏时，可采用特殊的夹具式套管，如图 3-63 所示，或将被损坏的带有承口的铸铁管段截掉，代之以新管，并用移动式套管连接，如图 3-64 所示。

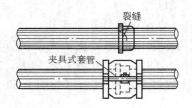

图 3-63　特殊夹具式套管堵漏

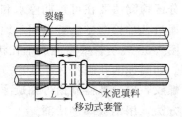

图 3-64　移动式套管连接堵漏

以石棉水泥为填料的承插接头漏水时，应将旧的石棉水泥完全掏除，再以新的填料填塞密实，若短时间内必须及时供水，则可采用青铅接口。

管配件中的弯头常因水锤作用而引起接头松脱，这时除了需将接头重新填好外，还应修建支墩以防水锤的破坏。

对法兰连接的管件，当螺栓和橡皮垫等因腐蚀发生接头漏水时，应用新的螺栓和橡皮垫更换。

3.3.5　管网水压和流量测定

测定管网的压力和流量，以便了解供水情况和提出改进措施，也是管网技术管理的一项主要内容。

测定管网的水压，应挑选有代表性的测压点进行，一般可每季度测一次，但在夏季供水高峰期间，测定次数应多一些。测压时，将压力表安装在指定地点的消火栓或给水龙头上，定时记录水压，使用自动记录压力仪更好，可以得出 24h 的水压变化曲线。

测定水压，有利于了解输配水系统的工作情况和薄弱环节。测压工作结束后，应根据测定的水压资料，按 0.5～1.0m 的水压差，在管网平面布置图上绘出等水压线，由此看出各管段的负荷。水压线过密的地区，表示负荷过大，该段的管径偏小。如水压线过疏说明管径偏大，负荷不足。整个管网的水压线最好是均匀分布。如图 3-65 为某城市局部地区管网的等水压线图，可以看出个别管段的等水压线比较密集，说明管径过小，可作为今后放大管径或增加敷设管线的依据。

由等水压线标高减去各点的地面标高，即可绘出等自由水压线图，据此可了解管网内的低水压区分布。

测流量工作可根据需要进行，测定时将毕托管（如图 3-66）插入待测定的水管内。

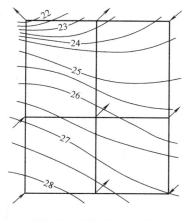

图 3-65　管网等水压线

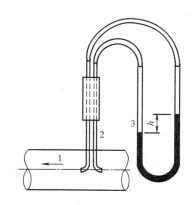

图 3-66　用毕托管测定流量
1—管线；2—毕托管；3—U 形压差计

它的两个管嘴，一个对着水流，另一个背着水流，由此产生的压差可在 U 形压差计中读出。

水管断面内任一点的流速 v 按下式计算：

$$v=k\sqrt{r-1}\cdot\sqrt{2gh}(\text{m/s}) \tag{3-39}$$

式中　　h——压差计读数，m；

　　　　r——压差计中的液体密度，通常用四氯化碳配成密度为 1.224 的溶液；

　　　　k——毕托管系数；

　　　　g——重力加速度，m/s²。

设 k 值为 0.866，代入式（3-39）得：

$$v=0.866\sqrt{1.224-1}\times\sqrt{2\times9.8}\sqrt{h}=1.81\sqrt{h}$$

实测时，在直径上取等距离的十个测点（包括圆心共十一个测点），测定出各点流速，据此求出平均流速 v_a，然后乘以水管断面面积即得流量，精确度已可满足生产上的要求。

【例题 3-4】　直径 700mm 输水管的测定结果 $\sum h=2.904$，测点的位置位于直径上，计算该管道的流量。

【解】

$$v_a=\frac{1.81\sum\sqrt{h}}{n}=\frac{1.81\times2.904}{11}=0.447\text{m/s}$$

流量等于：

$$Q=\frac{\pi}{4}D^2v_a=0.785\times0.7^2\times0.447=0.183\text{L/s}$$

3.3.6 给水管道防腐蚀措施

金属管道与水或潮湿：土壤接触后，会发生化学作用或电化学作用，因而遭到损坏的现象，称为腐蚀。按照腐蚀机理，可分为没有电流产生的化学腐蚀和形成原电池而产生的电化学腐蚀，主要都是电化学腐蚀。

影响电化学腐蚀的因素很多，例如：钢管和铁管氧化时，管壁表面生成氧化膜，腐蚀速度因膜的作用而越来越慢，有时甚至可保护金属不再进一步腐蚀，但是氧化膜必须完全盖没管壁，没有透水的微孔，并且附着牢固，才能起保护作用。水中溶解氧可引起金属的化学腐蚀。一般情况下，水中含氧越多，腐蚀越严重。水的 pH 值明显影响金属管的腐蚀速度，pH 值越低，则水的酸度越大，腐蚀越严重。因此，金属管道不宜输送酸性水或酸性溶液。pH 值高时，金属表面形成保护膜，腐蚀速度减慢。水的含盐量对腐蚀也有影响，水中有 CO_3^{2-} 时（这时 pH 值高），能生成碳酸铁保护膜而抑制腐蚀；而水中有 Cl^- 时会破坏金属表面的保护膜，加快腐蚀速度。流速也影响腐蚀速度，流速越大，腐蚀越快（即摩擦腐蚀）。

防止金属管腐蚀的方法有：

1. 采用非金属管材，如预应力或自应力钢筋混凝土管、石棉水泥管、塑料管等。

2. 用非金属材料涂裹防腐。如油漆、水泥砂浆、沥青等涂在金属管表面上，可避免金属管道与空气、水、土壤以及其他腐蚀性介质接触而产生腐蚀，这种方法称为涂裹防腐。例如明设钢管可将管道表面除锈后，先刷 1～2 遍红丹漆，干后再刷两遍热沥青或防锈漆；而埋地钢管可根据周围土壤的腐蚀性，选用适宜厚度的防腐层，如，石油沥青涂料外防腐层耐击穿电压有 18kV、22kV 和 26kV，环氧煤沥青涂料外防腐层耐击穿电压有 2kV、3kV 和 5kV 等）。

3. 阴极保护。这是电化学防腐蚀方法之一。阴极保护法可保护水管的外壁免受土壤电化学侵蚀。根据腐蚀电池的原理。两个电极中只有阳极金属发生腐蚀，所以阴极保护的原理就是使金属管成为阴极，以防止管道腐蚀。

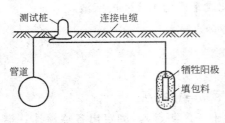

图 3-67 牺牲阳极示意

阴极保护有两种方法。一种是使用比铁的电极电位低的材料（如铝、镁、锌、高硅铁等）作为阳极材料，隔一定距离用导线联接到管线（阴极），利用两种金属之间的电极电位差在土壤中形成电路，结果是阳极材料受到腐蚀，而管道得到保护。如图 3-67。这种方法常在缺少电源、土壤电阻率低和水管保护涂层良好的情况下使用。共优点是施工简易，设备费较低，缺点是阳极必须定期更换。另一种是通入直流电的阴极保护法，称为外加电流阴极保护法，如图 3-68。埋在管线附近的废铁和直流电源的阳极连接，电源的阴极接到管线上使电流从废铁流向被保护的金属管，从而防止电化学腐蚀。在土壤电阻率高（约为 2500Ω·cm）或金属管外露时使用较适宜。但在城市市区给水管道上一般不宜采用。

应该指出，阴极保护措施并不完全可靠，因此，不能忽视管壁保护涂层的作用。

3.3.7 刮管涂衬

由于所输送水的水质、水管材料、水流的流速等因素的影响，水管内壁会逐渐腐蚀而

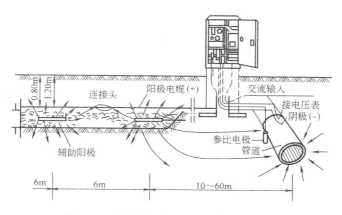

图 3-68 管道的强制电流阴极保护系统

增加阻力,使水头损失逐步增大,输水能力随之下降。经验表明涂沥青的铸铁管,有的经10～20 年使用之后,粗糙系数 n 值可增长到 0.016～0.018 左右;未涂沥青的铸铁管,使用 1～2 年后可达 0.025;而内壁涂衬水泥砂浆的铸铁管,经长期使用,粗糙系数基本上不变。因此为了防止管壁腐蚀产生积垢而降低管网的输水能力,除了新敷管线内壁事先采用水泥砂浆涂衬外,对已敷设的管线也应有计划地进行刮管涂料,即刮除管内积垢,并在内壁涂保护层,以便恢复输水能力,同时也提高了供水的水质。

管道积垢的原因很多,例如:金属管内壁破水侵蚀,水中的碳酸钙沉淀、水中的悬浮物沉淀、水中的铁、氯化物和硫酸盐的含量过高,以及铁细菌、藻类等微生物的滋长繁殖等。水质越差,管道越容易腐蚀和结垢,因此要从根本上解决问题,改善水质是很重要的。

清除金属管内积垢的方法很多,可用水冲洗、机械清洗和化学清洗三种,应根据积垢的性质来选择。

对松软的积垢,可用提高流速的方法进行冲洗。每次冲洗的管线长度为 100～200m。冲洗的流速比平时流速提高 3～5 倍,但压力不应高于允许值。冲洗工作应经常进行,以免积垢变硬后难以用水冲去。如用压缩空气和水同时冲洗,可形成气水流,使管内紊流加剧,清洗效果更好。为了有利于清除管内结垢,还要常在需要冲洗的管段内放入橡皮球、塑料球、木球等,它们可以使管道断面减小而形成较大的局部流速,增大冲洗力量。用水力清洗管道时,起初排出的水浑浊度和色度均高,以后逐渐下降,管垢随水流排出。冲洗工作直到出水完全澄清为止,一般需两小时左右。用水或气-水冲洗法的优点是:

1. 清洗简便,水管中无需放入特殊的工具;

2. 费用比机械清洗法和化学清洗法低;

3. 工作进度较其他方法快;

4. 不会破坏水管内壁的涂层。

用这种方法清垢所需的时间不长,管内的绝缘层又不会破损,所以也常用来清洗新敷设的管道,可减少冲洗用水量和冲洗所用的时间。

坚硬的积垢(通常是碳酸盐沉淀或侵蚀作用形成的坚硬沉淀物)须用机械清洗法清除,即采用机械刮管的方法。刮管器有多种形式,利用钢担绳等使其在积垢的水管内来回拖动刮除积垢。图 3-69 所示的刮管器是用钢丝绳连到绞车往返移动，适用于刮除小口径给水管内的积垢，它由切削环、刮管环和钢丝刷组成。使用时，先由切削环在水管内壁积垢上刻划深痕，然后刮管环把管垢刮下，最后用钢丝刷刷净，安装方式如图 3-70 所示。

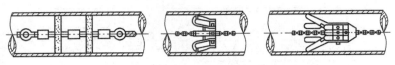

图 3-69　刮管器

这种刮管方法的优点是工作条件较好，刮管速度快。缺点是刮管器和管壁的摩擦力很大，来回拖动相当费力，不易将积垢刮净。

旋转法刮管如图 3-71 所示，安装情况和刮管器相类似，但钢丝绳拖的是装有旋转刀具的封闭电动机。刀具可用和螺旋桨相似的刀片，也可用装在旋转盘上的链锤，刮垢效果较好。旋转法刮管适用于大直径水管。

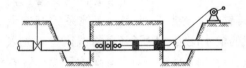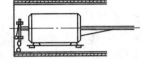

图 3-70　刮管器安装　　　　　　　　　图 3-71　旋转法刮管器

上世纪 70 年代初期，应用软质材料制成的软质清管器得到发展，它的外形如炮弹，由水力驱动，大小管均可适用。其优点是成本低，清管效果好，施工方便且可延缓结垢期限，清管后不衬涂也能保持管壁表面的良好状态。清管器用聚氨脂泡沫制成，其外表面有高强度的螺旋纹，可清除管内沉积物和泥砂，以及附着在管上的铁细菌、铁锰氧化物等，对管壁的硬垢，如钙垢、二氧化硅垢也能清除。清管时，通过消火栓或切开管线，将清管器塞入管道内，利用水压力在管内以 2～3km/h 的速度移动，一部分水从清管器和管壁之间的缝隙流出将管垢和管内沉淀物冲走。软质清管器可任意通过弯管和阀门。

碳酸盐和铁锈等积垢也可用酸洗法去除，称为化学清洗法，该法是将一定浓度（10%～20%）的盐酸或硫酸溶液放进水管内，浸泡 14～18h，使积垢溶解，然后放掉，再用高压水流冲洗，直到出水不含溶解的沉淀物和酸为止。由于酸溶液除能溶解积垢外，也会侵蚀管壁，所以加酸时应同时加入抑制剂，这不影响酸对积垢的作用，却可以消除或减慢酸对金属的作用。这种方法的优点是不需要任何特殊设备，缺点是大管道需酸量很大，酸洗后，水管内壁光洁，若不涂衬保护涂料，当水质有侵蚀性时，锈蚀可能更快。

管壁积垢清除后，应在管内衬涂保护涂料，以保护输水能力和延长水管寿命。涂料应不溶解于水，不得使供水产生嗅味，对人无毒副作用。一般在水管内壁涂衬水泥砂浆或聚合物改性水泥砂浆。前者涂层厚度为 3～5mm，后者约为 1.5～2.0mm。水泥砂浆用 50 级硅酸盐水泥或矿碴水泥和石英砂，按配合比为水泥：砂：水＝1：1：0.37～0.4 的比例拌合而成。聚合物改性水泥砂浆由 50 级硅酸盐水泥、聚醋酸乙烯乳剂、水溶性有机硅、石英砂等为原料，按一定比例配合成，水灰比按施工时的气候、材料和施工条件而定，约为 32%～38%。衬涂砂浆的方法有多种，在敷设管前预先衬涂可用离心法，即用特制的离心装置使涂料均匀地涂在水管内壁上。也有用压缩空气的衬涂设备，如图 3-72。利用压缩空气推动涂管器如图 3-73，涂管器由胶皮制成，由于胶皮柔性，可将涂料均匀涂抹到管壁上。涂料时的起动空气压力为 0.6～0.65MPa，正常运转时压缩空气的压力为 0.3～0.5MPa，涂管器的移动速度为 1.0～2m/s。不同方向反复涂两次。

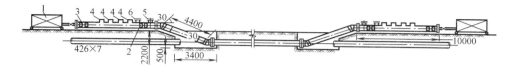

图 3-72　压缩空气衬涂设备

1—空气压缩机；2—前涂管器；3—后涂管器；4—装料口；5—挡棍；6—放空阀

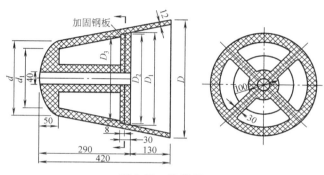

图 3-73　涂管器

在直径 500mm 以上的水管中，可用特制的喷浆机（如活塞式喷浆机、螺旋式抹光喷浆机）喷涂水管内壁。喷涂速度为 1.0～1.5m/min。根据喷浆机的大小，一次喷浆距离约为 20～50m。图 3-74 为喷浆机工作时的情况。

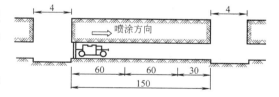

图 3-74　喷浆机工作示意图

（单位：m）

用刮管涂料方法恢复输水能力的效果很明显，所需费用仅为新埋管线的 $\frac{1}{10}$～$\frac{1}{112}$，还有利于保护管网的水质。但对旧管线进行刮管涂料时，水管停止使用时间较长，影响供水，所以在使用上受到一定限制。

3.3.8　维持管网水质

维持管网水质也是管理工作的重要任务之一。有些地区管网中不时出现黄水、黑水和浑水，其原因除了出厂水水质不合格外，还由于水管中的积垢在水流冲击下脱落、长期不用的部分管段中水流停滞、边远地区管网中的余氯不足而使细菌繁殖、铁细菌和锰细菌在管道中大量孳生等。

为保持管网的正常水量和水质，可采取以下措施：

1. 通过给水栓、消火栓和泄水管，定期放去管网中的部分"死水"，并借此冲洗水管。

2. 长期未用的管线或管线尽端，在恢复使用时必须冲洗干净；

3. 管线末端余氯不足时，应进行中途加氯；

4. 定期清管、刮管和衬涂水管内壁，防止因管壁腐蚀和积垢而影响水质。

5. 无论在新敷管线竣工后，或旧管线检修后均应冲洗消毒。消毒之前先用高速水流冲洗水管，然后用 20～30mg/L，的漂白粉溶液浸泡一昼夜以上，再用清水冲洗，连续测定出水浊度和细菌，直到合格为止。

思考题与习题

3-1　给水工程的目的和任务是什么？

3-2　城市用水分哪几种？各有哪些要求？

3-3　城市给水系统由哪几部组成？各部分在给水系统中的起什么作用？

3-4　给水系统分哪几种布置形式？各有什么特点？

3-5　一级泵站与二级泵站、二级泵站与管网，其相互间存在怎样的流量关系？

3-6　大城市一般为何不修建水塔？

3-7　绘出无水塔管网最高用水时及消防时的水压线图，并写水泵扬程计算式。

3-8　写出给水管网的布置原则。

3-9　何为长度比流量、沿线流量、节点流量？

3-10　管网中各管段的设计流量是如何确定的？

3-11　用经济流速选择管段管径有何意义？

3-12　给水工程常用哪些管材？

3-13　给水管网中设泄水阀和排气阀有什么作用？

3-14　管道过河有哪些措施？

3-15　试绘制某一给水管线的平面图和纵断面图。

3-16　给水阀门井有哪几种类型？如何选用？

3-17　给水管线什么条件下应设支墩？如何选用？

3-18　写出压力流管道水压试验装置及试验方法。

3-19　简述管道的检漏和修复方法。

3-20　管道结垢的原因有哪些？

3-21　试述管道刮管的方法。

3-22　管道有哪些防腐蚀措施？

第四章　排水管道系统

4.1　排水工程系统概述

在人们的日常生活和生产活动中，经常要使用水。在使用水的过程中，除部分被消耗掉外，其中使大部分水原有的物理性质被改变，且掺杂了其他物质，改变原有的化学成分，使水受到不同程度的污染，称为污水或废水。这些大量的污（废）水，若任意排入天然水体（江、河、湖、海），则会使天然水体受到不同程度的污染，使之失去应有的使用价值，造成公害，给自然环境带来长期的危害。所以必须对这些污（废）水进行适当处置。此外，城市市区内降水（雨水和冰雪融化水），径流流量也较大，必须及时排除，否则：①影响城市交通；②会给人们的生命财产安全造成威胁；③降雨初期的雨水挟带大量地面和屋面上的各种污染物质，若不及时处理后排放，则会给水体带来周期性污染。

在现代化城镇中用来收集、输送、处理、利用或排除污（废）水的一整套工程设施称为排水工程。

城市排水可分为三类，即生活污水、工业废水和降水径流。

4.1.1　污水的分类与性质

1. 生活污水

生活污水是指人们在日常生活中排出的废水。其主要来自住宅、机关、学校、宾馆、饭店、食堂、医院、商店、公共场所以及工业企业的厨房、浴室、厕所、洗衣房等处排出的水。生活污水的来源很广泛，其这类污水的特点是含有较多的有机杂质（如：蛋白质、脂肪、碳水化合物、氨、氮及尿素等），往往同时携带有大量的微生物及病原体（如：肠道传染病菌、寄生虫卵），这些有机物在微生物的作用下，非常容易发生腐化，有机物的腐化过程中还可产生大量有毒、有害以及有臭味的气体，使水体严重缺氧发黑变臭。污水中的细菌和病原体等微生物，则以污水中的有机物为营养物质，迅速、大量的繁殖，有可能导致传染病的流行和蔓延，危害甚大。所以为保护环境防止水体污染，对生活污水应进行适当的处理，达到排放标准后方可再排放入水体中。

2. 工业废水

工业废水是指工业企业生产过程中所产生的废水。根据它的被污染程度不同，可分为生产废水和生产污水两种。

（1）生产废水：是指生产过程中，未受到污染或受到轻微污染以及水温稍有升高的一类工业废水，这些废水经简单处理或不处理就可直接排入城市排水管网或自然水体。如冶金、建材等企业所排出的工业废水主要以无机物为主，经简单的处理即可排放，再如，发电厂的冷却水经降温处理即可排放。

（2）生产污水：被污染的工业废水。还包括水温过高，排放后造成热污染的工业废水。生产污水为需经处理后方可排放的废水。其污染物质，有的主要是无机物，如发电厂的水力冲灰水，有的主要是有机物，如食品加工、制革、肉联厂等企业的废水；有的含有机物、无机物、并含有有毒物质，如石油、化工、农药、电镀、仪表等企业的废水。生产污水性质通常随企业类型及生产工艺过程不同而异。

3. 降水

降水指地面上径流的雨水和冰雪融化水。降水径流的水质与流经表面情况有关。一般是较清洁的，但初期雨水径流却比较脏。雨水径流排除的特点是：时间集中、量大，以暴雨径流对人们的生命财产安全危害最大，同时对城市的交通影响甚大。所以应及时排入水体，减小对城镇及企业安全的影响。

在排水工程中，所谓的城市污水是指排入城市排水管道的生活污水和生产污水的统称。在合流制排水系统中还包括生产废水及雨水。由于生活污水和工业废水的比例不同，而且各种工业废水的成分又很复杂，所以，城市污水的水质也是差异较大，并且不稳定。因此，对城市污水应及时妥善地处置。如解决不当，将会妨碍环境卫生、污染水体，影响工农业生产及人民生活，并对人们身体健康带来严重危害。

4.1.2　城市排水系统的体制及其选择

在一个地区内对生活污水、工业废水和降水径流所采取的收集和输送方式，称为排水体制，也称排水制度。按汇集方式可分为分流制和合流制两种基本类型。

1. 分流制排水系统

当生活污水、工业废水、降水径流用两个或两个以上的排水管渠系统来收集和输送时，称为分流制排水系统。其中汇集生活污水和工业生产污水的系统称为污水排除系统；汇集和排泄降水径流和不需要处理的工业生产废水的系统称为雨水排除系统；只排除工业废水的系统称工业废水排除系统。

分流制排水系统中，由于天然降水的排除方式不同，又有完全分流制，不完全分流制与半分流制之分。

（1）完全分流制排水系统

完全分流制排水系统是指在某一排水区域内，采用两个或两个以上各自独立的排水管网系统（即污水管网系统和雨水管网系统）分别收集，输送和排除生活污水、工业废水和天然降水的排水方式，如图 4-1 所示。

（2）不完全分流制排水系统

如果在某一排水区域内，只设置污水管网系统，而暂不设置雨水管网系统，天然降水的收集，输送和排除，则是雨水沿着地面、道路边沟和明渠排泄入天然水体，这种分流制为不完全分流制。这种情况只有在地形条件有利时采用，对于新建城市或地区，在建设初期由于受经济的制约，往往可以考虑采用这种雨水排除方式，待今后工程的不断完善，按照城市排水工程规划，再增设雨水管网系统，有利于工程的分期建设和资金的合理利用。

（3）半分流制排水系统

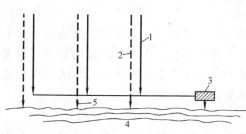

图 4-1　完全分流制排水系统示意图
1—污水管网系统；2—雨水管网系统；3—污水
处理厂；4—天然水体；5—出水口

半分流制排水系统与完全分流制排水系统同样都设有污水管网系统和雨水管网系统。所不同的是，半分流制排水系统的雨水管网不是将天然降水直接向自然水体排放，而是通过设在雨水管网与污水管网交汇点处的溢流井，将污染较严重的部分降雨初期的雨水截流，流入污水管网系统中与城市污水混合，经污水处理厂的处理后，再向自然水体排放。随着降雨进行雨水流量增大，其绝大部分雨水则通过溢流井直接向自然水体排放，如图4-2所示。

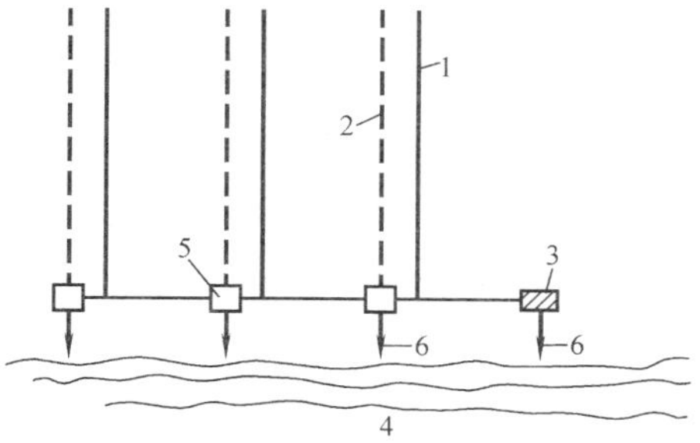

图4-2 半分流制排水系统示意图

1—污水管网系统；2—雨水管网系统；3—污水处理厂；4—天然水体；5—溢流井；6—出水口

2. 合流制排水系统

将生活污水、工业废水和降水径流采用同一个管渠系统收集、输送的排水方式称为合流制排水系统。根据污水、废水、降水径流汇集后的处置方式不同，可分为直泄式合流制、截流式合流制和全处理合流制，下面主要介绍直泄式合流制和截流式合流制二种情况：

（1）直泄式合流制

管渠系统的布置通常就近坡向水体，分若干排出口，混合的生活污水、工业废水和降水未经处理直接泄入水体。我国许多城市旧城区的排水方式大多是这种系统。这是因为在以往工业尚不发达，城市人口不多，生活污水和工业废水量不大，直接泄入水体，对环境卫生及水体污染问题还不很严重。但是，随着现代工业与城市的发展，污水量不断增加，水质日趋复杂，所造成的污染危害很大。因此，这种直泄式合流制排水系统目前一般不宜采用。

（2）截流式合流制

如图4-3所示，这种体制是指在街道管渠中合流的生活污水、工业废水和降水，一起排向沿河的截流干管。晴天时污水全部输送至污水处理厂；雨天时，降雨初期的雨水、生活污水、工业废水一起通过溢流井流入截流干管，输送至污水处理厂处理后排放，随着降雨历时的增加雨量增大，其雨水、生活污水和工业废水的混合水量超过一定的流量时，其超出部分通过溢流井泄入水体。这种体制的特点是：降雨初期的雨水得到处理，

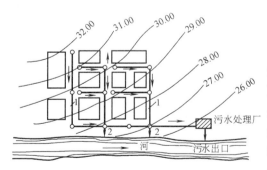

图4-3 截流式合流制排水系统示意图

1—合流管渠；2—溢流井

对水体的卫生防护具有有利的一面。但是，也会使水体产生周期性的污染，这是它不利的一面。目前这种排水体制主要应用于旧城的改造及部分新城区的建设。

3. 排水体制的选择

合理选择排水体制，是城市排水系统规划与设计中一个十分重要的问题。它不仅关系到整个排水工程系统的规划、设计、施工和管理，况且，也影响到城镇和工业企业的总体规划，以及能否满足对自然环境保护的要求，同时也影响到排水工程的总投资、初期投资

和经营费用，对城镇和工业企业的建设发展也有着深远的影响。在排水工程的规划、设计中常采用分流制和截流式合流制排水体制。从以下几个方面进行分析比较。

(1) 环境保护方面要求

截流式合流制排水系统同时汇集了部分雨水输送到污水厂处理，特别是较脏的初期雨水，带有较多的悬浮物，其污染程度有时接近于生活污水，这对保护水体是有利的。但另一方面，暴雨时通过溢流井将部分生活污水、工业废水泄入水体，会周期性地给天然水体带来一定程度的污染，是不利的。对于分流制排水系统，将城市污水全部送到污水厂进行处理，但降雨初期的雨水径流量未经处理直接排入水体是其不足之处。从环境卫生方面分析，究竟哪一种体制较为有利，要根据当地具体条件分析比较才能确定。

一般情况下，截流式合流制排水系统对保护环境卫生，防止水体污染而言不如分流制排水系统。由于分流制排水系统比较灵活，可以将完全分流制系统改造成为半分流制系统或者直接采用半分流制系统，以弥补完全分流制系统中初期降雨对水体构成的污染。所以分流制排水系统较易适应发展需要，能符合城市卫生要求，因此，目前得到广泛采用。

(2) 基建投资方面

合流制排水只需一套管渠系统，大大减少了管渠的总长度。据资料统计，一般合流制管渠的长度比分流制管渠的长度减少 30%～40%，而断面尺寸和分流制雨水管渠基本相同，因此合流制排水管渠造价一般要比分流制低 20%～40%。虽然合流制泵站和污水厂的造价通常比分流制高，但由于管渠造价在排水系统总造价中占 70%～80%，所以分流制的总造价一般比合流制高。从节省初期投资考虑，初期只建污水排除系统而缓建雨水排除系统，节省初期投资费用，同时施工期限短，发挥效益快，随着城市的发展，再逐步建造雨水管渠。分流制排水系统有利于分期建设。

(3) 维护管理方面

合流制排水管渠可利用雨天剧增的流量来冲刷管渠中的沉积物，管道维护管理较简单，可降低管渠的维护管理费用。但对于泵站与污水处理厂，由于设备容量大，晴天和雨天流入污水厂的水量、水质变化大，从而使泵站与污水厂的运行管理复杂，增加运行费用。分流制流入污水厂的水量、水质变化比合流制小，利于污水处理、利用和运行管理。

(4) 施工方面

合流制管线单一，减少与其他地下管线、构筑物的交叉，管渠施工较简单，对于人口稠密、街道狭窄、地下设施较多的市区更为突出。

总之，排水体制的选择，应根据城市总体规划、环境保护要求，当地自然条件、水体条件、城市污水量、污水水质、城市原有排水设施等情况综合考虑，通过技术经济比较确定。一般新建城市或地区的排水系统，较多采用分流制排水体制；旧城区排水系统改造，则可考虑采用截流式合流制排水体制。同一城市的不同地区，应根据具体情况，可采用不同的排水体制。

4.1.3　城市排水系统的组成

1. 城市生活污水排除系统的基本组成

城市污水排出系统通常是指以收集和排除生活污水为主的排水系统。

(1) 室内污水管道系统及卫生设备

在现代化房屋里，洗涤盆、固定式面盆、浴盆、便溺设备等统称为房屋卫生设备。这些设备不但是人们用水的器具，而且也是收集污水的容器，即生活污水收集设备，是生活污水排除系统的起端设备。通过室内污水管道排入室外污水管道系统中。

从图 4-4 可以看到，从卫生设备 1 排出的污水经过存水弯（水封）2 后顺次通过支管 3、立管 4、出流管 5 而流至庭院污水管 6 中，然后通过连接支管 7 将污水排入街道下面的管道 8 中。

（2）室外污水管道系统（图 4-5、图 4-6）

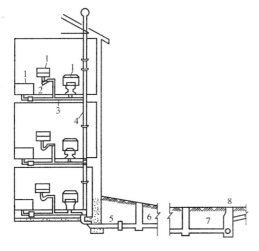

图 4-4　建筑内部的排水设备

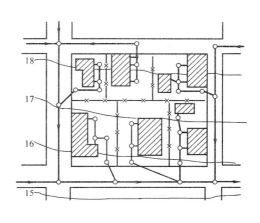

图 4-5　庭院或街坊排水管道平面布置示意

包括庭院（或街坊内）管道和街道下污水管道系统。街道下面的排水管道可分为支管、干管、主干管及排水管道系统上的附属构筑物。支管是承受庭院管道所排来的污水，通常管径不大，由支管汇集污水至干管，再由干管排入主干管，最终将污水输送至污水处理厂或排放地点进行排放。

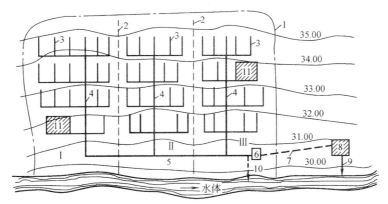

图 4-6　某市污水排除系统组成示意

1—区域示意；2—雨水管；3—污水支管；4—干管；5—主干管；6—污水泵站；
7—至污水处理厂；8—污水处理厂；9—处理水排入水体；10—直接排入水体

（3）污水提升泵站及压力管道

由于受到城市规模、地形或排水系统布置等的限制，管道系统中，往往需要把低处的污水进行提升，这就需要设置污水提升泵站。设在管道系统中途的泵站称中途泵站，设在管道系统终点的泵站称终点泵站。泵站后污水如需用压力输送时，应设置压力管道。

（4）污水处理厂（站）

由于污水中含有大量有害物质，为保护环境防治水体污染，将污水进行无害化处理，达到允许的排放标准，方可排放环境中或利用。需要按照工艺要求修建一系列处理污水的构筑物，这些设施的组合就称为污水处理厂（站）。

（5）出水口（渠）、事故出水口及灌溉渠

出水口是排水系统的终端设施，它是污水向水体或明渠排放的总出水口。在污水管道系统中，在某些易于发生故障的位置，往往设有辅助性出水口（渠），称为事故出水口。以便当某组成部分发生故障而污水不能流通时，将上游来的污水直接排入水体。事故出水口通常设在污水提升泵站之前。

2. 工业废水排除系统的组成

由于各工业废水的流量、水质及其成分差异较大，即使在同一个工业企业中，不同的生产车间所排出的工业废水的流量、水质及其成分差异也很大。有些生产车间所排出的工业废水可以循环使用，或者排入城市污水管网系统中，或者直接排入水体。而有些生产车间所排出的工业废水水质污染严重，必须进行适当的处理，使其水质达到一定要求后方可排入城市污水管网系统或直接排入水体。

工业企业污水排除系统的基本组成为：

（1）车间内部管道系统及附属设备

主要用于收集车间生产过程中所产生的废污水，并将其排出车间，输送至厂区排水管网系统。

（2）厂区排水管道系统

设在厂区内，用于收集、排放厂区内各车间的工业废污水，在一些大型工业企业中，由于各生产工艺过程不同，所排放的各种废水水质，成分也不相同。因此，在厂区内的排水又可分成若干的管网系统，如，生产污水管网系统、生产废水管网系统、循环水管网系统、生活污水管网系统、雨水管网系统等等。

（3）厂区排水泵站

某些大中型的工业企业，厂区占地面积大、地势平坦，往往需要设置厂区排水泵站；一般在工业废水的处理与回收设施前设提升泵站。

（4）工业污（废）水处理厂（站）

由于在一些工业污（废）水中含有有毒有害物质，排入天然水体会造成污染，而这些有毒有害物质又是非常有用的工业原材料，将这些有毒有害物质从污水中分离出来，既减小了污染又增加了经济效益。因此在一些工业企业中修建回收和处理工业废水与污泥的综合设施，即工业污（废）水处理厂（站）；根据需要某一企业可单独设污水处理厂（站），也可以几个企业联合修建工业污（废）水处理厂（站）。

（5）出水口及事故排放口

3. 雨水排水系统的基本组成

（1）房屋雨水排除设备

房屋雨水排除设备，是用于收集、输送来自住宅、厂房、公共建筑等屋面的雨雪水，并将其排除至地面的集水设施，一般包括：天沟、雨水斗、竖管及建筑物周围的雨水管沟等。如图 4-7 所示。

（2）室外雨水管道系统

包括街坊（或厂区）和街道雨水管渠系统，由庭院雨水管沟，雨水口，雨水支管、雨水干管等组成。

（3）雨水提升泵站及压力管道

在排水区域内，由于地势平坦或区域较大的城市及河流洪水位较高，雨水自流排放有困难的情况下，设置雨水泵站排水。

（4）出水口（渠）

通常情况下，雨水不再进行处理，就近分散排入水体。

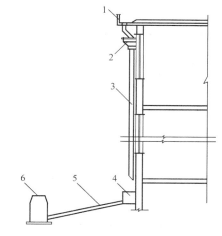

图 4-7　房屋雨水排除设施示意
1—檐沟；2—雨水斗；3—落水管；4—雨水口；
5—雨水口支管；6—检查井

就整个城市排水体系而言，不同的排水体制，其排水体系的构成不同，进而城市整个排水系统组合不同。

4.1.4　排水管网的平面布置形式

城市排水管网系统的平面布置，往往受到城市的总体规划（规模与布局）、竖向规划、道路规划、排水体制、地形、河流、工程地质、污水水质、污水处理厂及出水口的位置、地下管线和其他地下及地面障碍物的分布情况等众多因素的影响和制约。所以在确定排水系统的布置形式时，应根据当地的具体情况，综合考虑各方面影响因素，以技术可行、经济合理、维护管理方便为原则，灵活地进行排水管网的平面布置，根据总体规划及排水体制，城市不同部位可采用不同的布置形式。

下面简单介绍几种以地形为主要影响因素的布置形式，如图 4-8 所示。

1. 正交式布置

如图 4-8（a）所示，在地势向水体适当倾斜（地形坡度较缓）的地区，各排水流域的干管以最短的距离沿与地形等高线及水体基本垂直相交的方向布置，称为正交式布置。其特点是干管长度短、管径小、埋深也较小，因而造价低，排水迅速。如直泄式合流制常用这种布置形式来排除污水，其污水未经处理就直接排入水体，易造成水体污染。这种布置形式，还常用于排除雨水。

2. 平行式布置

如图 4-8（c）所示，在地势向水体倾斜且坡度较大的地区，可使排水流域的干管与地形等高线基本平行，而主干管与地形等高线成一定斜角敷设，排水管网的这种布置称平行式布置。避免因干管坡度太大而造成流速过大，冲刷管道影响管道使用寿命。

3. 截流式布置

如图 4-8（b）所示，在正交式布置的基础上，沿河岸再设置一条主干管，将各干管的污水拦截后送至污水处理厂，经处理后再排放水体，称截流式布置。这种布置形式可减轻水体污染，较正交式布置优越。常用于分流制污水排水系统，也可用于区域排水系统。

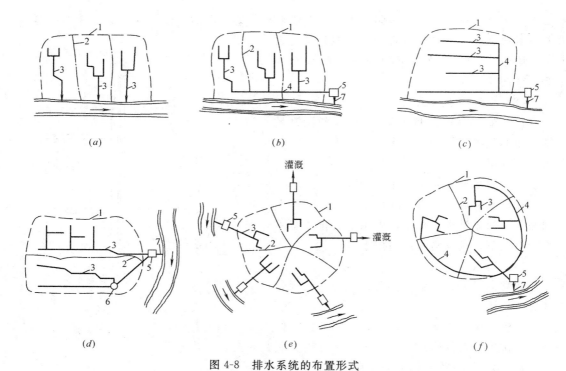

图 4-8　排水系统的布置形式

（a）正交式；（b）截流式；（c）平行式；（d）分区式；（e）分散式；（f）环绕式

1—城市边界；2—排水流域分界线；3—干管；4—主干管；5—污水厂；6—污水泵站；7—出水口

4．分区式布置

如图 4-8（d）所示，地势高差相差很大时，分别在高区和低区布置管道，高区污水可依靠重力流入污水厂，低区可用泵提升后，送入污水厂或送入高区管道；它适用于个别梯形地区或地形起伏很大的地区，优点是可充分利用地形排水，节省电力。

5．分散式布置

如图 4-8（e）所示，当城市周围有河流，或城市中央地势高、排水范围较大时，可采用此方式。各排水流域具有独立的排水系统。其优点是干管长度短，管径小，管道埋设浅，便于农田灌溉等，但污水厂和泵站数量有可能增多。在地形平坦且面积较大的区域，用此种布置方式可能是比较有利的。比如，我国上海市采用此种布置形式。

6．环绕式布置

如图 4-8（f）所示，在分散式基础上，沿四周布置成一条环形主干管，将各干管的污水截流至污水厂经处理后排放的形式，称环绕式布置。此种布置方式可减少污水厂及泵站的数目，降低工程造价和管理费用。

由于城市地形及各种情况都比较复杂，所以在一个城市的排水系统往往可采用几种布置形式或几种布置形式综合而成。

4.2　污水管道系统的设计

排水工程的设计对象是需要新建、扩建和改建排水工程的城镇、工业企业或工业区。

它的主要任务是设计输送、处理、排除和利用污水的一整套工程设施，即排水管渠系统及污水处理厂的规划与设计。

4.2.1 排水工程的设计原则与设计资料

1. 排水工程设计原则

排水工程的设计，应以已获批准的当地城镇、工业企业总体规划和排水工程总体规划为主要依据。设计时应从全局出发，根据规划的年限、工程规模、经济效益、环境效益和社会效益，正确处理排水工程与其他相关的各单项工程之间的关系。通过全面论证，做到保护环境、技术先进、经济合理、安全适用。排水工程的规划与设计应遵循以下原则：

（1）要符合城市总体规划方面的要求。排水工程是城镇建设的一部分，应符合城镇、工业区总体规划的原则和精神。如总体规划中的设计规模、设计期限、服务界限、城镇功能分区、建筑标准、楼层数等，是排水工程设计的依据。城镇和工业企业总体规划中的道路规划、人防工程规划、地下设施规划、竖向规划等单项工程规划对排水工程的规划和设计有直接影响，要互相协调，紧密配合，从全局观念出发，合理布局，使排水工程规划与设计满足城市整体建设的要求。

（2）要符合环境保护方面的要求。要认真贯彻执行"全面规划、合理布局、综合利用、化害为利、依靠群众、大家动手、保护环境、造福人民"的环境保护方针。在排水工程规划时，要注意对水体的保护，要全面安排，做到工业布局合理，避免将工业集中在局部地区和少数大城市。应使工业在地区内均衡分布，尽可能减少污染源。要在发展工业生产的同时，对污、废水不但要及时处理，消除对环境的污染，而且还应考虑对污水的综合利用，化害为利，变废为宝。

（3）排水工程规划要使污水处理与污水再生回用相结合。

（4）要处理好远近期的关系。应全面规划，按近期设计，考虑远期发展有扩建的可能，并应根据使用要求和技术经济的合理性等因素，对近期工程做出分期建设的安排，以发挥更大的经济效益和社会效益。排水管渠作为埋设于地下的管道，应作为永久性构筑物考虑，为了避免污水管道只使用很短的时间就超负荷运行而进行扩建，从而增加工程投资，因此排水管渠按远期水量设计。但是应根据城市规划和建设情况进行分期建设，逐步完善。对于污水处理厂则一般按近期污水量设计，考虑远期发展的可能，使近远期有机结合。

（5）力求城市排水系统完善，做到技术上先进，经济上合理，要在不断总结科研和生产实践经验的基础上，积极采用经过鉴定的、行之有效的新工艺、新技术、新材料、新设备。

（6）排水工程规划与设计中要考虑现状，适当改造原有排水工程设施，充分发挥原有排水设施作用和效能。从实际出发，使新规划设计与原有排水系统有机结合。

（7）要考虑尽可能降低工程总造价与经常性运行管理费用。

在排水工程规划与设计中，还必须认真执行国家环境保护法及有关部门制定的现行规范和标准。认真贯彻国家关于新建、改建、扩建工程，实行防治污染设施与主体工程同时设计、同时施工、同时投产的"三同时"方针，以保护环境，控制污染，促进生产的发展。

2. 排水工程设计资料

排水工程的设计，需要以多方面大量可靠资料为依据。通常需要以下几方面的资料：

（1）明确设计任务的资料

要通过城镇和工业企业现状图和总体规划图、排水工程总体规划图和说明书以及上级主管部门对城市排水工程建设的有关指示、文件，了解设计规模、设计年限、投资规模、设计人口、城市布局、公共设施、拟用的排水体制、污（废）水的水质、水量、排放标准、排出口位置及标高、水体位置、水体等级、航运及渔业、环保要求以及与排水工程设计有关的各方面资料。

（2）有关工程现状方面的资料

要了解城镇及工业企业的排水现状，现有的污、雨水管道及污水处理情况及工业企业现有的排水情况，绘制排水系统现状图（比例 1∶5000～1∶10000），调查分析现有排水设施存在的问题及排水系统薄弱环节。

（3）自然资料

1）地形测量图。需要设计地区和周围 20～30km 范围的地形图、总体布置图。初步设计阶段要求比例尺为 1∶10000～1∶25000，图上等高线间距为 1～2m；在技术设计和施工图设计阶段，需要设计地区的总平面图，其比例尺城镇为 1∶5000～1∶10000，厂区为 1∶500～1∶2000，图上等高线间距为 0.5～2.0m，泵站及污水处理厂需要比例为 1∶200～1∶500 的平面图；在排水管线与河流、铁路、公路等交叉地点，需要比例尺为 1∶100～1∶200 的平面图。

2）气象方面的资料。包括设计地区的气温、土壤冰冻深度、风向频率、当地降雨量记录及当地暴雨强度公式、湿度等。

3）水文资料。设计地区及附近水体的概况（位置、断面、流速、流量、水位、结冰厚度、水体氧化自净能力等）、水文记录、河流上、下游工业企业及居住区取水及排出污、废水情况、水体利用情况、水质分析及整治规划资料等。

4）工程地质资料。工程所在地点的地质资料，如土壤性质、土壤承载力、地下水位、地下水有无腐蚀性、地震等级，以及管渠沿线的地质柱状图。

（4）工程材料和施工技术能力方面的资料

要了解当地建筑材料、制品及机械设备、电力等情况以及施工技术水平和施工能力等方面的资料。

排水工程设计涉及的问题复杂，所需的资料广泛。有些资料可由建设单位和有关单位提供。但是，为了取得准确、可靠资料，设计人员必须深入实际，进行实地踏勘，对原始资料进行详细分析核实和必要的补充。

3. 工业废水的排除要求

随着工业的发展，在城市污水总量中，工业废水的比例不断增加，水质日趋复杂。如果工业废水直接排入城市排水管网，对城市污水水质会产生严重干扰，将影响城市生活污水的处理以及对管道系统运行和管理产生不利影响。因此，工业废水管道接入城镇排水系统时，其水质应不影响城镇排水管渠和污水处理厂的正常运行，不对养护管理人员造成危害，不影响处理后出水和污泥的排放和利用，在接入城镇排水管道前宜设置检测设施。

下列工业废水和其他污水不能直接排入城镇排水系统：

（1）水温高于 40℃；

（2）含有大量悬浮物，能使管道发生堵塞的污水；含有会腐蚀管道及构筑物的酸碱废水，pH 值小于 6 或大于 9；

（3）产生易燃、易爆和有毒气体；

（4）伤害养护人员；

（5）有害物质最高允许浓度，不符合现行的《污水综合排放标准》（GB 8978—88）的规定；

（6）含有大量病原体（如伤寒、痢疾、结核、肝炎等）；

（7）当城市污水采用生物处理时，与生活污水相似的工业废水的有机物浓度，可根据处理能力适当提高，但抑制生物处理的有害物质，应当符合《生物处理构筑物进水中有害物质允许浓度》中的规定。

当工业企业排出的工业废水或其他公共建筑排出的污水不能满足排入城市排水管渠的要求时，应在其内部设置污、废水局部处理设施，对污、废水进行预处理，符合排入城市排水系统的要求后，再排入城市排水系统。

当工业企业距城市较远时，符合排入城市排水管道的工业废水，是直接排入城市排水管道，还是单独设置排水系统，应根据经济技术比较确定。

在工业企业排水系统规划时，要从改革生产工艺和技术革新入手，尽量减少工业废水的排放量和减轻工业废水的污染程度，一般采取下列措施：

（1）采用循环利用系统和循序利用系统，减少污水排放量；

（2）按不同水质分别回收利用废水中的有用物质，减少水质污染程度，创造效益；

（3）利用本厂或厂际的废水、废渣、废气，以废治废，降低处理成本。

4.2.2 污水管渠系统的平面布置

在城镇和工业企业进行污水管渠系统规划设计时，首先要在总平面图上进行污水管道系统的平面布置。

污水管渠系统的平面布置一般有以下内容：

（1）确定排水区界；

（2）划分排水区域；

（3）根据排水体制、污水处理厂的位置和出水口的位置，进行污水主干管、干管、支管的定线；

（4）污水提升泵站位置的选择等。

1. 确定排水区界、划分排水流域

排水区界是指排水系统设置的边界，排水界限之内的面积，即为排水系统的服务面积，或称服务范围。它是根据城镇规划的建筑界限决定的。

在排水区界内，一般可根据城镇地形按分水线（分水岭）划分排水流域。在地形起伏及丘陵地区，流域的分界线与分水线基本一致。在地形平坦、无显著分水线的地区可按面积的大小划分几个排水流域，并使各流域的管道系统均能合理地分担排水面积。地形平坦而城镇面积较小的地区也可以不划分排水流域。每一个排水流域往往设一条或几条排水干管，应以干管和主干管在最大合理埋深情况下，使各个区或的污水能够以重力流排除，力求以不设或少设排水泵站为原则。

根据流域情况能够确定出污水流向及污水需要提升的地区。当流域内必须设置排水泵站时，一般在流域内以泵站为中心，形成一个独立的排水系统。泵站设置的具体位置应考虑环境卫生、地质、电力和施工条件等因素，并应征得卫生部门的同意，要尽可能减少泵站的规模。

2. 污水厂及出水口数目及位置

污水厂及出水口数目和位置直接影响主干管的数目和定向，应进行可行性研究。它涉及排水系统是分散布置还是集中布置的问题。所谓分散布置，就是每个排水区域的排水系统自成体系，单独设置污水厂和出水口。所谓集中布置就是各区域形成一个排水系统，所有各区域的污水汇集到一个污水厂进行处理后排放。一般来说，分散布置，主干管长度短，管道埋深可能较小，但需要设多个污水处理厂；采用集中布置，主干管长，管道埋深可能大，但只需建一个大型污水处理厂。采用分散布置还是集中布置，主要取决于：城市的规模、布局、地形，污水的水量及水质、污水的利用情况以及天然水体的自净能力。一般来说，在大城市由于面积大、地形复杂、布局分散，宜于分散布置，而需设几个污水厂和排出口。例如，我国一些城市采用分散式布置。对于布局集中的中小城市以及地形向一侧倾斜的城市，一般采用集中布置，只需建一个污水厂。通常情况下，应尽可能减少污水处理厂的数目，降低运行成本。

出水口应位于城市河流下游，特别应设在城市给水系统取水构筑物和河滨浴场下游，并保持一定距离（通常至少100m），并避免设于回水区，以防止污染城市水源。一般污水处理厂位置应尽可能与出水口靠近，以减少排放渠道长度。由于出水口要求位于河流下游，所以污水处理厂一般也位于河流下游，并应位于城市夏季最小频率风向的上风侧，与居住区或公共建筑物之间有一定的卫生防护距离。污水厂与出水口具体位置的确定，应取得当地卫生主管部门的同意。关于污水处理厂厂址的选择，请查阅有关资料。

3. 排水管道定线

在城市总平面图上进行污水管道的平面布置，称为管道定线。管道定线一般按主干管、干管、支管的顺序进行。

管道定线应遵循的基本原则是：应充分利用地形，在管线最短、埋深最小的情况下，使最大面积上的污水，以重力流方式输送至污水处理厂或水体。

管道定线涉及的因素很多，主要有设计地区的地形、水文地质条件、竖向规划、街道宽度、污水厂及出水口位置、城市布局等。

定线时要认真研究各方面因素，使拟定的管道线路能利用有利因素，避开不利因素。在一定条件下，设计地区地形是影响管道定线的主要因素。在管道定线时，要充分利用地形，使管道坡向与地形坡向一致。干管和主干管一般应敷设在排水区域内较低处，以便于支管的污水自流接入。

结合地形进行排水管道的平面布置，这部分内容前面已作了一些阐述。管网基本布置形式是污水管道定线的基础，在设计时应结合实际采用。

在进行技术设计时，还应进行排水支管的定线。污水支管用来汇集街区内建筑的污水，其布置形式主要取决于地形及街区建筑特征。支管的布置应利用地形使污水以自流为主，并便于用户管的接入。支管布置形式通常有低边式、围坊式和穿坊式。低边式即为污水支管布置在街坊地形较低的一侧，如图4-9（a）所示。这种布置管线较短，在设计中采用较多。围坊式即沿街坊四周布置污水管，如图4-9（b）所示。这种布置形式多用于地势平坦的大型街坊。穿坊式即污水支管穿坊而过，而不是设在街坊的四周，如图 4-9（c）所示。这种布置管线短，工程造价低，但管道维护管理不便，故一般较少采用。只有在街坊规划已经确定的前提下，才采用这种方式。

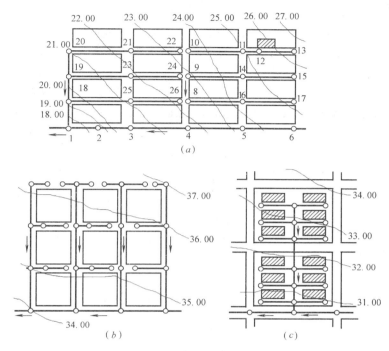

图 4-9　街坊污水支管的布置

（a）低边式；（b）围坊式；（c）穿坊式

影响污水管道定线的另外几个主要因素是设计地区的地质条件、地下水位、地下构筑物以及其他障碍等。污水管道（特别是干管和主干管）应尽量布置在地质较好、地下水位较低的地段，应避开土质不良地段，并尽量避免或减少与河道、铁路、山谷及各种地下构筑物的交叉，以降低施工费用。

污水干管一般沿城市道路布置，应尽量避免在路面狭窄，并且交通量大的道路下通过。尽量设在快车道以外。通常设置在污水量较大，地下管线较少一侧的人行道、绿化带或慢车道下。当道路宽度大于 40m 时，可以考虑在道路两侧各设一条污水干管，这样，可以减少过街管道，便于施工、检修和维护管理。

4.2.3　污水管道在街道上的位置

1. 污水管道在街道上的具体位置

污水管道一般与道路中心线平行，敷设在城市街道下。在城市和工厂的街道下，有各种地下设施，如给水管道、雨水管道、污水管道、煤气管道（高压、中压、低压）、热力管道、电讯电缆、电力电缆、路灯电缆、地下铁道、地下隧道等等。所以在确定污水管道在街道上的平面位置和垂直位置时，应与各种地下设施的位置联系起来，综合考虑。

排水管道与其他地下管道和建筑物、构筑物等相互间位置，应符合下列要求：

（1）保证在敷设和检修管道时互不影响；

（2）污水管道损坏时，不致影响附近建筑物及基础；

不致污染生活饮用水。由于污水管道是重力流，管道的埋设深度较其他种类的管道大，并且有很多连接支管，如果位置安排不当造成和其他管道交叉，就会增加排管上的困难，所以在管道综合时，通常是首先考虑污水管道在平面和垂直方向上的位置。

污水管道难免渗漏，对相邻的电缆、煤气和给水管都会产生不利的影响。因此污水管道与其他管道应有一定的距离。此外，为了避免污水管道渗漏对房屋基础产生不利的影响，也要求两者之间应有一定的距离。

排水管道与其他地下管道或地下构筑物的水平和垂直最小净距，应据两者的类型、高程、施工先后和管线损坏后的后果等因素，按当地城市或工业企业管道综合设计确定，也可按有关规定执行（见表4-1）。

排水管道与其他地下管道或构筑物净距　　　　　　表 4-1

名　称		水平净距(m)	垂直净距(m)
建筑物		见注 3	
给水管		见注 4	见注 4
排水管		1.5	1.5
煤气管	低压	1.0	0.15
	中压	1.5	
	高压	2.0	
	特高压	5.0	
热力管沟		1.5	0.15
电力电缆		1.0	0.5
通讯电缆		1.0	直埋 0.5 穿管 0.15
乔木		见注 5	
地上柱杆（中心）		1.5	
道路侧石边缘		1.5	
铁路		见注 6	轨底 1.2
电车路轨		2.0	1.0
架空管架基础		2.0	
油管		1.5	0.25
压缩空气管		1.5	0.15
氧气管		1.5	0.25
乙炔管		1.5	0.25
电车电缆			0.5
明渠渠底			0.5
涵洞基础底			0.15

注：1. 表列数字除注明者外，水平净距均指外壁净距，垂直净距系指下面管道的外顶与上面管道基础底间净距。

　　2. 采取充分措施（如结构措施）后，表列数字可以减小。

　　3. 与建筑物水平净距：管道埋深浅于建筑物基础时，一般不小于2.5m（压力管不小于5.0m）；管道埋深深于建筑物基础时，按计算确定，但不小于3.0m。

　　4. 与给水管水平净距：给水管管径小于或等于200mm时，不小于1.5m；给水管管径大于200mm时，不小于3.0m。

　　　与生活给水管道交叉时，污水管道、合流管道在生活给水管道下面的垂直净距不应小于0.4m。当不能避免在生活给水管道上面穿越时，必须予以加固，加固长度不应小于生活给水管道的外径加4.0m。

　　5. 与乔木中心距离不小于1.5m；如遇高大乔木时，则不小于2.0m。

　　6. 穿越铁路时应尽量垂直通过。沿单行铁路敷设时应距路堤坡脚或路堑坡顶不小于5.0m。

在城市地下管线较多，地面情况复杂的街道下，可以把地下管线集中设置在专用地下管廊内，雨水管线不宜设在管廊内。

图4-10为城市街道地下管线布置的实例和排水管道与其他地下管线（构筑物）的最小净距。

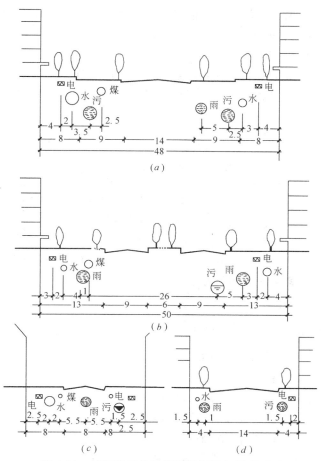

图 4-10　城市街道地下管线的布置与距离（m）

2. 污水管道埋设与衔接

（1）排水管道的埋设

管道的埋设深度是指从地面到管道内底的距离，简称为埋深。管道的覆土厚度是指从地面到管道外顶端的距离。如图4-11所示。污水管道的埋深对工程造价和施工影响较大。管道的埋深越大，施工越困难，造价越高。因此，在满足技术要求的前提下，管道的埋深越小越好。但是管道的覆土厚度有一个最小的限值，称为最小覆土厚度，其值主要取决于下列三个因素。

1）在寒冷地区，必须防止管内污水冰冻和因土壤冰冻膨胀而损坏管道。

由于生活污水的水温一般较高，并且污水中的有机物质在微

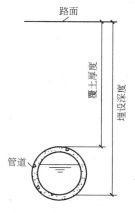

图 4-11　管道埋设深度

生物作用下还会释放出一定的热量。在寒冷地区，即使冬季，生活污水的水温一般也在10℃左右，污水管道内的流水和周围的土壤一般不会发生冰冻，所以无需将管道埋设在冰冻线以下。室外排水设计规范规定：无保温措施的生活污水管道或水温与生活污水接近的工业废水管道，管底可埋设在冰冻线以上0.15m。有保温措施或水温较高的管道，管底在冰冻线以上的距离可以加大，其数值应根据该地区或条件相似地区的经验确定。

2）必须防止管壁被交通车辆等造成的动荷载压坏。

为防止车辆等动负荷损坏管壁，管顶应有足够的覆土厚度。管道的最小覆土厚度与管道的强度、负荷大小及覆土密实度有关。室外排水设计规范规定：在车行道下，一般不宜小于0.7m。若采取适当的加固措施，在保证管道不受到外部荷载损坏时，最小覆土厚度的限值可适当减小。

3）必须满足管道与管道之间的衔接要求。

如图4-12所示，街道排水管渠要承接街坊或厂区排水管渠，而街坊排水管渠又要承接房屋或厂房（车间）排水管，住宅排水管的出户管，其最小埋设深度通常采用0.55～0.65m，因而污水管起端的埋深一般不宜小于0.6～0.7m。街道污水管起点埋深，可按下式计算：

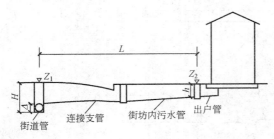

图4-12　街道污水管道最小埋深示意

$$H = h + i \cdot L + Z_1 - Z_2 + \Delta h \qquad (4-1)$$

式中　H——街道污水管起点的最小埋深，m；

　　　h——街坊污水支管起端的埋深，m；

　　　i——街坊污水支管和连接管的坡度；

　　　L——街坊污水支管和连接管的长度，m；

　　　Z_1——街道污水管检查井的地面标高，m；

　　　Z_2——街坊污水支管起端（或住宅排水出户管）检查井的地面标高，m；

　　　Δh——街道污水管底与接入的污水支管的管底高差，m。

对于一个具体管段，按上述决定最小埋设深度的三个条件可以得出不同的埋设深度限制数值，其三个条件中最大值即是该管段的最小埋设深度。

在排水区域内，对管道系统的埋设深度起控制作用的点称为控制点（即排水最困难点）。一般情况下，距排水管网出水口最远点或地形较为低洼区域的管道起点。每一条管道的起端，通常是这条管道的控制点。

控制点管道的埋深对排水管网下游排水管道的埋深有着直接的影响。所以在设计时往往采取一些必要的措施，以最大限度减小控制点管道的埋深以降低工程投资。在控制点处常采取的措施有：加强排水管材的强度，减少覆土厚度；填土提高地面高程；在寒冷冰冻地区采取管道保温措施；必要时设置污水提升泵站，以减少下游排水管道的埋深。除考虑排水管道的最小埋深外，也应考虑排水管道的最大埋深。管道的最大埋深取决于土壤性质、地下水位及施工方法等。在干燥土壤中一般不超过7～8m；在地下水位较高、流砂现象严重、挖掘土方困难的区域内一般不超过5m。当管道埋深超过最大埋深限值时，应考虑设置污水提升泵站，以减少下游管道的埋深。但是，是否设污水提升泵站，应根据工程的具体情况，进行技术经济比较后决定。

（2）排水管道的衔接

为了满足衔接与维护的要求，在污水管道中，要设置检查井。在检查井中，上下游管道的衔接必须满足两方面的要求：

1）要避免在上游管道中形成回水；

2）要尽量减少下游管道的埋设深度。

污水管道的衔接方法通常采用：管顶平接和水面平接，如图4-13所示。

管顶平接是指在检查井内上游管道终端管内顶高程与下游管道起端管内顶高程处于同一高程。管顶平接可减少或避免在上游管

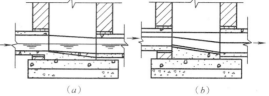

图4-13　污水管道在检查井内的衔接
（a）水面平接；（b）管顶平接

端产生回水现象，但是加大了下游管道的埋设深度。对于平坦地区及埋设深度较大的污水管道不宜采用。但是，管顶平接具有施工快捷方便的特点，所以在工程中经常采用。

水面平接是指在检查井内上游管道的终端水面高程与下游管道起端水面高程相同。采用水面平接可使下游管道的埋深尽可能的减小。但是由于上游管道中的水量、水面变化较大，在上游管道内的实际水面标高有可能低于下游管道的实际水面标高，所以在上游管道中容易形成回水，发生淤积现象。有时为了尽可能的减少下游管道的埋深，而采用水面平接的方法。

无论采用哪种衔接方法，下游管道起端的水面和管内底标高都不得高于上游管道终端的水面和管内底标高。

支管或旁侧管道与干管交汇时，宜采用水面平接。若旁侧管道的管底标高比干管的管底标高大很多时，需在支管或旁侧管道上设跌水井，以保证干管具有良好的水力条件。

4.2.4　污水设计流量的确定

城市污水设计流量的计算是污水管道系统设计的重要内容。城市污水设计流量，是城市污水排水系统中管渠及设备和各附属构筑物，在单位时间内保证通过的最大污水量。在管渠系统中，通常以一年中最大日最大时流量作为设计流量。城市污水设计流量，包括城市生活污水设计流量和工业废水设计流量两部分。

1. 生活污水设计流量

城市生活污水设计流量包括居住区生活污水设计流量和工业企业职工生活污水设计流量。

（1）居住区生活污水设计流量 Q_1

居住区生活污水设计流量按下式确定：

$$Q_1 = \frac{nNK_z}{24 \times 3600} \tag{4-2}$$

式中　Q_1——居住区生活污水设计流量，L/s；

　　　n——生活污水每人每日排水定额，L/（人·d）；

N ——设计人口数，人；

K_z ——总变化系数。

1）设计人口　设计人口是指设计期限终期的计划人口数。它是计算污水设计流量的基本数据。设计人口与城镇工业企业发展规模有关。设计时按近期（10 年）和远期（20 年）的发展规模来估算其人口数。当工程项目分期建设时，应采用各个分期的设计人口数来进行设计计算，一般 5 年为一个分期。

居住区的设计人口数可用人口密度与排除污水的面积（服务面积）的乘积来计算。人口密度是指单位面积上的平均居民人数，单位为人/（$10^4 m^2$）。如果测算人口密度时所用的地区面积包括街道、公园、运动场、水体等在内时，该人口密度称为总人口密度；如果所用面积只是街坊内面积时，该人口密度称为街坊人口密度。一般在规划或初步设计时，采用总人口密度计算污水量。而在扩大初步设计和技术设计时，一般采用街坊人口密度计算。

2）居住区生活污水排水定额　是指城镇居民每人每日所排入排水系统的平均污水量。生活污水排水定额与生活用水量定额、室内卫生设备设置情况、所在地区气候、生活水平等因素有关。一般来讲，同一地区的污水量要比给水量小。因为使用过的水并非全部排入污水管网系统，例如，浇洒绿地和道路、消防用水，另外还有给水管道的渗漏等等，造成了污水量小于给水量。特别在干旱地区尤为明显。但是在某些情况下，排入污水管道的污水量也可能大于给水量，其原因是暴雨时可能有部分雨水进入污水检查井，一些分散的工业企业自备水源，其用水量可能未统计在城市用水量之内等。所以在确定污水量定额时，应根据城市排水现状资料，按城市的规划年限并综合考虑各方面的因素来确定，并应注意与本城市采用的居民用水定额相协调。居住区生活污水排水定额和综合生活污水定额应根据当地的用水定额，结合建筑内部给排水设施和排水系统普及程度等因素确定。可按当地用水定额的 80%～90% 采用（见表 3-1 及表 3-2）。

为了便于规划和初步设计阶段的污水量计算，对市区内的居住区（包括公共建筑和小型工厂在内，排水量特别大的工业企业除外）的污水量可按比流量来进行计算。比流量是指单位时间从单位面积上排出的污水量。它是一个考虑各方面因素的综合性指标，例如北京地区比流量按 $1L/(s \cdot 10^4 m^2)$ 来计。比流量可用下式计算

$$q_b = \frac{nN_0}{24 \times 3600} \tag{4-3}$$

式中　q_b ——比流量，$L/(s \cdot 10^4 m^2)$；

n ——居住区生活污水排水定额，$L/(人 \cdot d)$；

N_0 ——设计地区的人口密度，人/（$10^4 m^2$）。

3）总变化系数　城市生活污水量是不均匀的，逐月、逐日、逐时都在变化。在一年中，冬季和夏季的污水量不同；在一天中，白天和夜间的污水量不一样；各小时的污水量也有很大变化；即使在一小时内污水量也是变化的。但是，在城市污水管道规划设计中，通常都假定在一小时内污水流量是均匀的。污水量的变化程度常用变化系数来表示，变化系数有日变化系数 K_d、时变化系数 K_h 和总变化系数 K_z。

一年中最大日污水量与平均日污水量的比值称为日变化系数，即：

$$K_d = \frac{\text{一年中最大日污水量}}{\text{平均日污水量}} \qquad (4\text{-}4)$$

一年中最大时污水量与该日平均时污水量的比值称为时变化系数，即：

$$K_h = \frac{\text{一年中最高日最高时污水量}}{\text{该日平均时污水量}} \qquad (4\text{-}5)$$

一年中最大日最大时污水量与平均日平均时污水量的比值，称为总变化系数，即：

$$K_z = \frac{\text{一年中最高日最高时污水量}}{\text{平均日平均时污水量}} \qquad (4\text{-}6)$$

三者之间的关系为：

$$K_z = K_d \cdot K_h \qquad (4\text{-}7)$$

污水管道要按最大日最大时的污水量来进行设计，因此需要求出总变化系数。用式 (4-5) 计算总变化系数一般都难以做到，因为城市中关于日变化系数和时变化系数的资料都较缺乏。但是我们知道，服务面积愈大，服务人口愈多，则污水量愈大，而变化幅度愈小，也就是变化系数愈小，反之则变化系数愈大，即，总变化系数一般与污水量有关。其流量变化幅度与平均流量之间的关系可按下式计算：

$$K_z = \frac{2.7}{Q_{\text{平}}^{0.11}} \qquad (4\text{-}8)$$

式中　$Q_{\text{平}}$——平均日平均时污水流量，L/s。

式 (4-8) 经多年应用总结后，认为 K_z 值不宜小于 1.3。

居住区生活污水量总变化系数也可按表 4-2 计算。

生活污水量总变化系数　　　　　　　　　　　　　　　　表 4-2

污水平均日流量(L/s)	5	15	40	70	100	200	500	≥1000
总变化系数(K_z)	2.3	2.0	1.8	1.7	1.6	1.5	1.4	1.3

若污水平均日流量为表 4-2 中所列污水平均日流量中间数值时，其总变化系数应用内插法求得。

确定了设计人口、居住区污水排水定额和总变化系数后，就可用式 (4-2) 进行居住区生活污水设计流量的计算。工业企业职工居住区生活污水量的计算，与城镇居住区生活污水设计流量计算相同。

(2) 工业企业职工生活污水及淋浴污水的设计流量 Q_2:

工业企业生活污水及淋浴污水的设计流量按下式计算：

$$Q_2 = \frac{q_1 N_1 K_1 + q_2 N_2 K_2}{3600 T} + \frac{q_3 N_3 + q_4 N_4}{3600} \qquad (4\text{-}9)$$

式中　Q_2——工业企业生活污水及淋浴污水设计流量，L/s；

N_1——一般车间最大班职工人数，人；

N_2——热车间及严重污染车间最大班职工人数，人；

q_1——一般车间职工生活污水量标准，以 25L/(人·班) 计；

q_2——热车间及严重污染车间职工生活污水量定额，以 35L/(人·班) 计；

N_3——一般车间最大班使用淋浴的职工人数，人；

N_4——热车间最大班使用淋浴的职工人数，人；

q_3——一般车间的淋浴污水量定额，以 40L/(人·班) 计；

q_4——热车间及污染严重车间的淋浴污水量定额，以 60L/(人·班) 计；

T——每班工作时数，h；

K_1——一般车间职工生活污水总变化系数，一般取 3.0；

K_2——热车间职工生活污水总变化系数，一般取 2.5。

淋浴时间为下班后一小时计。

2. 工业废水设计流量

在工业企业中，工业废水设计流量，一般按日产量或单位产品排水量定额计算。计算公式如下：

$$Q_3 = \frac{mMK_g}{3600T} \tag{4-10}$$

式中　Q_3——工业废水设计流量，L/s；

　　　m——生产过程中单位产品的废水量定额，L；

　　　M——每日的产品数量；

　　　K_g——工业废水总变化系数；

　　　T——工业企业每日工作时数，h。

单位产品废水量定额及总变化系数与生产性质、工艺流程、生产设备排水系统组成有关。现有的工业企业可按实测确定。对于新建的工业企业，可以参考同类型的生产工艺及设备相似的工业废水量定额来确定。并要与国家现行的工业用水量有关规定相协调。在不同的工业企业中，工业废水的排出情况不同。例如，某些工厂工业废水在一班内是均匀排出的，有的工厂工业废水是在一班内某一段时间集中排出的。因而，工业废水量的变化取决于工厂性质及工艺过程。某些工业废水量的时变化系数大致如表 4-3（仅供参考）。

工业废水量的时变化系数 表 4-3

冶金工业	化学工业	纺织工业	食品工业	皮革工业	造纸工业
1.0~1.1	1.3~1.5	1.5~2.0	1.5~2.0	1.5~2.0	1.3~1.8

通常情况下，工业企业工业废污水量由企业提供，设计人员经调查核实后采用。

城市污水设计总流量 Q 为上述三项设计流量之和，即：

$$Q = Q_1 + Q_2 + Q_3 \tag{4-11}$$

以上求城市污水设计总流量的办法，是假定各种性质污水的最大流量都在同一时间内出现，这种方法称为最大流量累加法。这种计算方法简便，较充分考虑了流量的变化，偏于安全。污水管道的设计就是采用这种方法来计算设计流量的。但是，在污水处理厂和污水泵站设计中，采用最大流量累加法进行设计不经济，因为各种污水最大时流量在同时发生的可能性相对较少，各种污水汇合可以互相调节，从而使流量高峰降低。所以要经济合理地确定污水厂及污水泵站的设计流量，就要考察实测最高日内各种污水流量逐时变化，从而可以得出最高日内最大时流量，以此作为其设计流量，这种方法称为综合流量法。这种方法是按生活污水和工业废水的变化规律，在各种污水的流量资料统计的基础上求得的。但是往往由于缺乏污水量逐时变化的观测资料，所以不便采用。

在设计计算时，可列表计算各居住区生活污水、工业废水和工厂生活污水设计流量。居住区内公共建筑的集中流量包括在居住区生活污水量定额内，不再另行计算。

4.2.5 污水管道的水力计算

污水管渠水力计算，须在污水管渠平面布置图完成后进行。首先根据平面布置图进行管段的划分；再从管道的上游至下游依次计算各个管段的污水设计流量；然后依次进行各个设计管段的水力计算。污水管渠水力计算的目的，在于通过水力计算依次确定各管段的管径、坡度、埋设深度。

1. 设计管段的划分

若两个检查井之间的管段设计流量基本不变，采用相同的管径和相同坡度，这样的直管段称为设计管段。以便于采用均匀流公式进行水力计算。为了简化计算，不必要把每个检查井都作为设计管段的起讫点（根据维护管理的需要，在一定距离处需要设置检查井），划分时主要以流量的变化和地形坡度的变化为依据。有支管接入的位置、有大型公共建筑和工业企业集中流量接入处及有旁侧管道接入的检查井，均可作为设计管段的起讫点。如果流量没有大的变化，而管道通过的地面坡度发生较大变化的地点以及管道转弯处，都应作为设计管段的起讫点。设计管段划分完毕后，应依次进行管段编号。

2. 设计管段设计流量的确定

在排水管网系统中，流入每一设计管段的设计流量包括居住区生活污水设计流量和集中流量两部分。集中流量是指从工业企业或产生大量污水的建筑物流来的最高日最高时污水量。从排水管道汇集污水的方式来看，无论是居住区生活污水量还是集中流量都可以划分为本段流量和转输流量。本段流量是指从设计管段沿途街坊或工业企业、大型公共建筑流来的污水量；转输流量是指从上游管段或旁侧管段流来的污水量。对于某一设计管段来讲，本段流量是沿途变化的，因为本段服务面积上的污水实际上沿管段长度分散接入设计管段中，即从管段起点流量为零逐渐增加到终点的全部流量。但为了计算上的方便，我们假定本段流量从设计管段起端的检查井集中进入设计管段。

本段居住区生活污水量，在人口密度一定的情况下，与设计管段对应的服务面积成正比。设计管段的服务面积与所在街坊的地形及管网的布置形式有关系。如果街区地形平坦，管网采用围坊式布置，用角平分线法将街坊分为四部分，并将每一部分面积上的污水排入相邻的污水管道。如果街区管网按低边式布置，则一般将整个街区面积的污水都排入低侧污水管道。

本段居住区生活污水平均流量可用下面两个公式计算：

$$q_1 = F \cdot q_b \tag{4-12}$$

$$q_1 = \frac{n \cdot N_0}{24 \times 3600} \cdot F \tag{4-13}$$

式中　q_1——本段居住区生活污水平均流量，L/s；

F ——设计管段本段服务的街坊面积，$10^4 m^2$）；

q_b ——街坊比流量，$L/(s \cdot 10^4 m^2)$，按式（4-3）计算；

N_0——设计地区人口密度，人/（$10^4 m^2$）。

本段集中流量是指沿该设计管段接入的工业企业或大型公共建筑最高日最高时污水流量。

设计管段的转输流量分为转输居住区生活污水流量和转输集中流量。设计管段中居住区生活污水设计流量的计算时，应取转输平均流量与本段平均流量之和作为该设计管段的居住区生活污水平均流量，以此来计算该管段的生活污水设计流量；取转输集中流量及本段集中流量之和作为该设计管段的集中流量。设计管段的总设计流量为居住区生活污水设计流量和集中流量之和。

3. 污水在管道中的流动特点及污水管道水力计算的基本公式

（1）污水在管道中的流动特点

1）污水在管道内的流动，通常是依靠重力由高处向低处流动，即所谓的重力流。污水中含有一定数量的悬浮物，但是水的含量占 99% 以上，可以认为污水的流动是遵循一般水流规律的，在设计中可采用水力学公式进行计算。

2）污水在管道中的流动一般按均匀流计算。由于污水在管道内随时都在发生变化，且污水在管道交汇处、转弯处、坡度发生变化处、管道内的沉积物、管道接缝处等都会使水流发生变化，所以污水在管道内的流动实际上是非均匀流。为了简化计算又能满足工程需要，污水管道按均匀流计算。

3）按部分充满管道断面设计污水管道。城市污水量每日每时都在变化，难以准确计算，因此设计时需要留出一部分管道断面，避免污水溢流到地面，污染环境；同时污水管道内的有机物可能在微生物的作用而析出一些有害气体；又因为污水中往往含有易燃液体（汽油、苯、石油等），也可能挥发形成爆炸性气体。因此污水管道应保留适当空间，以保证通风排气。

4）管道内水流不产生淤积，也不冲刷损坏管道。由于污水中含有不少杂质，流速过小，就会造管道内产生淤积，从而降低输水能力，甚至阻塞管道。反之流速过大，又会因冲刷而损坏管道。为此，污水管道的设计，要求流速在一定的适当范围内，既不发生淤积，阻塞管道，又不应因冲刷而损坏管道。

（2）排水管渠断面形式与选择

排水管渠的断面形式有圆形、马蹄形、椭圆形、半椭圆形、卵形、梯形、矩形、拱形等，如图 4-14 所示。

管渠断面形式的选择，应考虑的主要因素有受力情况、水力条件、施工技术和经济造价等。对其基本要求是：

在静力学方面，要求管道具有足够的稳定性和坚固性；

在水力学方面，要求具有良好的输水性能，在断面面积一定时，不但要有较大的排水能力，而且当流量变化时，管道内水流仍然能保持一定的流速，不易在管道中产生沉淀淤积；

在施工技术方面，要便于施工操作；

在经济方面，要求管道用材省、造价低；在养护管理方面，要便于清通及养护等。

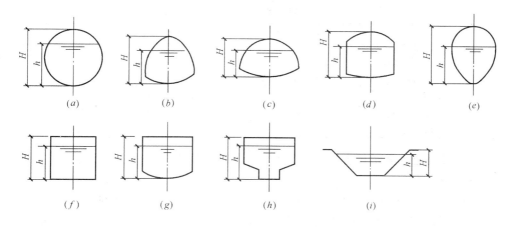

图 4-14　排水管渠常用断面的形式

（a）圆形；（b）半椭圆形；（c）马蹄形；（d）拱顶矩形；（e）卵形；

（f）矩形；（g）弧形流槽的矩形；（h）带低流槽的矩形；（i）梯形

常用的排水管渠断面多为圆形，因为圆形管道具有较大的输水能力，由于底部呈圆形，适应水量变化能力强，水力条件好、受力合理、节省材料、管材便于大规模机械化生产、运输及施工维护管理方便等优点，因而在排水工程中广为采用。在明渠排水中常用梯形和矩形断面，这种断面形式结构简单，便于施工，可用多种材料建造，并有利于管渠的清通。在合流制管渠中，为了使晴天获得较大流速，有时采用卵形和带低流槽的矩形断面管渠。

（3）污水管道水力计算基本公式

污水在管道内的流动，可以采用水力学中无压均匀流公式计算。

1）流量公式

$$Q = \omega \cdot v \qquad (4-14)$$

式中　Q——污水流量，m^3/s；

　　　ω——过水断面面积，m^2；

　　　v——过水断面平均流速，m/s。

2）流速公式

$$v = \frac{1}{n} R^{2/3} i^{1/2} \qquad (4-15)$$

式中　n——管渠粗糙系数，见表 4-4；

　　　R——水力半径（过水断面面积与湿周的比值），m；

　　　i——管道坡度（即管道底起讫点的高差 h 与管段长度 L 之比，$i=h/L$），与水力坡度相同。

（4）排水管渠水力计算的一般规定

为了保证排水管渠正常工作，避免在管渠内产生淤积、冲刷、溢流及保证排水通畅，在进行排水管道水力计算时，采用的设计充满度、设计流速、最小管径及最小坡度等，

管渠类别	粗糙系数	管渠类别	粗糙系数
石棉水泥管、钢管	0.012	浆砌砖渠道	0.015
木槽	0.012～0.014	浆砌块石渠道	0.017
陶土管、铸铁管	0.013	干砌块石渠道	0.020～0.025
混凝土管、钢筋混凝土管、水泥砂浆抹面渠道	0.013～0.014	土明渠(包括带草皮)	0.025～0.030

《室外排水设计规范》做了相应规定,作为设计的控制数据。

1)最大设计充满度

污水管道的设计充满度是指管道排泄设计流量时的充满程度,即在设计流量下,管道中的水深 h 与管径 D 的比值 h/D 称为设计充满度。当 $h/D=1$ 时称为满流,$h/d<1$ 时称为非满流。

《室外排水设计规范》(后简称"规范")规定,雨水管道及合流制管道应按满流设计,污水管道应按非满流设计。污水管道的设计充满度应小于或等于最大设计充满度。设计污水管道时,污水管道的设计充满度应尽可能等于接近于"规范"所规定的最大设计充满度,以减小管道断面尺寸,降低管道坡度减小下游管道埋深,降低工程造价。"规范"规定的污水管道的最大设计充满度见表4-5。对于明渠,其超高(渠中最高设计水面至渠顶的高度)不得小于0.2m。

最大设计充满度 表4-5

管径或渠高(mm)	最大设计充满度	管径或渠高(mm)	最大设计充满度
200～300	0.55	500～900	0.70
350～450	0.65	≥1000	0.75

注:在计算污水管道充满度时,不包括沐浴或短时间内突然增加的污水量,但当管径小于或等于300mm时,应按满流复核。

规定污水管道允许最大设计充满度的原因为:

A. 污水流量变化大,难以精确计算。地面雨水可能流入污水管渠,按非满流设计可提供备用容积。

B. 污水中含有有机污染物质,可能析出易燃易爆等有害气体,按非满流设计,有利于管渠通风换气。

C. 当管渠埋设在地下水位以下时,须考虑地下水渗入管道增加流量,因而需预留一定的容积。

D. 由水力学可知,圆管在非满流时,在无压重力流条件下,同一管道,当 $h/D \approx 0.813$ 时,流速达到最大值,是满流时流速的1.160倍;而当 $h/D=0.5$ 时与满流时的流速相等;$h/D \approx 0.95$ 时,流量达到最大值,是满流时流量的1.087倍。这说明非满流在一定条件下比满流时的水力条件好。

2)设计流速

设计流速是指与管道设计流量、设计充满度相对应的水流平均流速。

"规范"规定:污水管道在设计充满度下最小设计流速为0.6m/s;雨水管道和合流管

道在满流时的最小设计流速为 0.75m/s；明渠的最小设计流速为 0.4m/s。

"规范"还规定排水管渠的最大设计流速：金属管道为 10m/s；非金属管道为 5m/s；

排水明渠的最大设计流速当水流深度为 0.4～1.0m 时，宜按表 4-6 采用。当水流深度为 0.4～1.0m 范围以外时，表所列最大设计流速应乘以下列系数：

$h<0.4$m 时，系数为 0.85；

1.0m$<h<2.0$m 时，系数为 1.25；

$h\geqslant2.0$m 时，系数为 1.40。

明渠最大设计流速 表 4-6

明 渠 类 别	最大设计流速（m/s）	明 渠 类 别	最大设计流速（m/s）
粗砂或砂质黏土	0.8	草皮护面	1.6
粉质黏土	1.0	干砌块石	2.0
黏土	1.2	浆砌块石或浆砌砖	3.0
石灰岩或中砂岩	4.0	混凝土	4.0

"规范"规定污水管道在设计充满度下最小设计流速，是保证管道内不致发生淤积的流速，在这个流速下污水中的杂质能够随水流一起运动，所以又称为自净流速。从实际运行情况看，流速是防止管道中污水所含悬浮物沉淀的重要因素，但不是惟一的因素。引起污水中悬浮物沉淀的决定因素是充满度，即水深。因此选用较大的充满度对防止管渠淤积有一定的意义。

3）最小管径

城市污水管渠系统中，起始管段的设计流量一般较小，所以计算所得的管径就可能很小。管径过小的管道极易阻塞，并且清通难度大。实践表明，在同等条件下，管径 150mm 的堵塞次数是管径 200mm 堵塞次数的两倍，而两种管径的工程总造价相差不多。据此经验，规范规定了污水管道的最小管径，见表 4-7。当按设计流量计算确定的管径小于最小管径时，应按表 4-7 采用最小管径。

最小管径和最小设计坡度 表 4-7

管 别	位 置	最小管径（mm）	最小设计坡度
污水管	在街坊和厂区内	200	0.004
	在 街 道 下	300	0.003
雨水管和合流管		300	0.003
雨水口连接管		200	0.01
压力输泥管		150	

注：1. 管道坡度不能满足上述要求时，可酌情减小，但应有防淤、清淤措施。

2. 自流输泥管道的最小设计坡度宜采用 0.01。

4）最小设计坡度和不计算管段

从流速公式（4-15）中可以看出，流速也和坡度间存在一定的关系，相应对于最小允许流速的坡度就是最小设计坡度。最小设计坡度也与水力半径有关，而水力半径是过水断面面积与湿周的比值。所以不同管径的污水管道，由于水力半径不同应有不同的最小设计坡度。相同直径的管道因充满度不同，其水力半径也不同，所以也应有不同的最小设计坡度。但是，通常对同一直径的管道只规定一个最小坡度，以充满度为 0.5 时的最小坡度作为最小设计坡度，见表 4-7。

在污水管渠设计中，由于管网系统起端管段的服务面积较小，所以计算的设计流量较小。如果设计流量小于最小管径、最小设计坡度所对应的在充满度为 0.5 的流量时，这个管段可不进行水力计算，而直接采用最小管径和相应的最小坡度，故这种管段称为不计算管段，这些管段在日常维护中要设有必要的冲洗设施，可设置冲洗井冲洗或移动式冲洗设备，定期对管道进行冲洗。

(5) 污水水力计算的方法及图表

在确定设计流量后，即可从上游管段开始，进行各设计管段的水力计算。在污水管道的水力计算中，污水流量通常是已知数值，而要求确定管道的径和坡度。所选择的管道断面尺寸，必须要在规定的设计充满度和设计流速的情况下，能够排泄设计流量。管道坡度的确定应考虑地面坡度和保证最小流速的最小坡度。一方面要使管道尽可能与土地面坡度平行，减少埋深，同时也必须保证设计流速，使管道不发生淤积和冲刷。

在具体计算中，往往已知管道的设计流量 Q 及管道粗糙系数 n，需要求得管径 D、水力半径 R、充满度 h/D、管道坡度 i 和流速 v。在两个方程式即式 (4-14)、式 (4-15) 中，有五个未知数，因此必须先假定三个求其他两个，这样的数学计算极为复杂（有无数个解）。为了简化管道的水力计算，常采用水力计算图或水力计算表。水力计算图表适用于管壁粗糙系数 $n=0.014$ 的非满流圆形管道的水力计算，每一张图适用于一种管径，管径从 $200\sim1000$mm。

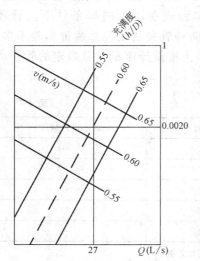

图 4-15　非满流管道水力计算示意图

在进行水力计算时，对于每一管段污水管道，都有六个水力因素：管径 D、粗糙系数 n、充满度 h/D、水力坡度 I，流量 Q 和流速 v。对每一张图来讲，D 和 n 是已知数，图上的曲线表示 Q、v、I、h/D 之间的关系（如图 4-15 所示）。这四个因素中只要知道两个，就可以查出其他两个，现举例说明这些水力计算图的用法。

【例题 4-1】　已知 $n=0.014$、$D=300$mm、$I=0.004$、$Q=30$L/s。

求 v 和 h/D。

【解】　采用 $D=300$mm 的那一张图。

在这张图上有四组线条：竖线条表示流量，横线条表示水力坡度，从左上向右下倾斜的线表示流速，从右上向左下倾斜的线表示充满度。每条线上的数目字代表相应数量的值。先在纵轴上找到 0.004，从而找出代表 $I=0.004$ 的横线。从横轴上找出代表 $Q=30$L/s 的那条竖线，两条线相交于一点。这一点落在代表流速 v 为 0.8m/s 与 0.85m/s 两条斜线之间，估计 $v=0.82$m/s；落在 $h/D=0.5$ 与 0.55 两条斜线之间，估计 $h/D=0.52$。

【例题 4-2】　已知 $n=0.014$、$D=400$mm、$Q=41$L/s、$v=0.9$m/s，求 I 和 h/D。

【解】 采用 $D=400\text{mm}$ 水力计算图。

找出 $Q=41\text{L/s}$ 的那条竖线和 $v=0.9\text{m/s}$，那条斜线。这两线的交点落在代表 $I=0.0043$ 的那条横线上，$I=0.0043$；落在 $h/D=0.35$ 与 $h/D=0.4$ 两条斜线之间，估计 $h/D=0.39$。

也可以采用水力计算表进行计算。表 4-8 为摘录的圆形管道（非满流 $n=0.014$）、$D=300\text{mm}$ 水力计算表的部分数据。

圆形断面（非满流 $n=0.014$）　　$D=300\text{mm}$　　　　　　　　　　表 4-8

$\dfrac{h}{D}$	$i‰$									
	1.7		1.8		1.9		2.0		2.1	
	Q	v	Q	v	Q	v	Q	v	Q	v
0.10	3.02	0.30	3.11	0.30	3.19	0.31	3.27	0.32	3.35	0.32
0.15	7.03	0.38	7.23	0.39	7.43	0.40	7.62	0.41	7.81	0.42
0.20	12.66	0.45	13.03	0.47	13.38	0.48	13.73	0.49	14.07	0.50
0.25	19.80	0.52	20.38	0.53	20.93	0.55	21.48	0.56	22.01	0.57
0.30	28.31	0.57	29.13	0.59	29.93	0.60	30.71	0.62	31.47	0.64
0.35	38.01	0.62	39.11	0.64	40.19	0.66	41.23	0.67	42.25	0.69
0.40	48.72	0.66	50.13	0.68	51.50	0.70	52.84	0.72	54.15	0.74
0.45	60.22	0.70	61.96	0.72	63.66	0.74	65.31	0.76	66.93	0.78
0.50	72.28	0.74	74.38	0.76	76.42	0.78	78.40	0.80	80.34	0.82
0.55	84.67	0.77	87.13	0.79	89.52	0.81	91.84	0.83	94.11	0.85
0.60	97.12	0.79	99.94	0.81	102.68	0.83	105.25	0.86	107.95	0.88
0.65	109.35	0.81	112.52	0.83	115.60	0.86	118.61	0.88	121.54	0.90
0.70	121.04	0.82	124.54	0.85	127.96	0.87	131.28	0.89	134.52	0.92
0.75	131.83	0.83	135.65	0.86	139.37	0.88	142.99	0.91	146.52	0.93
0.80	141.31	0.84	145.41	0.86	149.39	0.89	153.27	0.91	157.06	0.93
0.85	148.97	0.84	153.29	0.86	157.49	0.89	161.58	0.91	165.57	0.93
0.90	154.08	0.83	158.55	0.85	162.89	0.88	167.12	0.90	171.25	0.92
0.95	155.34	0.81	159.84	0.83	164.22	0.85	168.49	0.87	172.65	0.90
1.00	144.57	0.74	148.76	0.76	152.83	0.78	156.80	0.80	160.68	0.82

每一张表的管径 D 和粗糙系数 n 是已知的，表中 Q、v、h/D、i 四个因素，知道其中任意两个便可求出另外两个。

（6）污水管渠水力计算示例

【例题 4-3】 图 4-16 为某市区污水管道平面布置图。该城市居住区街坊人口密度 $N_0=300$ 人 $/10^4\text{m}^2$，各街坊面积见表 4-9。划分设计管段及服务面积。居住区生活污水量定额 $n=140\text{L/(人·d)}$。火车站污水设计流量为 3L/s，公共浴池每日容量为 600 人次，浴池开放 10h/d，每人每次用水量为 150L/s（浴池总变化系数取 1.5）。工厂甲和工厂乙的工业废水经过局部处理后，排入城市排水管网，其设计流量分别为 25L/s 和 6L/s。工厂甲工业废水排出口的管底埋深为 2.5m。地区冰冻深度为 1.5m，管材均采用混凝土管和钢筋混凝土管（$n=0.014$）。试进行各污水干管设计流量的计算，并进行主干管的水力计算。

【解】 污水管渠水力计算一般按以下方法和步骤进行。

1. 划分设计管段，管段设计流量计算

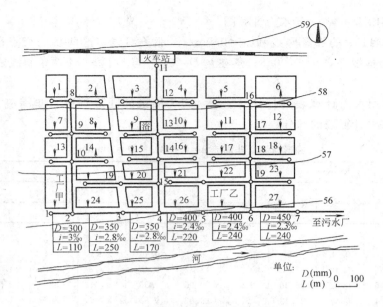

图 4-16 某市区污水管道平面图

（1）根据污水管道平面布置图，按照设计管段的划分原则，对污水管道进行设计管段的划分，并依次进行管段编号。

（2）进行街坊编号，并计算各街坊面积（见表 4-9）。划分各设计管段的本段服务面积（在计算草图中用箭头表示）。

街 坊 面 积 表   表 4-9

街坊编号	1	2	3	4	5	6	7	8	9	10	11
街坊面积($10^4 m^2$)	1.20	1.71	2.05	2.01	2.20	2.20	1.40	2.24	1.86	2.14	2.40
街坊编号	12	13	14	15	16	17	18	19	20	21	22
街坊面积($10^4 m^2$)	2.40	1.31	2.18	1.55	1.60	2.00	1.80	1.66	1.23	1.63	1.70
街坊编号	23	24	25	26	27						
街坊面积($10^4 m^2$)	1.71	2.20	1.38	2.04	2.40						

（3）计算各个设计管段的设计流量。为了便于计算，可列表进行。通常在初步设计中，只计算干管和主干管的设计流量（如表 4-9）。各管段污水设计流量计算，从上游至下游依次进行。设计流量计算方法如下：

① 将各设计管段编号、街坊编号及本段管道所服务的街坊面积，分别填入污水管道流量计算表 4-10 中第 1、2、3 项。

② 计算街坊比流量，按公式（4-3），则：

$$q_b = \frac{n \cdot N_0}{24 \times 3600} = \frac{150 \times 300}{86400} = 0.486 \ (L/s \cdot 10^4 m^2)$$

将比流量 $q_b = 0.486 L/s \cdot 10^4 m^2$ 填入污水管道流量计算表中的第 4 项。

154

污水管道设计流量计算表

表 4-10

段编号	居住区生活污水量 Q_1									集中流量 Q_2		设计流量 (L/s)
	本段平均流量 q_1				转输平均流量 q_2 (L/s)	合计平均流量 (L/s)	总变化系数 K_z	生活污水设计流量 Q_1 (L/s)		本段 (L/s)	转输 (L/s)	
	街坊编号	街坊面积 $(10^4 m^2)$	比流量 q_b $[L/(s·10^4 m^2)]$	流量 q_1 (L/s)								
1	2	3	4	5	6	7	8	9		10	11	12
1~2										25.0		25.0
8~9					1.41	1.41	2.3	3.24				3.24
9~10					3.18	3.18	2.3	7.31				7.31
10~2					4.88	4.88	2.3	11.23				11.23
2~3	24	2.20	0.486	1.07	4.88	5.95	2.2	13.09			25.0	38.09
3~4	25	1.38	0.486	0.67	5.95	6.62	2.2	14.56			25.0	39.56
11~12										3.0		3.00
12~13					1.97	1.97	2.3	4.52			3.0	7.52
13~14					3.91	3.91	2.3	8.99		4.0	3.0	15.99
14~15					5.44	5.49	2.2	11.97			7.0	18.97
15~4					6.85	6.85	2.2	15.07			7.0	22.07
4~5	26	2.04	0.486	0.99	13.47	14.46	2.0	28.92			32.0	60.92
5~6					14.46	14.46	2.0	28.92		6.0	32.0	66.92
16~17					2.14	2.14	2.3	4.92				4.92
17~18					4.47	4.47	2.3	10.28				10.28
18~19					6.32	6.32	2.2	13.90				13.90
19~6					8.77	8.77	2.1	18.42				18.42
6~7	27	2.40	0.486	1.17	23.23	24.40	1.9	46.36			38.0	84.36

③ 计算本段居住区生活污水平均流量。按式（4-12）$q_1 = q_b · F$ 计算（即表中第 4 项与第 3 项的乘积）；将计算值填入表中第 5 项。例如 2~3 管段，$q_1 = 0.486 × 2.2 = 1.07L/s$。

④ 将从上游及旁侧管段转输到本设计管段的转输生活污水平均流量，填入表中第 6 项（q_2）。例如 2~3 管段转输 10~2 管段流来的生活污水平均流量为 4.88L/s。

⑤ 将设计管段居住区生活污水本段平均流量与转输平均流量相加（第 5 项与第 6 项相加），即为设计管段居住区生活污水平均流量（合计平均流量）填入表中第 7 项。例如 2~3 管段的生活污水平均流量为 1.07+4.88=5.95L/s。

⑥ 根据设计管段居住区生活污水合计平均流量值（第 7 项），查表 4-2（或用公式 4-8

计算），确定总变化系数 K_z，并填入表中第 8 项，例如 3～4 管段生活污水平均流量为 6.6L/s，取总变化系数 K_z 为 2.2（采用内插法确定）。

⑦ 居住区生活污水合计平均流量（第 7 项）与总变化系数 K_z（第 8 项）的乘积，即为该设计管段居住区生活污水设计流量 Q_1，将该值填入表中第 9 项。例如，3～4 管段居住区生活污水设计流量为 $Q_1 = 6.22 \times 2.2 = 14.56$L/s。

⑧ 将本段集中流量填入表中第 10 项，转输集中流量填入表中第 11 项。例如 2～3 管段没有本段集中流量，只有转输上游 1～2 管段流来的工厂甲的工业废水量，即转输集中流量 Q_2（25L/s）。

⑨ 设计管段总设计流量为生活污水设计流量（第 9 项）与集中流量（第 10 项及第 11 项）之和，填入表中第 12 项。例如 5～6 管段的设计流量为 $28.92 + 6 + 32 = 66.92$L/s。其他管段的设计流量计算方法与上述相同。

2. 污水管道水力计算

在确定了设计流量之后，即可列表进行从上游开始依次进行各管段的水力计算。见表4-11。

污水管道水力计算表　　　　表 4-11

管段编号	管段长度 L(m)	设计流量 Q (L/s)	管径 D (mm)	坡度 i (‰)	流速 v (m/s)	充满度 $\frac{h}{D}$	充满度 h(m)	降落量 iL (m)	标　高(m) 地面标高 上端	地面标高 下端	水面标高 上端	水面标高 下端	管内底标高 上端	管内底标高 下端	埋设深度(m) 上端	埋设深度(m) 下端
1	2	3	4	5	6	7	8	9	10	11	12	13	14	15	16	17
1～2	110	25.00	300	3.0	0.70	0.51	0.15	0.33	56.20	56.10	53.85	53.52	53.70	53.37	2.50	2.73
2～3	250	38.09	350	2.8	0.75	0.52	0.18	0.70	56.10	56.05	53.50	52.80	53.32	52.62	2.78	3.43
3～4	170	39.56	350	2.8	0.75	0.53	0.19	0.48	56.05	56.00	52.80	52.33	52.61	52.14	3.43	3.86
4～5	220	60.92	400	2.4	0.80	0.58	0.23	0.53	56.00	55.90	52.32	51.79	52.09	51.56	3.91	4.34
5～6	240	66.92	400	2.4	0.82	0.62	0.25	0.58	55.90	55.80	51.79	51.22	51.55	50.97	4.35	4.83
6～7	240	84.36	450	2.3	0.85	0.60	0.27	0.55	55.80	55.70	51.19	50.64	50.92	50.37	4.88	5.33

本例题只对主干管进行水力计算。

水力计算的方法和步骤如下：

（1）根据污水管道平面布置图，绘制污水管道水力计算简图，在水力计算简图上标注设计管段起讫点编号、设计管段长度及各管段设计流量。

（2）将各设计管段的编号、设计管段长度、管段设计流量、各设计管段起讫点检查井处地面高程分别填入水力计算表中的 1、2、3、10、11 项。设计管段的长度及检查井处地面高程，可根据管道布置平面图和地形图来确定。

（3）计算每一设计管段的地面坡度，作为确定该设计管段管道坡度的参考值。地面坡度 $= \dfrac{\text{管段起点地面标高} - \text{管段终点地面标高}}{\text{管段长度}}$。例如管段 1～2 的地面坡度 $= \dfrac{56.20 - 56.10}{110} \approx 0.0009$。

（4）根据管段的设计流量，按照水力计算一般规定（最大设计充满度、设计流速、最小管径及最下坡度）要求，查水力计算图或水力计算表，确定出管径 D、流速 v、设计充满度 h/D 及管道坡度 i 值。例如管段 1～2 的设计流量为 25L/s，地面坡度为 0.0009，查

156

附录一附图 3，为了使管道埋深不致增加过多，按照《室外排水设计规范》所规定最小管径、最小坡度，采用 $D=300\text{mm}$ 管径的管道当 $Q=25\text{L/s}$，$i=0.003$ 时，$v=0.7\text{m/s}$；$h/D=0.51$，均符合要求。把确定的管径、坡度、流速、充满度等四项数据分别填入表中第 4、5、6、7 各项。

其余各设计管段的管径、坡度、流速、充满度的计算方法同上。

（5）根据求得的管径和充满度确定管道中水深 h。例如管段 1—2 的水深 $h=D\cdot h/D=0.3\times0.51=0.153\approx0.15\text{m}$，并填入表中第 8 项。

（6）根据求得的管段坡度和长度计算管段的降落量 iL 值。例如管段 1—2 降落量 $iL=0.003\times110=0.33\text{m}$，填入表中第 9 项。

（7）确定管段起点管内底标高（要满足最小覆土厚度的要求及地下管线综合设计要求）。首先需要确定出排水管网系统控制点。一般来说距污水厂距离最远，且地形又较低注的干管起点有可能是该污水排除系统的控制点。本例题中 1 点为工厂甲的排水出口，埋设深度为 2.5m，同时主干管与等高线平行，地面坡度很小，由此看来，1 点对主干管的埋深起主要控制作用，所以 1 点为该排水管网系统的控制点。将该值填入表中第 16 项。由 1 点的地面标高减去 1 点管道埋设深度，即为 1 点管道的管内底标高，即为 $56.20-2.50=53.70\text{m}$，将该值填入表中第 14 项。

（8）根据管段起点管内底标高和管道降落量计算管段终点管内底标高。例如管段 1—2 中 2 点的管内底高程等于 1 点管内底高程减去管段降落量，即为 $53.70-0.33=53.37\text{m}$，填入表中第 15 项。

（9）根据管段终点地面标高和管底标高确定管段终点管底埋深。例如管段 1—2 中，2 点管底埋深等于 2 点地面标高减去 2 点管内底标高，即为 $56.10-53.37=2.73\text{m}$，填入表中第 17 项。

（10）根据各点管内底标高和管道中的水深，确定管段起点和终点的水面标高，分别填入表中第 12、13 项。例如管段 1—2 中 1 点的水面标高等于 1 点的管内底标高与管段 1—2 中水深之和，即为 $53.70+0.15=53.85\text{m}$，2 点的水面标高为 $53.37+0.15=53.52\text{m}$。

（11）检查井中下游管道起端管内底标高，应根据管道在检查井内采用的衔接方式来确定。例如，管段 1—2 与管段 2—3 的管径不同，采用管顶平接。则，管段 2—3 中的 2 点的管内底标高应为 $83.37-(0.35-0.30)=53.32\text{m}$。求出 2 点的管内底标高后，按照上述方法依次可求出其他各点的管内底标高、水面标高及埋设深度。又如管段 2—3 与 3—4 管径相同，采用水面平接。即管段 2—3 与 3—4 中的 3 点的水面标高相同。然后用 3 点的水面标高减去降落量，求得 4 点的水面标高，将 3、4 点的水面标高减去水深求出相应点的管底标高，再进一步求出 3、4 点的埋深。

（12）将每个管段的管径、管长、坡度等数据标在管道平面布置图上。绘制污水管道的纵剖面图，如图 4-17 所示。

3. 污水管道水力计算时应注意的问题

在进行管道水力计算时，应注意以下几方面的问题。

（1）在水力计算过程中，随着流量的增加，污水管道的管径也应沿程增加。但是管道穿过陡坡地段时，由于管道坡度的增加，管径可以由大改小，但缩小的范围不能超过二级，并不得小于最小管径，采用管底平接。

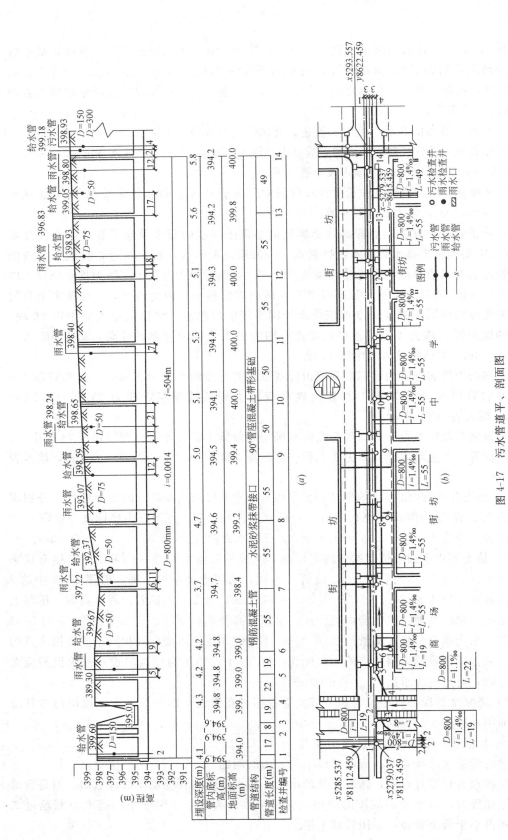

图 4-17 污水管道平、剖面图

158

（2）水力计算自上游管段依次向下游管段进行，一般情况下随着流量的增加，设计流速也相应增加。如果流量保持不变，流速不应减少，以使管道内水流通畅，防止发生回水现象。只有当坡度大的管道接入坡度小的管道时，并且下游管道的流速已大于 1.0m/s（陶土管）或 1.2m/s（混凝土、钢筋混凝土管）的情况下，设计流速才允许减小。

（3）在地面坡度太大的地区，为了减小管内流速，防止管道被冲刷，管道坡度往往需要小于地面坡度。这就有可能使下游管段的覆土厚度无法满足最小覆土厚度的要求，甚至超出地面，因此在适当的地点可设置跌水井。此外，地面由陡坡突然变成缓坡时，为了减小管道埋深，在变坡处也可设跌水井。

（4）排水管网系统中的控制点对整个管网的埋深起着决定性作用。因此必须细致地研究加以确定。并应在保证管内最小流速的前提下，尽可能减小控制点处的埋深。

（5）要分析研究管道敷设坡度与管线经过的地面坡度之间的关系，使确定的管道坡度，在保证最小流速的前提下，既不使管道埋深过大，又满足支管接入要求。

（6）在旁侧管道与干管接点上，要考虑干管的埋深应便于支管的接入。同时为避免产生逆水和回水，支管的水流流速应小于干管水流流速，支管与干管应尽可能采用水面平接，以保证干管具有良好的水力条件。

（7）要认真分析管道埋深与本段服务面积的关系，应使设计管段按水力计算要求很好地同上、下游管段相衔接，又要考虑本段服务面积上的污水能够以重力流接入。

（8）水流通过检查井时，常引起局部水头损失。为了尽量降低这项损失，检查井底部流槽在直线管道上要严格采用直线，在管道转弯处要采用匀称的曲线。

（9）当管道埋深超过设计地区最大埋深时，应考虑设置污水提升泵站，要根据工程具体情况，认真细致地研究泵站的设置位置。

4.3 污水管渠平面图和纵剖面图的绘制

污水管道的平面图和纵剖面图，是污水管道设计的主要图纸。不同的设计阶段，对图纸要求的详细程度也不同。

在初步设计阶段，只要求绘制污水管道总平面图。图纸的比例尺通常采用 1：5000～1：2500，在平面图上应绘出地形、地物、地面建筑的平面轮廓线、道路的边线、河流、铁路等流域范围，并附有指北针、风向玫瑰图，标出坐标图，绘出现有的和设计的排水工程系统。管道只画干管和主干管。污水管道用单线条（粗实线）表示，在管线上要注明设计管段起讫点、检查井的位置、编号以及设计管段长度、管径、坡度及管道的排水方向。

在技术设计或扩大初步设计阶段，需要在初步设计的基础上绘制管道的总平面及管道的平面详图和管道纵剖面图。总平面图上除反映初步设计的要求外，应更为详细、确切。图纸比例一般采用 1：2000～1：10000。

管道的平面详图一般采用横向比例 1：500～1：1000，纵向比例 1：50～1：200，图上除标明初步设计阶段的各项内容外，还应标明设计管线在街道上的准确位置及检查井的准确位置以及设计管线与周围建筑物的相对位置关系，设计管线与其他原有拟建地下管线的平面位置关系。管道平面详图是排水管道工程施工放线的技术依据，因此要求绘制准确无误。

管道纵剖面图反映管道沿线的高程位置，它和管道平面详图相对应，在管道纵剖面图上应画出地面高程线（用单线条细实线表示）、管道高程线（用双线条粗实线表示）、检查井及沿线支管接入处位置及接入管的管内底高程、设计管线与其他地下管线及障碍物交点的位置及标高，沿线钻孔位置及地质情况等。在纵剖面图的下方还应注明检查井编号、管径、管段长度、管段坡度、两相邻检查井间距离、地面标高及管内底标高，还要标明管道材料、基础结构，也可标注水力计算数据（如流量、流速、充满度）。为了使平面图与纵剖面图对照查阅，一般将两个图绘制在一张图上，在末页还要附有工程量表。

在施工图设计阶段，还要充实平面详图和纵剖面图的内容。例如，各种小型附属构筑物（检查井、跌水井、倒虹管、穿越铁路等）详图及局部节点大样图。有些附属构筑物和管道基础形式可选用《给水排水标准图》，以简化绘图工作。

图 4-17 为扩大初步设计阶段部分管道的平面图和纵剖面图。

4.4 雨水管渠系统设计

降落在地面上的雨水，一部分沿地面流淌、一部分渗入土壤、还有一部分被植物或洼地截留，我们将沿地面流入雨水管渠或水体的这部分雨水称为地面径流或径流量。在我国，雨水径流的总量并不大，但是全年雨水的绝大部分是在极短的时间内降下，这种短时间内强度猛烈的降雨，往往形成大量的地面径流，若不及时地排除，将会严重影响人们生产、生活及城市交通，更会给人们生命财产安全造成巨大的危害。所以必须建造雨水管渠系统，及时地、有组织地排除城镇居住区和工业企业区汇水面积上的暴雨径流量，才能保障生产、生活的正常进行和人民生命财产的安全。

通常雨水管渠系统主要有雨水口、雨水管渠、检查井、出水口等设施组成。本章主要介绍雨水管渠设计计算的步骤和方法。

4.4.1 雨水管渠系统的布置原则

雨水管渠系统的布置要求是能及时、通畅地排除城镇汇水面积上的暴雨径流量，达到既经济又合理。布置时应遵循以下原则。

1. 充分利用地形，就近分散排入水体

雨水水质虽然与它流经的地面情况有关，但一般来说，除降雨初期的雨水外，还是比较清洁的，可以直接排入湖泊、池塘、河流等水体。一般不至于破坏环境卫生和水体的经济价值。所以，在进行雨水管渠的布置时，首先划分排水区域，再进行管渠布置。根据分散和直接的原则，应尽量充分利用自然地形，就近分散以重力流将雨水排入水体。雨水管渠系统一般采用正交式布置。

当管道排入河沟及池塘时，出水口的构造比较简单，造价较低，雨水就近排放可使管道短、管径小。因此，雨水管可采用分散出水口的布置形式，如图 4-18 所示。但当河流水位很高，管道出口离河道较远，或者管道出水口距常水位较高时，出水口的建筑费用较大，在这种情况下，宜采用集中出水口式的管道布置形式，如图 4-19 所示。

2. 尽量避免设置雨水提升泵站

由于暴雨形成的径流量大，雨水泵站的投资也很大，而且雨水泵站一年中运转时间短，利用率非常低。因此，应尽可能利用地形，使雨水靠重力流排入水体，而不设置泵站。

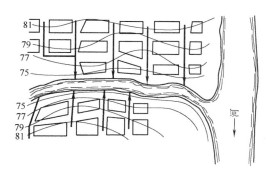

图 4-18 分散式出水雨水管道布置

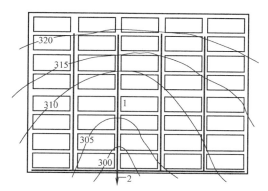

图 4-19 集中式出水雨水管道布置
1—干管；2—集中出水口

但在某些地势较低洼平坦、区域较大或受潮汐影响的城市，不得不设置雨水泵站的情况下，要把经过泵站排泄的雨水径流量减少到最小限度，以降低泵站的造价和运行费用。

3. 结合街区及道路规划布置雨水管渠

街区内部的地形、道路布置及建筑物的分布是确定街区内部雨水地面径流分配的主要因素。

道路通常是街区内地面径流的集中地，所以道路边沟最好低于相邻街区地面标高。应尽量利用道路两侧边沟排除地面径流。为降低工程造价，在每一集水流域的起端 100～200m 可以不设置雨水管渠。

雨水管渠通常是平行街道铺设，最好设在人行道下或慢车道下，但是干管（渠）不宜设在交通量大的快车道下，尽量设在道旁，以免道路积水时影响交通及维修管道时破坏路面。雨水干管（渠）应设在排水区内地形较低的道路下。

当道路宽度大于 40m 时，宜在道路两侧分别设置雨水管道。

雨水干管的布置应尽量避免与其他地下各种管线及地下构筑物相交，如必须时，要相互协调。排水管道与其他各种管线以及构筑物在布置上最小净距离要求，见表 4-1。

4. 合理选择布置雨水口

雨水口的作用是收集地面径流。雨水口的布置应根据汇水面积及地形确定，以雨水不漫过路面影响交通为宜，通常设置在道路交叉口及地形低洼处。在道路交叉口设置雨水口的位置与路面的倾斜方向有关，如图 4-20 所示。此外，在道路上一定距离处也应设置雨水口，其间距一般为 25～50m。当道路坡度大于 0.02 时，雨水口间距可大于 50m，其形式、数量和布置应根据具体情况和计算确定。坡段较短时可在最低点处集中收水，其雨水口的数量或面积应适当增加。雨水口连接管长度不宜大于 25m，管径不小于 200mm。低洼和易积水地段，应根据需要适当增加雨水口。雨水口的形式见本章第四节。

5. 合理选用雨水管渠系统中管道和明渠

雨水管渠系统是采用管道还是采用明渠。直接涉及到工程投资、环境卫生及管渠养护等方面的问题，应因地制宜，结合具体条件确定，采用明渠可以降低工程造价，但在，市区和厂区内，由于建筑物密度大，交通量大，会给生产和生活带来诸多不便；另外，明渠与道路交叉点多，使之增建许多桥涵，如果管理不善容易淤积，滋生蚊蝇，而影响环境卫

161

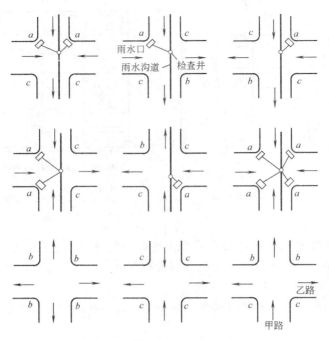

图 4-20　道路交叉口雨水口布置

生。所以在市区街道上一般通常采用管道排除雨水。但是，在地形平坦地区、埋设深度或出水口深度受限制的地区，可采用渠道（明渠或盖板渠）排除雨水。盖板渠或暗渠宜就地取材，构造宜方便维护，渠壁可与路侧石联合砌筑。

当管道与明渠连接时，管道应设置挡土墙。为防止明渠底部的冲刷，连接处的土明渠应加铺砌；铺砌高度不低于设计标高，铺砌长度按直管道末端算起 3～10m。如果跌水，当跌差为 0.3～2.0m 时，需作 45°斜坡，并应加铺砌。其构造尺寸如图 4-21 所示。当跌差大于 2.0m 时，应按水工构筑物设计。

明渠接入暗管时，除应采取上述措施外。尚应设置格栅，栅条间隙采用 100～150mm，以阻拦污物杂质。如果跌水，则需在跌水前 3.0～5.0m 处即需进行铺砌，其构造尺寸如图 4-22。

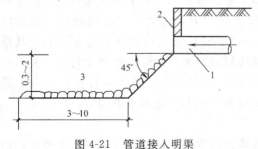

图 4-21　管道接入明渠

1—暗管；2—挡土墙；3—明渠

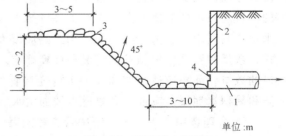

图 4-22　明渠接入管道

1—暗管；2—挡土墙；3—明渠；4—格栅

4.4.2　雨量分析与暴雨强度公式

1. 雨量分析的几个要素

162

（1）降雨量

降雨量是指降雨的绝对量，即降雨深度，用 h 表示。单位以 mm 计，也可用单位面积上的降雨体积表示。

在分析降雨量时，一般不以一场雨为研究对象，而是需要对多场雨进行分析，找出该地区降雨的特点和规律，如年平均降雨量是指对降雨作多年观测所得的各年降雨量的平均值；月平均降雨量是指多年观测所得的各月降雨量的平均值；年最大日降雨量是指多年观测所得的一年中降雨量最大一日绝对量。

（2）降雨历时

连续降雨的时段称为降雨历时，降雨历时可以指一场降雨的全部降雨时间，也可以指其中任意的连续降雨时段，单位为 min。

（3）暴雨强度（也称为降雨强度）

单位时间内降落的雨水深度称为暴雨强度。常用单位为 mm/min，用符号 i 表示，又称为暴雨平均强度。

$$i = \frac{h}{t} \qquad \cdot \qquad (4\text{-}16)$$

式中　i——暴雨强度，mm/min；

　　　h——降雨量，即降雨深度，mm；

　　　t——降雨历时，min。

在工程设计上，暴雨强度常用单位时间单位面积上的降雨体积 q 表示。单位为 L/（s·$10^4 \mathrm{m}^2$）。q 与 i 的关系如下：

$$q = \frac{10000 \times 1000}{1000 \times 60} i = 167i \qquad (4\text{-}17)$$

暴雨强度是描述暴雨特征的重要指标，也是决定暴雨径流量的重要要素。

（4）降雨面积和汇水面积

降雨面积是指降雨所笼罩的面积；汇水面积是指雨水管渠汇集雨水的面积，单位以 $10^4 \mathrm{m}^2$ 计。

任意一场降雨，在降雨面积上各点的暴雨强度是不相等的，即降雨是非均匀分布的。如果城镇或厂区的雨水管渠及排洪沟的汇水面积较小，一般小于 $100 \mathrm{km}^2$，属于小汇水面积，可以认为降雨的不均匀性影响较小，因而可以假定降雨在整个汇水面积内是均匀分布的，即在汇水面积内各点的暴雨强度相等。所以用雨量计测量所得的点雨量资料可用来代表整个小汇水面积的雨量资料。

（5）暴雨强度频率（P）与重现期（T）

暴雨强度频率 P 是指等于或大于某一暴雨强度的降雨出现的次数 m，与观测资料总项 n 之比，即 $P = \frac{m}{n} \times 100\%$，频率小，说明出现某一暴雨强度的可能性小，反之则大。

在雨水管渠系统设计中，通常采用暴雨强度的重现期（T）来代替频率，暴雨强度的重现期是指等于或超过某一数值的暴雨强度出现一次的平均时间间隔，单位用年（a）表示。重现期 T 与频率 P 互为倒数，即 $T = \frac{1}{P}$。

由于我们观测资料的年限是有限的，因此，用 $P=\dfrac{m}{n}\times100\%$ 式计算出的暴雨强度频率只能反映一定时期内的经验，不能反映整个历史过程降雨的规律，故称为经验频率。从公式中可看出，对于末项的暴雨强度来说，其频率 $P=100\%$，这显然不合理，因为无论所取得的资料年限多长，终究不能代表整个降雨的历史过程，现在观测资料中的极小值，不能代表整个历史过程中的极小值。因此，在水文学中采用公式 $P_n=\dfrac{m}{n+1}\times100\%$ 来计算经验频率。

在计算公式 $P=\dfrac{m}{n}$ 中，当所取得的序号总数 n 等于所取的资料年数 N 时，则有 $P=\dfrac{m}{N}$，将其代人经验频率计算公式中，得到：$P_n=\dfrac{PN}{n+1}\times100\%$。又因重现期与频率互为倒数，则：

$$P_n=\frac{\dfrac{1}{T}N}{n+1}\times100\%=\frac{N}{(n+1)T}\times100\% \tag{4-18}$$

2. 暴雨强度曲线与暴雨强度公式

进行雨量分析的目的，就是要得到诸要素之间的相互关系，以此分析出当地降雨规律，以便在设计中应用。

（1）暴雨强度曲线

各地的气象部门都设有自记雨量计，当累积了 10 年或 10 年以上的降雨资料，即可分析出当地的降雨规律。记录的年代愈长，所得的结果就愈准确，愈接近于当地的自然规律。

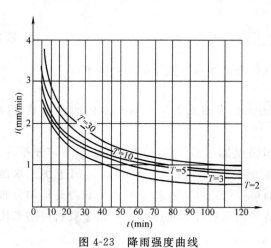

图 4-23　降雨强度曲线

在普通坐标或对数坐标纸上。以降雨历时 t 为横坐标，暴雨强度 $i(q)$ 为纵坐标，将求得各重现期相对应的各历时的暴雨强度点绘制在上面，然后将序号数相同（也就是重现期相同）的 i_5、i_{10}、i_{15}、i_{20}、i_{30}、i_{45}、i_{60}、i_{90}、i_{120} 各点连成光滑的曲线，这些曲线表示在某一重现期，暴雨强度 i 与降雨历时 t 之间的关系，称为暴雨强度曲线。每一条曲线上各历时所对应的暴雨强度的重现期是相同的。在雨水管渠设计中，应用暴雨强度曲线来进行计算很方便，如图 4-23 所示。

（2）暴雨强度公式

用数学表达式的形式来表达暴雨强度 $i(q)$，降雨历时 t、重现期 T 三者之间的关系称为暴雨强度公式，其公式推求过程已在《水文学》中叙述。我国常用的暴雨强度公式基本形式如下：

$$q=\frac{167A_1(1+C\lg T)}{(t+b)^n} \tag{4-19}$$

式中　　　q——设计暴雨强度，$L/(s \cdot 10^4 m^2)$；

　　　　　T——设计重现期，年；

　　　　　t——降雨历时，min；

A_1、C、b、n——地方参数，根据统计方法进行计算。

　　我国各地给排水设计部门、科研单位和高等院校，根据各地的自记雨量记录，推求了各个地区的暴雨强度公式，为设计工作提供了必要的数据。全国各城市的暴雨强度公式，可以在《给水排水设计手册》中查得。

　　通过对暴雨强度、降雨历时以及重现期三节关系的分析，可以得出以下特点。

　　1）暴雨强度是随着相应的降雨历时的增加而减小。

　　2）在同一地区，相应于同一降雨历时的阵雨，暴雨强度较小的，其重现期较短；强度大的，重现期较长。

　　3）对于不同地区，由于地方气候条件的差异，即使重现期相同，对应于同一降雨历时的暴雨强度也不相同。

4.4.3　雨水管渠设计流量的确定

　　降落在地面上的雨水，在经过地面植物和洼地的截留、地面蒸发、土壤渗透以后，剩下的雨水沿地面坡度形成地面径流，进入附近的雨水管渠。所以，合理地确定雨水设计流量是雨水管渠设计的重要依据。

　　1. 雨水设计流量计算公式

　　由于城市雨水管渠的汇水面积较小，属于中小汇水面积范畴，因此，雨水管渠设计流量，可以采用小汇水面积暴雨径流推理公式进行计算。即：

$$Q = \psi q F \tag{4-20}$$

式中　Q——雨水设计流量，L/s；

　　　ψ——地面径流系数，其值小于1；

　　　q——设计暴雨强度，$L/(s \cdot 10^4 m^2)$；

　　　F——汇水面积，$10^4 m^2$。

　　式（4-20）是根据以下假定，由雨水径流成因推导而得出的。假定：（1）暴雨强度在汇水面积上的分布是均匀的；（2）单位时间径流面积的增长为常数。具体推求略。由于式（4-20）是在作了假定后推求的，与实际有一定的差异，因此是一个半经验、半理论性公式，但基本上能满足工程计算上的要求，所以得到广泛应用。

　　2. 径流系数 ψ 的确定

　　降落到地面上的雨水，一部分形成地面径流进入雨水管渠，这部分流量称为径流量。径流量与降雨量的比值称为径流系数，即：

$$径流系数 = \frac{径流量}{降雨量} \tag{4-21}$$

　　显然径流系数值小于1。影响径流系数 ψ 的因素较多，最主要的是地面条件和降雨条件两大因素。如：地面的不透水性越好、地面的坡度越大，则径流系数就越大；降雨历时长，暴雨强度大，则径流系数就大。由于影响因素较多，所以难以精确地确定径流系数值。目前，在工程设计中通常根据当地地面覆盖种类，按经验来确定。《规范》规定的各种地面覆盖径流系数见表4-12。

地面径流系数ψ值　　　表 4-12

地面种类	ψ	地面种类	ψ
各种屋面、混凝土和沥青路面	0.90	干砌砖石和碎石路面	0.40
大块石铺砌路面和沥青表面处理的碎石路面	0.60	非铺砌土地面	0.30
级配碎石路面	0.45	公园或绿地	0.15

由于汇水面积是由各种性质的地面覆盖所组成，所以，根据地面种类，按加权平均法来计算径流系数，称为平均径流系数ψ_{ac}。

$$\psi_{ac}=\frac{\sum F_i\psi_i}{F} \tag{4-22}$$

式中　ψ_{ac}——汇水面积平均径流系数；

$\quad\quad F_i$——汇水面积上各类地面面积，$10^4 \mathrm{m}^2$；

$\quad\quad \psi_i$——相应于各类地面的径流系数；

$\quad\quad F$——全部汇水面积，$10^4 \mathrm{m}^2$。

【例题 4-4】　已知某居住区各类地面面积如表 4-13，求该居住区的平均径流系数ψ_{ac}值。

【解】　按表 4-12 定出各类地面ψ_i值，填入表 4-13 中，$F=4\ 10^4\mathrm{m}^2$，则：

$$\psi_{ac}=\frac{\sum F_i\psi_i}{F}=\frac{1.2\times0.9+0.6\times0.9+0.6\times0.4+0.8\times0.3+0.8\times0.5}{4}=0.55$$

某居住区径流系数计算表　　　表 4-13

地　面　种　类	面积 $F_i(10^4\mathrm{m}^2)$	采用ψ_i值
屋面	1.2	0.9
沥青道路及人行道	0.6	0.9
圆石路面	0.6	0.4
非铺砌路面	0.8	0.3
绿地	0.8	0.15
合　　计	4	0.55

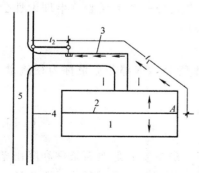

图 4-24　设计断面集水时间示意
1—房屋；2—屋面分水线；3—道路边沟；4—雨水管道；5—道路

3. 设计暴雨强度的确定

要确定设计暴雨强度，必须先确定相应的降雨历时和设计降雨重现期。

（1）设计降雨历时 t 的确定

对于雨水管渠某一设计断面来说，集流时间 t 由两部分组成（如图 4-24 所示）：①从汇水面积最远点流到第 1 个雨水口的时间称为地面集水时间 t_1；②从第 1 个雨水口流到设计断面的时间称为管渠内雨水流行时间 t_2。所以设计降雨历时可用下式计算：

$$t=t_1+mt_2 \tag{4-23}$$

式中　t ——设计降雨历时，min；

　　　t_1 ——地面集水时间，min；

　　　t_2 ——管渠内雨水流行时间，min；

　　　m ——折减系数，《室外排水设计规范》规定：暗管折减系数 $m=2$；明渠折减系数 $m=1.2$。在陡坡地区，采用暗管时折减系数 $m=1.2\sim2$。

1）地面集水时间 t_1 的确定

地面集水时间 t_1 是指汇水面积上最远点的雨水流达第一个雨水口的时间。地面集水时间 t_1 的大小与地面坡度、地面铺砌情况、水流路程的长短等因素有关。这些因素直接影响水流沿地面或边沟流动的速度。其次与暴雨强度也有关系，因为暴雨强度大，水流速度也大。

在实际应用中，要准确地确定 t_1 值是较为困难的，所以一般采用经验数值。根据规范规定，地面集水时间视集水距离长短、地形坡度、地面铺盖情况而定，一般采用5～15min。设计时应视具体条件合理确定。根据经验，在汇水面积较小，地形较陡，雨水口分布较密的地区，或街坊内设置有雨水管道，可取 $t_1=5\sim8$min 左右；而在汇水面积较大，且地形较平坦，雨水口分布较稀疏的地区。一般可取 $t_1=10\sim15$min。起点检查井上游地区流行距离以不超过 $120\sim150$m 为宜。

2）管渠内雨水流行时间 t_2 的确定

管渠内雨水流行时间 t_2 是指雨水在管渠内从起端第一个雨水口流行到设计断面所需时间。它与雨水在管渠内流经的距离以及流速有关，可用下式计算：

$$t_2 = \sum \frac{L_{ij}}{60v} \tag{4-24}$$

式中　t_2 ——雨水在上游管渠内的流行时间，min；

　　　L_{ij} ——设计断面上游各管段长度（m），ij 管段编号；

　　　v ——雨水在上游管渠内的设计流速，m/s。

由此暴雨强度公式便可写成：

$$q = \frac{167A_1(1+C\lg T)}{(t_1+mt_2+b)^n} \tag{4-25}$$

（2）设计重现期的确定

在雨水管渠设计中，若选用较高的设计重现期，计算所得的暴雨强度大，管渠断面尺寸相应大。这对于防止地面积水是有利的，其安全性高。但在经济上则因管渠断面的增大而增加了工程造价；若选用较低的设计重现期，则设计流量偏小，流量小，则管渠断面可相应的减小，这样虽然可降低工程造价，但可能会发生排水不畅造成积水，将会给生产、生活带来不便或损失。

规范规定雨水管渠重现期的选用，应根据汇水地区的建设性质（广场、干道、厂区、居住区）、地形特点和气象特点等因素确定。在同一个排水系统中，不同管段可采用同一个设计重现期或不同的设计重现期。特别重要的地区和次要地区要酌情增减，设计重现期一般选用 $0.5\sim3$ 年，对于重要干道、重要地区或短期积水即能引起较严重后果的地区，设计重现期一般选用 $2\sim5$ 年，并应和道路设计协调。

当确定了设计管段的降雨历时 t 和设计重现期 T 后，就可以将此数值代入暴雨强度公式中，求出与设计管段相应的设计暴雨强度值。

4.4.4　雨水管渠的水力计算

1. 雨水管渠水力计算的一般规定

为了保证雨水管渠的正常工作，避免发生淤积和冲刷现象，规范中对雨水管渠水力计算的基本数据作了如下规定：

（1）设计充满度

雨水管道设计充满度按满流计算，即 $h/D=1$；明渠超高一般不应小于 0.3m。

（2）设计流速

为避免雨水所夹带的泥沙等无机物质在管渠内沉淀下来而堵塞管道，规范规定：满流时管道内最小流速为 0.75m/s；明渠内最小流速为 0.4m/s。

为了防止管渠受到冲刷而损坏，其最大流速的规定与污水管渠相同。

（3）最小管径（断面）和最小坡度

雨水支干管的最小管径为 300mm，最小设计坡度为 0.003；雨水口连接管最小管径为 200mm，设计坡度不小于 0.01；明渠、盖板渠的底宽，不宜小于 0.3m，用砖石或混凝土块铺砌的明渠，可采用 1：0.75～1：1 的边坡。无铺砌的明渠边坡，应根据不同的地质按表 4-14 采用。

无铺砌明渠边坡　　　　　　　　　　　　表 4-14

地　　　质	边　　　坡
粉砂	1：3～1：3.5
松散的细砂、中砂和粗砂	1：2～1：2.5
密实的细砂、中砂、粗砂或粉质黏土	1：1.5～1：2
黏土砾石或卵石	1：1.25～1：1.5
半岩性土	1：0.5～1：1
风化岩石	1：0.25～1：0.5
岩石	1：0.1～1：0.25

（4）最小埋深与最大埋深，具体规定与污水管道相同。

（5）管渠的断面形式

雨水管渠一般采用圆形断面，当直径超过 2000mm 时也可采用矩形、半椭圆形或马蹄形的断面，明渠一般采用梯形断面。

2. 雨水管渠水力计算图表

雨水管渠水力计算也按均匀流考虑，水力计算公式和水力计算方法与污水管道基本相同。但按满流设计。在工程设计计算中，采用根据公式制成的满流水力计算图表（见给水排水设计手册），通常，在雨水管渠系统设计中，已知管渠的粗糙系数 n 和设计流量 Q，需要求得管径 D、流速 v、管道坡度 i，在应用中可参考地面坡度假定管底坡度 i，并根据流量 Q 值，从水力计算图表中求得管径 D、流速 v，使求得的 D、v、i 各值符合雨水管渠水力计算基本数据的有关规定。

【例题 4-5】　已知：$n=0.13$，设计流量 $Q=200$L/s，该管段的地面坡度为 $i_d=0.004$，

试计算该管段的管径 D、管底坡度 i 及流速 v。

【解】 在图 4-25 上先找 $Q=200L/s$ 作竖线，在纵坐标找到 $i_d=0.004$，两线相交于 A 点，则 $v=1.17m/s$，D 值介于 $400\sim500mm$ 间，对 D 进行调整。

设 $D=400mm$，先找 $Q=200L/s$ 作竖线与 $D=400mm$ 斜线相交 B 点，此时 $v=1.6m/s$，$i=0.0092$，i 值与 i_d 值相差甚远，会增加管道埋深，不能采用。

设 $D=500mm$，先找 $Q=200L/s$ 作竖线，与 $D=500mm$ 斜线相交 C 点，此时，$i=0.0028$，$v=1.02m/s$，此结果合适，决定采用。

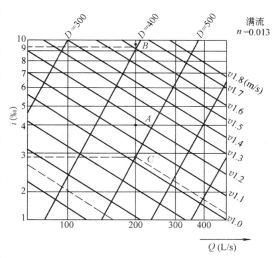

图 4-25 钢筋混凝土圆管水力计算图

3. 雨水管渠系统设计步骤和水力计算

雨水管渠系统设计通常按下列步骤进行：

（1）划分排水流域及进行雨水管渠系统的平面布置

根据城镇或工业企业地形图、规划图或总平面布置图，按设计地区的地形划分排水流域。如地形平坦无明显分水线时，按城市主要街道的汇水面积划分排水流域。

按照雨水管渠系统的布置原则，在总平面图上，确定雨水管渠系统的布置形式、雨水出路以及雨水干、支管渠的具体平面位置。

（2）划分设计管段

雨水管渠设计管段的划分方法与污水管渠设计管段的划分方法相同。即，根据管道的具体位置，在管道转弯处、管径或坡度改变处有支管接入处或干管交汇处以及超过一定距离的直线管段上，都应设置检查井。两个检查井之间的流量基本不变，且预计管径和坡度也没有变化的直管段可作为一个设计管段。确定出主干管、干管后，依次进行编号。

（3）划分并计算各设计管段的汇水面积

根据已划分的排水流域，再划分各设计管段的汇水面积。应结合排水流域的地形、汇水面积的大小以及雨水管道布置等情况来确定。当地形较平坦时，可按就近排入附近雨水管道的原则来划分汇水面积；当地形坡度较大时，应按地面雨水径流的水流方向划分汇水面积。对汇水面积进行编号，并计算各管段的汇水面积，且将其标注在水力计算图上。

（4）确定各排水流域的平均径流系数 ψ、设计降雨重现期 T、地面集水时间 t_1 及管道起点的埋设深度。

（5）求单位面积的径流量 q_0

$$q_0=q\cdot\psi=\frac{167A_1(1+Clg T)}{(t+b)^n}\cdot\psi=\frac{167A_1(1+Clg T)}{(t_1+mt_2+b)^n}\cdot\psi\quad[L/(s\cdot10^4 m^2)]\quad(4\text{-}26)$$

对于具体的设计工程来说，式中的 T、t_1、ψ、m、A_1、b、c 均为已知参数，因此 q_0 只是 t_2 的函数。

（6）列表进行雨水干管及支管的水力计算。

雨水管道设计流量与管道水力计算应同时进行。计算从上游向下游依次进行，通过计算求得各管段的雨水设计流量，同时计算确定出各管段的管渠断面尺寸、管渠坡度、流速、管底标高及管道埋深等。

在划分各设计管段的汇水面积时，应尽可能使各设计管段的汇水面积均匀增加，否则会出现下游管段的设计流量小于上游管段设计流量的情况。这是因为下游管段的集水时间大于上游管段的集水时间，故下游管段的设计暴雨强度小于上游管段的暴雨强度，而汇水面积增加很小的缘故。若出现了这种情况，应取上游管段的设计流量作为该管段的设计流量。

（7）根据管渠水力计算结果，绘制雨水管渠平面图及纵剖面图。

4．雨水管渠水力计算示例

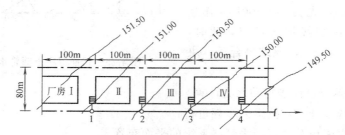

图 4-26　某厂区部分雨水管道平面图

【例题 4-6】　某厂区部分雨水管道平面布置如图 4-26 所示。该地区暴雨强度公式为：
$q=\dfrac{500(1+1.47\lg T)}{t^{0.65}}$，设计重现期 $T=1a$，管材采用钢筋混凝土圆管，管道起点 1 的管底标高定为 2.0m，各类地面面积见表 4-15，试进行雨水管道设计计算。

【解】　1．依据地形及管道布置情况，确定各汇水面积的水流方向、划分设计管段、计算各管段汇水面积、量出各管段长度，并将管段编号、各管段汇水面积、管长填入水力计算表 4-17 中。例如管段 1～2 的汇水面积为 $F_{1-2}=\dfrac{100\times 80}{10000}=0.8\times 10^4 m^2$，管段 1～2 长度从图中量 $L_{1-2}=100m$。

2．依据管道平面图和地形图，确定各管段起讫点的地面高程，并填入水力计算表中。如从图中量得 1 号和 2 号检查井的地面高程分别为 150.95m 和 150.45m。

径流系数 ψ 及 ψF 值　　　　表 4-15

地　面　种　类	面积 $F_1(10^4 m^2)$	径流系数 ψ_1	$\psi_1 F_1$
屋面	0.6	0.9	0.621
柏油道路	0.84	0.9	0.756
人行道路	0.36	0.9	0.350
草地	1.28	0.15	0.192
合计	3.2		1.911

3．求居住区平均径流系数 $\psi_{平均}$。已知四块街区的总面积为 $3.2\times 10^4 m^2$，各类面积 F_1 及 ψ_1 值列入表 4-15 中，由平均径流系数公式则有：

$$\psi_{平均}=\frac{\sum F_1\psi_1}{F}=\frac{1.911}{3.2}=0.60$$

4. 求单位面积径流量 q_0。单位面积径流量即为设计降雨强度 q 与平均径流系数 $\psi_{平均}$ 的乘积：

$$q_0=q\psi_{平均}\qquad [\mathrm{L/(s\cdot 10^4\,m^2)}]$$

将重现期 $T=1a$ 代入暴雨强度公式有：

$$q=\frac{500(1+1.47\lg T)}{t^{0.65}}=\frac{500}{t^{0.65}}$$

所以 $q_0=q\psi_{平均}=\frac{500}{t^{0.65}}\times 0.6=\frac{300}{t^{0.65}}$

由于工厂的街区面积较小，取地面集水时间 $t_1=5\mathrm{min}$，由于采用暗管，则 m 取 2.0，设计降雨历时 $t=t_1+mt_2=5+2t_2$，将其代入上式，则有：

$$q_0=\frac{300}{(5+2t_2)^{0.65}}$$

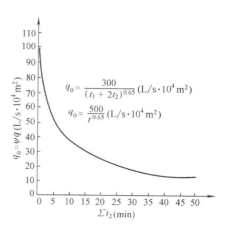

图 4-27 单位面积径流量曲线

将根据上式计算结果列入表 4-16 中。根据表中不同 t_2、q_0 值，绘制单位面积径流量曲线，如图 4-27，以便在水力计算时使用。

单位面积径流量计算表 表 4-16

t_2(min)	0	5	10	15	20	25	30	35	40	45	50	55
$(5+2t_2)$(min)	5	15	25	35	45	55	65	75	85	95	105	115
$(5+2t_2)^{0.65}$	2.85	5.8	8.1	10.0	11.9	13.6	15.0	16.6	18.0	19.3	20.5	21.8
$q_0=q\psi_{平均}$	105	51.7	37	30	25.2	22.1	20	18.1	16.7	15.5	14.7	13.8

5. 进行雨水管道流量计算及水力计算。计算可在表 4-8 所示的水力计算表上进行，先从管道起端开始，依次向下游进行，其方法如下：

先根据设计断面上游管段的管内雨水流行时间 $t_2=\sum\frac{L_{ij}}{60v}$，查 q_0—t_2 曲线，求得单位面积径流量 q_0，然后根据设计流量计算公式 $Q=q\cdot F\cdot\psi=q_0\cdot F$，求出各设计管段的设计雨水流量。据管段设计流量 Q，并参考地面坡度查满流水力计算图表（附录二）确定出管径 D、坡度 i 和流速 v，再进一步计算出管段起讫点管底高程及埋设深度，并填人计算表中相应的栏目，其讦算方法与污水管道水力计算方法相同。管道在检查井处的衔接方法采用管顶平接。本例题计算结果见表 4-17。

6. 根据表 4-17 的水力计算结果，绘制雨水管道纵剖面图，其方法与绘制污水管道纵剖面图相同，本例题略。

4.4.5 排洪沟的设计

依山建设的城镇或工业区，除应及时排除建设地区范围内的暴雨径流量以外，还应及时排除建设地区以外的沿山坡倾泻而下的洪峰流量。由于山区地形坡度大，集水时间短，洪水流量大，且水流中夹带大量砂石等杂质，冲刷力大，城镇或厂区易受到威胁。因此，

雨水管道水力计算表　　　　　　　　　　　　　　　　　　　　　　　表 4-17

管段编号	管段长度(m)	雨水在管区内的流行时间(min)		单位面积径流量 q_0 (L/s·10^4m²)	汇水面积 $F(10^4 \text{m}^2)$			设计流量 Q(L/s)	管径 D(mm)	坡度 i(‰)	流速 v(m/s)
		$t_2 = \sum \dfrac{L_{ij}}{60v}$	$\dfrac{L_{ij}}{v}$		本段	转输	合计				
1	2	3	4	5	6	7	8	9	10	12	13
1—2	100	0	1.85	105	0.8	0	0.8	84.2	350	4	0.9
2—3	100	1.85	1.7	74	0.8	0.8	1.6	118.4	400	4	0.98
3—4	100	3.55	1.38	59	0.8	1.6	2.4	141.6	400	5	1.18

管道实际输水能力(L/s)	管底坡降 iL(m)	管径差值(m)	原地面标高		设计地面标高		管底标高		埋设深度	
			起点(m)	终点(m)	起点(m)	终点(m)	起点(m)	终点(m)	起点(m)	终点(m)
86.5	0.4		150.95	150.45	150.95	150.45	148.95	148.55	2.00	1.90
123.5	0.4	0.05	150.45	149.95	150.45	149.95	148.50	148.10	1.95	1.85
142.2	0.5		149.95	149.45	149.95	149.45	148.10	147.60	1.85	1.85

应在建设地区周围设置排洪沟，有效地拦截洪峰流量，将其排入附近水体，保证人们的生命财产安全。见图 4-28 所示。

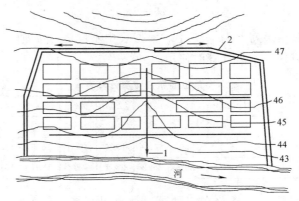

图 4-28　某居住区雨水管道及排洪沟布置
1—雨水管；2—排洪沟

1. 设计洪峰流量的确定

关于山区洪峰流量的计算，可采用小汇水面积洪峰流量计算公式，也可通过对洪水调查资料进行计算。我国各地区计算小汇水面积（指汇水面积小于 30km^2）有三种方法。

（1）洪水调查法

主要是深入现场勘查洪水的痕迹，推求洪水发生的频率，选择和测量河槽断面，按下述公式计算洪峰的流量和流速。

$$v = \frac{1}{n} R^{2/3} I^{1/2} \tag{4-27}$$

$$Q = \frac{1}{n} \omega R^{2/3} I^{1/2} \tag{4-28}$$

式中　v——洪峰流速，m/s；

　　　R——河槽的水力半径，m，即河槽过水断面与湿周比值；

I——水面比降（纵坡），可用河底平均比降代替；

Q——通过调查断面的洪水流量，m^3/s；

ω——调查断面的过水面积，m^2；

n——河道粗糙系数。

（2）推理公式法

利用我国水利科学院水文研究所提出的推理公式来计算：

$$Q = 0.278 \times \frac{\psi \cdot S}{\tau^n} \cdot F \tag{4-29}$$

式中　Q——设计洪峰流量，m^3/s；

ψ——洪峰径流系数；一般山地 $\psi = 0.7 \sim 0.8$，丘陵地区 $\psi = 0.55 \sim 0.7$，山坡被垦植后梯田区 $\psi = 0.3$；

S——暴雨雨力与设计重现期相应的最大 1 小时降雨量，mm/h；

n——暴雨强度衰减系数；

F——流域面积，km^2。

该公式适用于流域面积为 $40 \sim 50 km^2$ 的地区。

（3）地区性经验公式

该法使用方便，计算简单，但地区性很强，使用时参阅各省（区）的水文手册。

$$Q = K \cdot F^n \tag{4-30}$$

式中　Q——设计洪峰流量，m^3/s；

F——流域面积，km^2；

K、n——随地区及洪水频率而变化的系数和指数。

对上述三种方法，应特别重视洪水调查法，并在此基础上，再结合其他方法应用于工程中。公式中各项参数的确定，详见《水文学》中有关内容及其他有关文献。

2. 排洪沟的设计标准

排洪沟的设计标准，一般以洪峰流量的设计频率表示，该值的大小由设计地区的重要程度、灾后损失和修复难易等综合考虑而定。表 4-18 所示为我国目前常采用的排洪工程设计标准。

城 市 防 洪 标 准　　　　　　　　　　　表 4-18

城　　　市	工 业 区	农田面积（$10^4 m^2$）	设计洪水标准	
			频率（%）	重现期（a）
重大城市	重大工业区	＞500	1～0.3	100～300
重要城市	重要工业区	100～500	2～1	50～100
中等城市	中等工业区	30～100	5～2	20～50
一般城市	一般工业区	＜30	10～5	10～20

3. 排洪沟设计的原则及要点

（1）排洪沟的布置应与厂区总体规划密切配合，统一考虑。避免将厂房或居住建筑设在山洪口上。

（2）排洪沟尽量利用原有的沟渠，必要时加以修整。且排洪沟的具体位置应设在地形平缓、地质较稳定的地带。

（3）为顺利地将洪峰导入排洪沟，排洪沟的进口段应选在地形、地质条件都较稳定的地段，出口段应设在不冲刷的地点。此外，在出口段，应考虑有一定距离的渐变段以减缓洪水对出口段的冲刷。

（4）如因地形的限制，排洪沟无法布置成直线走向时，应保证转变处具有良好的水力条件，平面上转弯处的弯曲半径不小于5倍的设计水面宽度；盖板渠和铺砌明渠可采用小于设计水面的2.5倍。由于离心力的作用，弯道处的水流产生内外侧水位差，故设计时外侧沟高应大于内侧沟高。除考虑水深的安全超高外，还应增加水位差值的1/2，并应加强转弯处的护砌。水位差值按下式计算：

$$h = \frac{v^2 B}{Rg}$$ （4-31）

式中　h——水位差值，m；

　　　v——排洪沟的平均流速，m/s；

　　　R——弯道半径，m；

　　　B——设计水面宽度，m；

　　　g——重力加速度，m/s^2。

排洪沟超高取0.3～0.5m。

（5）排洪沟穿越桥涵时，涵洞尺寸应保证设计洪水量通过，并考虑养护方便。

（6）常用矩形或梯形断面明渠，其加固方式及材料，根据沟内最大流速、地形及地质条件及当地材料供应情况而定。排洪沟一般常用片石、块石铺砌，但不宜采用土明沟。图4-29为常用排洪沟断面及其加固形式。

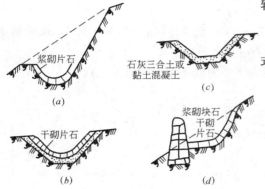

图4-29　常用排洪沟断面及其加固形式

（a）矩形片石沟；（b）梯形单层干砌片石沟；
（c）梯形单层浆砌片石沟；（d）梯形双层浆砌片石沟

（7）排洪沟最大流速的规定，见表4-19。为防止冲刷，按流速的不同选用不同铺砌的加固形式，加强沟底沟壁。

排洪沟最大允许流速　　　　　　　　　　表4-19

序号	铺　砌　及　防　护　类　型	水流平均深度（m）			
		0.4	1.0	2.0	3.0
		平均流速（m/s）			
1	单层铺石（石块尺寸15cm）	2.5	3.0	3.5	3.8
2	单层铺石（石块尺寸20cm）	2.9	3.5	4.0	4.3
3	双层铺石（石块尺寸15cm）	3.1	3.7	4.3	4.6
4	双层铺石（石块尺寸20cm）	3.6	4.3	5.0	5.4
5	水泥砂浆砌软弱沉积岩块石砌体，石材强度等级不低于MU10	2.9	3.5	4.0	4.4
6	水泥砂浆砌中等强度沉积岩块石砌体	5.8	7.0	8.1	8.7
7	水泥砂浆砌，石材强度等级不低于MU30	7.1	8.5	9.8	11.0

4. 排洪沟的水力计算

水力计算公式见式（4-27）和式（4-28），公式中，过水断面ω和湿周χ求法：

梯形断面，见图4-30所示。

$$W = Bh + mh^2$$ （4-32）

174

$$\chi = B + 2h\sqrt{1+m^2} \qquad (4\text{-}33)$$

式中　h —— 水深，m；

　　　B —— 底宽，m；

　　　χ —— 湿周，m；

　　　m —— 沟侧边坡水平投影与深度
　　　　　　比（边坡率）。

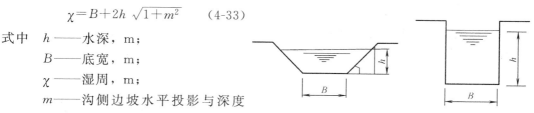

图 4-30　梯形和矩形断面的排洪沟

矩形断面：

$$W = Bh \qquad (4\text{-}34)$$

$$\chi = 2h + B \qquad (4\text{-}35)$$

在水力计算时，常遇到下述情况（计算类型）：

（1）已知设计流量、渠底坡度，确定渠道断面。

（2）已知设计流量和流速、渠道断面及粗糙系数，求渠底坡度。

（3）已知渠道断面、渠道坡度及粗糙系数，求渠道输水能力。

5. 排洪沟设计计算实例

【例题 4-7】　某工厂已有天然梯形断面砂砾石河槽的排洪沟，总长 600m，沟纵向坡度 $I = 5\%$，沟粗糙系数 $n = 0.025$，沟边坡为 $1:m = 1:1.2$，沟底宽度 $b = 2.0$m，沟顶宽度 $B = 5.6$m，沟深 1.5m，当采用重现期 $P = 50$a 时，洪峰流量 $Q = 18\text{m}^3/\text{s}$，试复核排洪沟的过水能力。

【解】　计算如下：

1. 复核已有排洪沟断面能否满足 Q 的要求

按流量公式
$$Q = Wv = WC\sqrt{Ri}$$

$$C = \frac{1}{n}R^{1/6}$$

对于梯形断面面积：$W = bh + mh^2$（m²）

其水力半径：$R = \dfrac{bh + mh^2}{b + 2h\sqrt{1+m^2}}$（m）

设：原有排洪沟有效水深 $h = 1.3$m，安全超高 0.2m

则　$R = \dfrac{bh + mh^2}{b + 2h\sqrt{1+m^2}} = \dfrac{2\times1.3 + 1.2\times1.3^2}{2 + 2\times1.3\sqrt{1+1.2^2}} = 0.76$m

当 $R = 0.76$m，$n = 0.025$ 时

$$C = \frac{1}{n}\cdot R^{1/6} = \frac{1}{0.025}\times0.76^{1/6} = 38.2$$

则原有排洪沟的水流断面积为：

$$W = bh + mh^2 = 2\times1.3 + 1.2\times1.3^2 = 4.628\text{m}^2$$

原有排洪沟的过水能力：

$$Q' = Wv = WC\sqrt{Ri} = 4.628\times38.2\sqrt{0.76\times0.005} = 10.89\text{m}^3/\text{s}$$

故 $Q' < Q$，原有沟断面略小，需进行调整。

2. 原有排洪沟改造方案

（1）第一方案：在原沟断面充分利用的基础上，增加排洪沟深度至 $H=2m$，有效水深1.8m，如图 4-31 所示。

此时，$W=bh+mh^2=0.5\times1.8+1.2\times1.8^2=5.33m^2$

$$R=\frac{bh+mh^2}{b+2h\sqrt{1+m^2}}=\frac{0.5\times1.8+1.2\times1.8^2}{0.5+2\times1.8\sqrt{1+1.2^2}}=0.83m$$

当 $R=0.83m$，$n=0.025$ 时

$$C=\frac{1}{n}\cdot R^{1/6}=\frac{1}{0.025}\times0.83^{1/6}=39.08$$

则 $Q'=Wv=WC\sqrt{Ri}=5.33\times39.08\sqrt{0.83\times0.005}=13.42m^3/s$

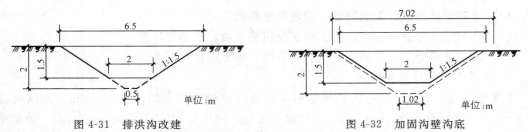

图 4-31　排洪沟改建　　　　　　　图 4-32　加固沟壁沟底

显然，$Q'<Q$，故经调整后的排洪沟仍不能满足要求。

（2）第二方案：

适当挖深并略为扩大其过水断面，使之满足排除洪峰流量的要求。扩大后的断面采用浆砌片石铺砌，加固沟壁沟底，以保证沟壁的稳定。如图 4-32 所示。按水力最佳断面进行调整，其梯形断面宽深比为：

$$\beta=\frac{b}{h}=2(\sqrt{1+m^2}-m)=2(\sqrt{1+1.2^2}-1.2)=0.724$$

$$b=\beta h=0.724\times1.8=1.3\ m$$

$$W=bh+mh^2=1.3\times1.8+1.2\times1.8^2=6.228\ m^2$$

$$R=\frac{W}{b+2h\sqrt{1+m^2}}=\frac{6.228}{1.3+2\times1.8\sqrt{1+1.2^2}}=0.9\ m$$

取　$R=0.9m$，$n=0.02$（人工渠道粗糙系数见表 4-20）

$$C=\frac{1}{n}\cdot R^{1/6}=\frac{1}{0.02}\times0.9^{1/6}=49.35$$

$$Q'=Wv=WC\sqrt{Ri}=6.228\times49.35\sqrt{0.9\times0.005}=20.6\ m^3/s$$

则 $Q'>Q$，此结果满足排除洪峰流量 $Q=18m^3/s$ 的要求。

复核排洪沟内水流流速：

$$v=C\sqrt{Ri}=49.35\sqrt{0.9\times0.005}=3.3\ m/s$$

查表 4-19，加固后的沟底沟壁最大设计流速 3.5m/s，故此方案不会受到冲刷，决定采用此方案。

人工渠道的粗糙系数 *n* 值　　　　　表 4-20

序　号	渠道表面的性质	粗糙系数 *n*
1	细砾石($d=10\sim30mm$)渠道	0.022
2	中砾石($d=20\sim60mm$)渠道	0.025
3	粗砾石($d=50\sim150mm$)渠道	0.03
4	中等粗糙的凿岩渠	$0.033\sim0.04$
5	细致爆开的凿岩渠	$0.04\sim0.05$
6	粗糙的极不规则的凿岩渠	$0.05\sim0.065$
7	细致浆砌碎石渠	0.013
8	一般的浆砌碎石渠	0.017
9	粗糙的浆砌碎石渠	0.02
10	表面较光的夯打混凝土	$0.0155\sim0.0165$
11	表面干净的旧混凝土	0.0165
12	粗糙的混凝土衬砌	0.018
13	表面不整齐的混凝土	0.02
14	坚实光滑的土渠	0.017
15	掺有少量黏土或石砾的砂土渠	0.02
16	砂砾底砌石坡的渠道	$0.02\sim0.022$

4.5　排水管材及附属构筑物

4.5.1　排水管渠的材料

1. 排水管渠对材料的要求

（1）排水管材必须具有足够的强度，以承受外部的荷载（土压力及车辆等动荷载）及内部的水压，并在运输中不致于损坏。

（2）具有较好的抗渗性能，防止污水渗出或地下水渗入。污水从管道中渗出，造成地下水受到污染；地下水渗入排水管道，则造成管道中水流流量增加，同时也增加了污水处理厂的水量负荷，使污水处理的运行费用增加。

（3）具有良好的耐腐蚀性、抗冲刷性和耐磨损性。地下水及污水含有腐蚀性杂质（如酸碱等），对管道产生浸蚀作用；污水对管道的冲刷及污水中固体杂质运动时对管道的磨损等。这都将降低管道的使用寿命。

（4）具有良好的水力条件。管道内壁整齐光滑，使水流阻力尽量减小，管道不易发生淤积；

（5）排水管渠应就地取材，工程造价低，并考虑预制管件及快速施工的可能性。

常见用来制作排水管渠的材料有：混凝土、钢筋混凝土、石棉水泥、陶土，铸铁及塑料等。使用何种材料制作的管材，应根据当地具体情况，结合污水的性质、管道承受的内外压力性能、埋设地点的土质条件等因素确定。

2. 常用的排水管材

（1）混凝土管及钢筋混凝土管

该管材的主要特点是制作方便、造价低、耗费钢材少，在室外排水管道中应用广泛。缺点是易被含酸碱废水侵蚀，重量较大，搬运不便，管节长度较短，接口较多等。混凝土管构造形式有：企口式、承插式及平口式三种，如图 4-33 所示。接口的做法见《给水排

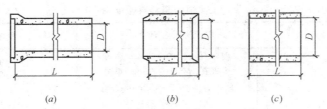

图 4-33　钢筋混凝土管、混凝土管构造形式

（a）承插式；（b）企口式；（c）平口式

水标准图集》S222。混凝土管直径一般小于 500mm，若超过直径 500mm 时，一般应作成钢筋混凝土管。钢筋混凝土管可承受较大的内压，可在对管材抗弯、抗渗有要求，管径较大的工程中使用。

钢筋混凝土管按荷载的要求，又分为轻型钢筋混凝土管和重型钢筋混凝土管。

（2）陶土管

陶土管又称缸瓦管，是由塑性黏土、耐火黏土及石英砂按一定的比例，经研细、调和、制坯、烘干、焙烧等过程制成。其有效长度为 400～800mm，管径一般小于 500mm，陶土管特点是质脆、强度低，不能承受内压，管节短，接口较多。但是陶土管耐酸碱腐蚀能力较强，而且价格低。

陶土管一般制成圆形，根据需要可制成无釉、单面釉和双面釉。接口形式有承插式和平口式两种，如图 4-34 所示。一般采用 1∶2.5 或 1∶3 水泥砂浆抹带接口。

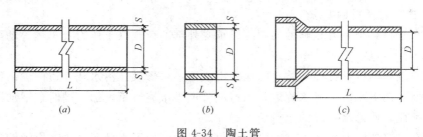

图 4-34　陶土管

（a）直管；（b）管箍；（c）承插管

带釉的陶土管内外壁光滑，水流阻力小，耐磨损，抗腐蚀。适用于排除腐蚀性较强的工业酸碱废水或管外有侵蚀性地下水的污水管道。山东、唐山、北京等地均有陶土管生产。

（3）石棉水泥管

石棉水泥管由石棉纤维和水泥制成。接口为平口式，用套管连接，常用管径在 50～600mm 之间，每节长度一般为 2.5～4.0m。有低压和高压石棉水泥管，分别用于重力流管道和压力流管道。

石棉水泥管具有强度大、表面光滑、不透水、重量轻、管节长接头少等特点。但石棉水泥管材质脆，耐磨性稍差。工程中采用不多。

（4）塑料管

塑料管在国内外已普遍采用。例如高密度聚乙烯（HDPE）双壁波纹管，它具有抗压能力强、良好的抗冲击性能、工程造价低、施工便捷、内壁光滑水力条件好、化学性能稳定、耐磨损、寿命长等特点。

（5）大型排水渠道

在排水工程中，常见的预制管道管径一般小于 2m，当需要更大的口径时，可在现场建造大型排水渠道。一般多采用矩形、拱形、马蹄形等断面。采用的材料有砖、石、陶土块、混凝土块、钢筋混凝土块和钢筋混凝土等。采用现浇钢筋混凝土时，需在施工现场支模浇制，采用其他几种材料时，在施工现场主要是铺砌或安装。施工材料的选择，应根据当地的供应情况，就地取材。

大型排水渠道通常由渠顶、渠底和基础以及渠身构成。如图 4-35 所示。

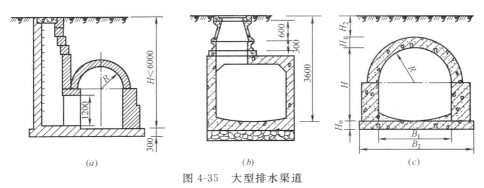

图 4-35　大型排水渠道
（a）石砌拱形渠道；（b）矩形钢筋混凝土渠道；（c）大型钢筋混凝土渠道

除上述管材外，在盛产竹木地区，常采用竹管和木管。在污水排水泵站的进出水管、流砂严重地段、污水处理厂内部的排水管道还经常采用经防腐处理后的金属管道（铸铁管）。

管材的选择影响工程造价和使用寿命，选择时，就地取材，结合排水的水质、地质、管道承受的内外压力以及施工方法等因素确定。

4.5.2　排水管道的接口与基础

1. 排水管道接口

排水管道的不透水性和耐久性，除管材本身材质以外，在很大程度上还取决于管道接口质量。管道的接口应具有足够的强度，不透水，抵抗污水或地下水的侵蚀，并且，最好具有一定的弹性，以防止地基不均沉降，接口开裂造成渗漏。排水管道接口形式一般可分为：柔性接口、刚性接口和半柔半刚接口三种。在实际工程中，根据水流情况（有压流或无压流、净水或污水）、管材的种类、地质条件及采用的施工方法等，来选定管道接口形式。

（1）柔性接口

柔性接口在保证管道不渗漏的前提下允许管道纵向轴线交错 3～5mm 或交错一个较小的角度。柔性接口的种类较多，常用的接口有石棉水泥沥青卷材及橡胶圈接口。

1）石棉水泥沥青卷材接口

如图 4-36 所示。它适用于无地下水，地基软硬不均，容易沿管道纵向产生不均匀沉陷地区。

2）橡胶圈接口

如图 4-37 所示。接口施工简单、快捷、方便。在地震烈度较大的地区采用，则对管道抗振有独特优越性，减少渗漏。

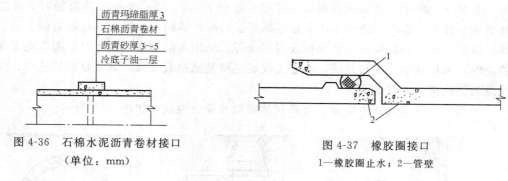

图 4-36　石棉水泥沥青卷材接口
（单位：mm）

图 4-37　橡胶圈接口
1—橡胶圈止水；2—管壁

（2）刚性接口

刚性接口不允许管节之间有纵向的交错（即两个检查井之间的管道必须是一条直线），刚性接口相比柔性接口具有施工简单，造价低，所以使用广泛。对于非金属排水管道，常用水泥砂浆抹带接口和钢丝网水泥砂浆抹带接口。因这两种刚性接口抗振性差，所以适用于地基条件比较好、有带形基础的无压排水管道上。压力流承插式铸铁管，可采用石棉水泥接口或膨胀水泥砂浆接口。本书主要介绍水泥砂浆抹带接口和钢丝网水泥砂浆抹带接口。

1）水泥砂浆抹带接口

如图 4-38 所示，管道接口处用 1：2.5～1：3 的水泥砂浆抹成半圆或梯形的砂浆带，带宽 120～150mm，厚 30mm。这种接口形式对平口管、企口管及承插口管均适用，造价低。适用于地基土质较好的雨水管或地下水位以上的污水支管。

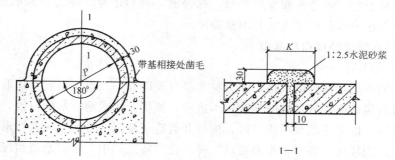

图 4-38　水泥砂浆抹带接口

2）钢丝网水泥砂浆抹带接口

如图 4-39 所示，将抹带范围的管外壁凿毛，抹第一层 1：2.5～1：3 水泥砂浆，厚 15mm 左右，再插铺 20 号镀锌钢丝网一层，网孔为 10mm×10mm，宽度视管径和抹带宽度确定，两端插入基础混凝土中固定，上部搭接长度不小于 100mm，绑牢紧贴第一层水泥砂浆，待第一层水泥砂浆初凝后，再抹压第二层厚 10mm 的水泥砂浆。钢丝网水泥砂浆抹带的外形为矩形或梯形，宽 200mm 左右，厚 25～30mm。适用于地基土质较好的有带形基础的雨水、污水管道上。

（3）半柔半刚性接口

180

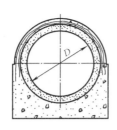
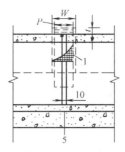

图 4-39　钢丝网水泥砂浆抹带接口

半柔半刚性接口介于刚性接口及柔性接口之间。如，预制套环石棉水泥或沥青砂浆接口，如图 4-40 所示。在预制套环与管子间的间隙中，用石棉水泥（质量比：水：石棉：水泥＝1：3：7）或沥青砂浆（质量比：沥青：石棉：砂＝1：0.67：0.67）填打平。操作时，少填多打，也可用自应力水泥砂浆填充，这种接口适用于地基较弱地段，在一定程度上可防止管道沿纵向不均匀沉陷而产生的纵向弯曲或错口，常用于污水管道。

2. 排水管道的基础

合理地选择排水管道的基础，对于排水管道的质量影响很大，可避免因管道产生不均匀沉陷，造成管道漏水、淤积、断裂等现象。

排水管道基础一般由地基、基础和管座三个部分组成，如图 4-41 所示。

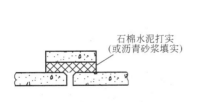

图 4-40　预制套环石棉水泥接口

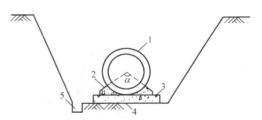

图 4-41　管道基础示意图

1—管道；2—管座；3—管基；4—地基；5—排水明沟

地基指沟槽底的土壤部分。承受的荷载有：管道重量、基础的重量、管内水的重量、管道上部土的荷载以及地面荷载等。

基础指管道与地基间的设施，起到将上部压力均匀传递给地基的作用。

管座是管道与基础间的设施，它使管道与基础融为一体，增加了管道的刚度，同时将管道所承受的力均匀地传递给基础。

以下介绍几种常见的排水管道基础。

(1) 弧形素土基础

如图 4-42 所示，在原土上挖成弧形管槽，弧度中心角采用 60°～90°，管道安装在弧形槽内。它适用于无地下水并且原土干燥能挖成弧形槽，管径为 150～1200mm，埋深为 0.8～3.0m 的污水管线；但当埋深小于 1.5m，且管线敷设在车行道下，则不宜采用。

(2) 砂垫层基础

如图 4-43 所示，在沟槽内用带棱角的中砂垫层厚 200mm，它适用于无地下水、坚硬岩石地区，管道埋深 1.5～3.0m，小于 1.5m 时不宜采用。

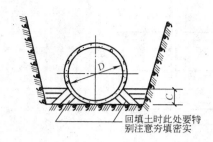

图 4-42 弧形素土基础

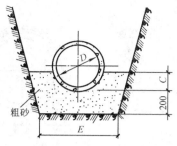

图 4-43 砂垫层基础

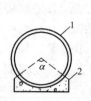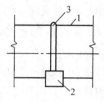

图 4-44 混凝土枕形基础

1—管道；2—基础；3—接口

（3）灰土基础

灰土基础适用于无地下水且土质较松软的地区，管道直径为 150～700mm，适用于水泥砂浆抹接口、套管接口及承插接口，其构造可参考图 4-44，弧度中心角常采用 60°，灰土配合比为 3：7（重量比）。

（4）混凝土基础

混凝土基础分为混凝土带形基础和混凝土枕基两种，混凝土枕基只在管道接口处设置，用 C20 混凝土预制，它适用于干燥土壤雨水管道及污水支管上，管径 $D<900mm$ 的水泥砂浆抹带接口及管径 $D<600mm$ 的承插接口的管道。

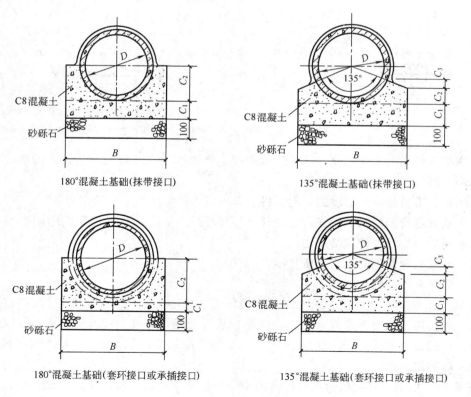

图 4-45 混凝土带形基础图

182

混凝土带形基础分：90°、135°、180°和360°混凝土带形基础，混凝土带形基础具有整体性强，抗弯抗震性好，适用于土壤较差、地下水位较高、管径 D200～2000mm，管道埋设深度 0.8～6m 的管线上。在水泥砂浆抹带接口、套管接口、承插接口的污水、雨水管道均适用，如图 4-44 及图 4-45 所示。

关于排水管道基础、接口详见《给水排水标准图集》S222。

4.5.3 排水管渠系统上的附属构筑物

为保证排水管道系统的正常工作，在管道系统上还需设置一系列构筑物。常见的构筑物有：检查井、雨水口、连接暗井、倒虹管、出水口、排水提升泵站等；有时还会用到一些特殊构筑物。如：跌水井、溢流井、换气井、水封井、截留井、冲洗井及防潮门等等。

1. 检查井

检查井通常设置在管渠交汇、转弯、断面尺寸、坡度、高程变化（如跌水）处，以及直线管段上相隔一定距离处，其间距见表 4-21。

检查井最大间距　　　　　　　　　　　　　　　表 4-21

管径及暗渠净高（mm）	最大间距（m）	
	污水管道	雨水（合流）管道
200～400	30	40
500～700	50	60
800～1000	70	80
1100～1500	90	100
>1500	100	120

检查井的平面形状主要有：圆形、矩形、扇形。常见的检查井为圆形。从建造材料上分，可分为砖石砌筑检查井和预制钢筋混凝土检查井。检查井由井底（包括基础）、井身和井盖（包括盖座）三部分构成，如图 4-46 所示。

检查井基础采用碎石、卵石夯实或采用低强度等级混凝土，井底也采用低强度等级混凝土，井底设置圆弧形流槽，流槽两侧至检查井壁间的沟肩有一定宽度（不小于 20cm），并应有 0.02～0.05 坡度坡向流槽。如图 4-47 所示。

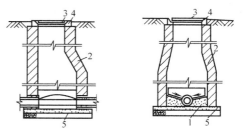

图 4-46　检查井构造图
1—井底；2—井身；3—井盖；4—井盖座；5—井基

i=0.05

图 4-47　检查井底部流槽形式

井身部分可采用砖石或混凝土块砌筑。井盖采用铸铁或钢筋混凝土材料。如图 4-48 所示。在大直径管道上的检查井也可以做成方形、矩形或其他各种不同形状。图 4-49 为

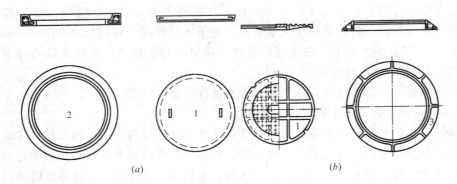

图 4-48　检查井井盖及盖座图

(a) 轻型钢筋混凝土井盖及盖座；(b) 轻型铸铁井盖及盖座

1—井盖；2—盖座；3—井圈

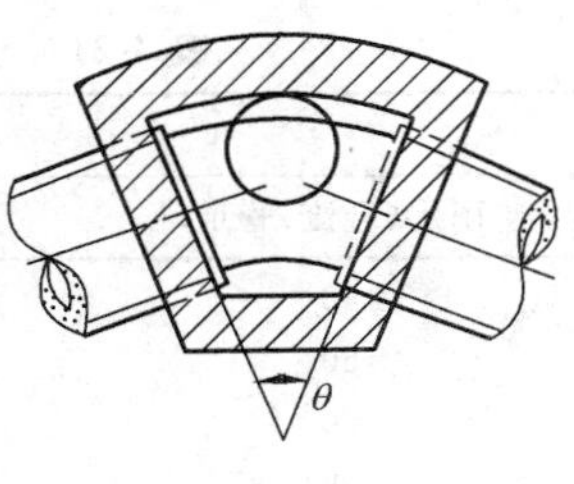

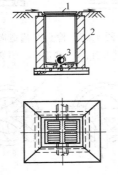

图 4-49　扇形检查井

大管道上改向的扇形检查井平面图。

检查井尺寸大小，应按管道埋深、管径和设计要求而定，检查井砌筑参见《给水排水标准图集》S231、S232、S233。

另外，接入检查井的支管数量不多于 3 条，距建筑物的净距不小于 3m。

2. 雨水口

雨水口是用来收集雨水的构筑物。通过连接管再流入雨水管道或合流制管道。

雨水口的设置，应保证能迅速收集雨水。常设置在交叉路口、路侧边沟及道路低洼的地方（前面已介绍）。道路上雨水口间隔距离一般在 25～30m（具体应视汇水面积大小而确定）。

雨水口构造组成包括进水箅、井筒和连接管三部分，如图 4-50 所示。

按一个雨水口设置的井箅数量多少分为：单箅、双箅、多箅雨水口。按进水箅在街道上设置位置可分为平箅雨水口、立箅雨水口及联合式雨水口。如图 4-51 和图 4-52 所示。

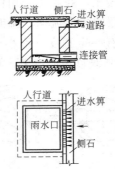

图 4-50　平箅式雨水口

1—进水箅；2—井筒；3—连接管

图 4-51　立箅式雨水口示意图

井箅一般用铸铁制成，也有采用非金属材料的（如钢筋混凝土）。雨水口的井筒采用砖砌或钢筋混凝土制成，深度不大于 1m（有冻胀地区可适当加大）、底部可作成沉泥井，

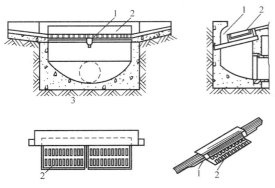

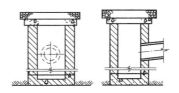

图 4-52　联合式雨水口示意图

1—边石进水箅；2—边沟进水箅；3—连接管

图 4-53　有沉泥井的雨水口

泥槽深不小于 12cm。连接管最小管径为 200mm、坡度 0.01，长度小于 25m。如图 4-53 所示。在同一连接管上的雨水口不超过 3 个。

3. 倒虹管

排水管道在穿越河道，地下障碍物，洼地时应设倒虹管。倒虹管包括：进水井、下行管、平行管及上行管、出水井等部分。如图 4-54 所示。

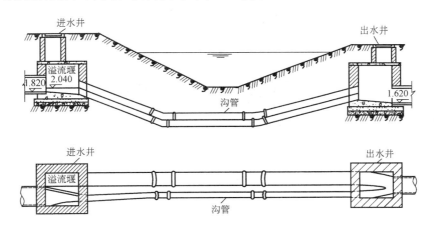

图 4-54　穿越河道的倒虹管

确定倒虹管的路线时，应尽可能与障碍物正交通过，并应选择在河床和河岸较稳定不宜被水冲刷的地段及埋深较小的部位敷设。通过河道的倒虹管，一般不宜少于两条；通过谷地或小河的倒虹管可采用一条。通过障碍物的倒虹管，尚应符合与障碍物相交的有关规定。倒虹管的设计还应符合下列要求：

（1）最小管径宜为 200mm；

（2）管内设计流速应大于 0.9m/s，并应大于进水管内的流速，当管内设计流速不能满足上述要求时，应加定期冲洗措施，冲洗时流速不应小于 1.2m/s；

（3）倒虹管的管顶距规划河底一般不宜小于 0.5m，通过航运河道时，其位置与管顶距规划河底距离应与当地航运管理都门协商确定，并设置标志，遇冲刷河床应考虑防冲措施；

（4）倒虹管宜设置事故排出口；

（5）合流管道设倒虹管时，应按旱流污水量校核流速。

其他要求：

倒虹管进出水井的检修室净高宜为 2m。进出水井较深时，井内应设检修台，其宽度应满足检修要求。当倒虹管为复线时，井盖的中心宜设在各条管道的中心线上。倒虹管进出水井内应设闸槽或闸门。倒虹管进水井的前一检查井，应设置沉泥槽。

关于倒虹管的计算，见《给水排水设计手册》有关内容。

4. 出水口

出水口是排水系统的终点构筑物。出水口的位置和出水口的形式，应根据污水水质、河流流量、下游用水情况、水体水位变化、水流方向、流速、波浪情况，地形变迁和主导风向而定。常见出水口形式有淹没式出水口、岸边一字式出水口、岸边八字式出水口和河床分散式出水口（也称为江心分散式出水口）。如图 4-55、图 4-56、图 4-57 所示。出水口与水体岸边连接处采取防冲刷加固措施，以砂浆砌块石做护墙和铺底。在冻胀地区，出水口应考虑冰冻的影响。

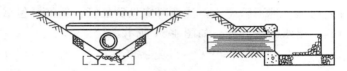

图 4-55　岸边式一字式出水口

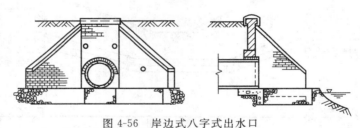

图 4-56　岸边式八字式出水口

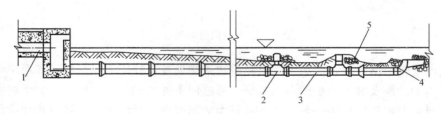

图 4-57　河床分散式出水口

1—进水管渠；2—T 形管；3—渐缩管；4—弯头；5—石堆

5. 其他特殊构筑物

排水管道附属构筑物除上述以外。还有其他一些特殊构筑物。以下就跌水井、溢流井、水封井、防潮门等作简单介绍。

（1）跌水井

跌水井是设有消能措施的检查井。常用的跌水井有：竖管式跌水井、溢流堰式跌水井及阶梯式跌水井。如图 4-58 所示。当上下游高差大于 1.0m 的管段，需设置跌水井。当管道中流速过大及遇有障碍物必须跌落通过处，管道布置在地形较陡峭地区，并垂直于等高线布置，按设计坡度管道埋深减小、甚至将要露出地面处、坡度有较大变化处，则需设置跌水井，但在管道转弯处不宜设置跌水井。

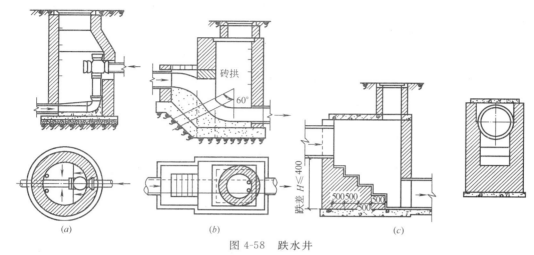

图 4-58　跌水井

(a) 竖管式跌水井构造；(b) 溢流堰式跌水井；(c) 阶梯式跌水井

下列情况竖管式跌水井可不做计算。当 $b=200$mm，一次落差不超过 6m。当管径为 $250\sim400$mm，一次落差不超过 4m。

溢流堰式跌水井需经水力计算后确定井长、跌水高度等。

（2）水封井

在工业排水管道中，当某些工业污（废）水能产生引起易燃易爆的气体时，应设置水封井。水封井设置在废水排出口及污水干管的适当位置。如图 4-59 所示。水封深一般取 0.25m，井上设通风口，井底设沉泥槽。

（3）防潮门

临海城市的排水管道往往受潮汐影响，为防止海水倒灌，在排水管道出口上游的适当

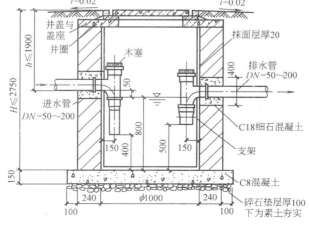

图 4-59　竖管式水封井

187

位置设带有防潮门的检查井，如图 4-60 所示。

防潮门必须加强维护管理，经常去除防潮口上杂物，保证防潮门工作可靠。

（4）溢流井

溢流井是合流制管渠上最重要的构筑物，通常在截流干管交汇处设置。其作用是超过溢流井下游管道的输水能力的那部分水量排至溢流干管，流入水体。常见的溢流井有截流槽式溢流井、溢流堰式溢流井和跳越堰式溢流井。如图 4-61、图 4-62、图 4-63 所示。

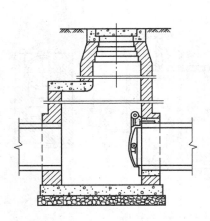

图 4-60　装有防潮门的检查井

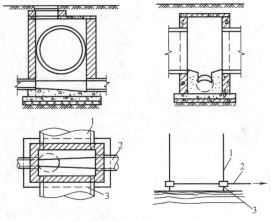

图 4-61　截流槽式溢流井

1—合流管渠；2—截流干管；3—排出管渠

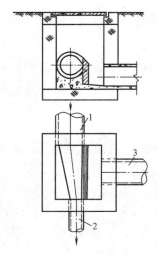

图 4-62　溢流堰式溢流井

1—合流管渠；2—截流干管；3—排出管渠

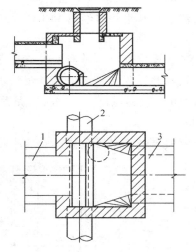

图 4-63　跳越堰式溢流井

1—合流管渠；2—截流干管；3—排出管渠

4.6　排水管渠系统的养护与管理

4.6.1　排水管渠养护与管理的任务

为了保证建成后排水管渠系统的正常工作，最大限度地延长其使用寿命，必须进行经常性的养护与管理。排水管渠的养护和管理工作非常重要。我国最近颁发的《城市建设法》中对排水系统的管理作了明确的规定。目的，我国排水系统养护管理工作已向科学化、制度化、规范化迈进。排水管渠养护与管理工作，通常由市政建设部门负责，按行政区域设置养护管理所，下设养护班（组），分片包干，分别负责本辖区内的排水系统的维护管理。

整个城市排水系统的养护与管理，可分成管渠系统、排水泵站和污水处理厂三个部分。工业企业内部的排水系统，一般由企业自行负责管理和养护。

排水管渠常见的故障有：污物淤塞管道、过重的外荷载、地基不均匀沉陷及污水的侵蚀作用，而使管道损坏。

管理与养护的任务主要包括：验收排水管渠；监督排水管渠使用规则的执行；经常检查、冲洗或清通排水管渠，以维持其通水能力；维护管理管渠及其构筑物，处理意外事故。

4.6.2 排水管渠的清通

排水管渠在使用过程中，往往因为城市污水量不足，流速太小，管渠坡度太小，施工质量欠佳及城市污水中杂质、污物较多等因素。在管渠内形成淤积。严重时，可能影响管渠系统的输水能力，甚至堵塞管渠系统。因此，排水管渠的清通工作是经常性的工作。清通管渠的主要方法有水力清通和机械清通两种。

1. 水力清通

水力清通方法是利用水对管道进行冲洗，以达到清除管渠内污物的目的。水力清通可利用管道内污水自冲，也可利用自来水或河水。

利用管道内污水自冲时，管道本身必须具有一定的流量，同时管内淤泥不宜过多。通常的操作方法如图 4-64 所示，首先用一个一端由钢丝绳系在绞车上的橡皮气塞或木桶橡皮刷或特制水冲闸门堵住检查井下游管段进口。使检查井上游管段充水，待上游管道水充满并在检查井中水位抬高 1.0m 左右以后，突然放掉气塞中部分空气（或打开水冲闸门），气塞便在水流的推动下，向下游运动而刮走污泥。同时水流在上游较大水压作用下，以较大的流速从气塞底部冲向下游管段。沉积在管底的淤泥在高速水流的作用下排向下游检查井，则管道得到冲刷干净。

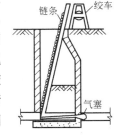

图 4-64　水力清通操作示意图

被冲刷到下游检查井中的污泥，可用吸泥车吸走或采用人工清掏的办法，将污泥排出检查井外。

目前，我国有些城市采用水力冲洗车（图 4-65）进行管道的清通。这种水力冲洗车由半拖挂式的大型水罐、机动卷管器、消防水泵、高压胶管、射水喷头和冲洗工具箱等组成，其操作过程由汽车引擎供给动力，驱动消防泵，将水从水罐抽水并加压到 $500\sim800$kPa，高压水经高压胶管流到放置在待清通管道管口的流线型喷头，水流从喷嘴强力喷出，推动喷嘴反方向运动，同时带动胶管在排水管道内前进，强力喷出的水柱冲动管道内的沉积物，使之成为泥浆并随水流流至下游检查井。当喷头达到下游检查井时，减小水的喷射压力，由卷管器自动将胶管抽回，水力喷头也被抽回。抽回胶管时，仍继续从喷嘴射出低压力水，将残留在管内污物全部冲涮至下游检查井，然后用吸泥车吸出或采用人工清掏。对表面锈蚀严重的金属管道，在喷射高压水中加入硅砂，喷枪枪口与被冲物的有效距离 0.3～0.5m，冲洗的效果较好。

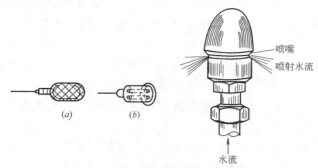

图 4-65　水力冲洗车喷头外形图

2. 机械清通

当管渠淤塞严重，淤泥已粘结密实，水力清通效果不好时，可采用机械清通的方法，如图 4-66 所示。先用竹片穿过所需清通的管段，竹片的一端系上钢丝绳，在钢丝绳上接专用的清通工具，清通工具，利用绞车往复牵动钢丝绳，带动清通工具将淤泥刮到下游检查井，使管道得到清通。被排到检查井中的淤泥可用吸泥车或人工掏挖出。绞车的动力可以手动，也可机动（如以汽车引擎为动力）。

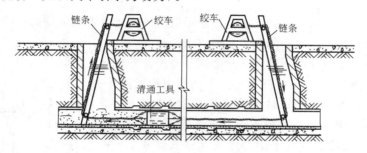

图 4-66　机械清通操作示意图

机械清通工具的种类较多，如图 4-67、图 4-68、图 4-69 所示。清通工具的大小应与

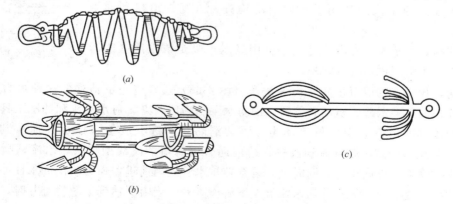

图 4-67　常见的清通工具

(a) 弹簧刀清通器；(b) 锚式清通器；(c) 骨骼形清通器

190

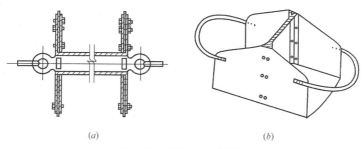

(a)   *(b)*

图 4-68　胶皮刷及铁簸箕

（a）胶皮刷；（b）铁簸箕

管径大小相适应。当淤泥数量较多时，可先用小号清通工具，待淤泥清通到一定程度后，再用与管径相适应的清通工具。

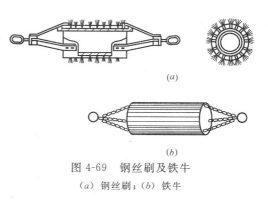

(a)

(b)

图 4-69　钢丝刷及铁牛

（a）钢丝刷；（b）铁牛

除上述的清通办法外，近年来，有的城市采用气动式通沟机与钻杆通沟机清通管渠。

气动式通沟机借压缩空气把清泥器由上端检查井送到下端检查井，然后利用绞车牵引将其拉回。当清泥器被拉回时，清泥器的翼片即行张开，将管内淤泥刮至上游检查井中底部。钻杆通沟机是以内燃机为动力，把带有钻头的钻杆通过机头中心由检查井进入管道内，机头带动钻杆旋转，使钻头向前钻进，同时将管内淤积物清扫到另一个检查井中。被排到检查井中的淤泥，可用吸泥车或人工掏挖清除。另外，我国生产的管道疏通机，用来清通小型管道的效果显著，应用较为广泛。

3. 管理养护工作中的注意事项

在排水管渠的养护管理工作中，一般情况下应尽量避免到检查井下操作。如果必须下井操作时，应特别注意安全。由于管渠内污水通常能析出甲烷、二氧化碳、硫化氢等有害气体。某些工业废水可能含有汽油、苯等气体，这些气体与空气中氧混合，可能形成爆炸气体。煤气管道的失修、渗漏；也可能导致煤气逸入排水管道造成危险。若养护管理人员下井，除有必要的劳保用具外，下井前必须将安全灯放入井内，如井内含有害气体，由于缺氧，安全灯会熄灭。如遇有爆炸气体，安全灯在熄灭时，会发出闪光。发现管渠中含有害气体或爆炸气体，必须采取有效措施尽快排出，如打开相邻检查井的井盖进行通风处理，或用抽风机吸出有害气体。排气后进行复查。待确认有害气体被排尽后，才能下井操作。另外，养护人员下井时必须有适当的预防措施，如不得携带有明火的灯，不得点火抽烟等，必要时戴上防毒面具，穿上系有安全绳的防护腰带，井口上留人，以备随时给予井下人员必要的援助。

4.6.3　排水管渠的维修

系统地检查管道的淤塞及损坏的情况，有计划地安排管渠的修理，是养护工作的重要内容之一。养护人员应经常检查辖区范围内的排水管渠。如发现问题，应及时处理，以防止扩大损坏范围及损坏程度，对需要维修的部分，要按轻重缓急安排好维修计划，并应确保及时完成。

检查维修的内容是：检查井、雨水口的井盖。井口的修理更换，检查井、雨水口井身的修补，闸门井的闸板的更换，管道漏水的处理。由于出户管的增加需要添建检查井及管渠，或由于管道沉陷、管渠本身损坏严重、淤塞严重无法清通时需整段开挖翻修等。

在进行排水管渠及附属构筑物的维修时，一般力求断水或短时断水，争取尽快完成维修工作。当需要较长时间维修时，应设置临时排水管道的应急措施，并与交通部门取得联系。在施工过程中，应设置路障，夜间设置红灯标志。

思考题与习题

4-1　如何进行雨水管道及雨水口的布置？基本要求是什么？

4-2　雨水管道设计流量如何计算？

4-3　如何确定暴雨强度重现期和平均径流系数？

4-4　何谓地面集水时间和管内雨水流行时间？集水时间与降雨强度有何关系？

4-5　如何进行雨水管渠的水力计算？

4-6　在选择排水管渠断面形式时，应考虑哪些因素？在实际工程中常采用哪些断面形式？为什么？

4-7　常用排水管渠材料有哪些？各有哪些优缺点。

4-8　什么叫刚性接口、柔性接口，半柔半刚性接口？常用接口形式有哪些？

4-9　常用排水管道基础有哪几种？各自适用条件是什么？

4-10　绘简图说明排水检查井作用、基本构造及设置位置？

4-11　跌水井的作用是什么？常用跌水井有哪些形式？

4-12　常用出水口形式有哪些？

4-13　排水管渠养护与管理的主要任务是什么？

4-14　排水管渠清通方法有哪些？

4-15　排水管渠养护管理中应注意哪些安全事项？

第五章 建筑给水排水系统

建筑给水排水系统是给水排水管道工程的重要组成部分。现代建筑是由建筑与结构（俗称"土建"）、建筑装饰和建筑设备（包括水、暖、电、气、通讯、信息）3个部分组成的。建筑设备中的"水"就是指建筑给水排水系统。它和其他部分一起，在体现建筑物的整体功能中发挥着重要的作用。严格地说，建筑给水排水这一概念包括2个部分：一是建筑内部的给水排水，有时也称室内给水排水；二是小区、校区、厂区等建筑外部的给水排水。本章所叙述的内容中，除特别写明的地方外，都是指的建筑内部给水排水。

5.1 建筑给水系统

建筑给水系统是将城市给水管网中的水引入建筑内部，供人们生活、生产和消防使用的冷水供应系统。它的基本任务在于满足各类用户对水量、水压和水质3个方面的要求。在城市中，一般由自来水公司统一供给生活饮用水，其水质由水厂保证。所以在建筑给水工程中主要考虑的，是如何满足用户对水量和水压的要求。当然，水在输送、贮存和使用中如何防止污染，也是建筑给水工程应该考虑的问题。

5.1.1 用水量和水压

1. 用水定额和用水量

在建筑给水的规划、设计和管理工作中，需要获得用水定额的资料。

对于生活用水，用水定额是指每人每天所需要的生活用水量标准。用水定额与气候条件、生活习惯、生活水平、卫生设备设置情况，以及水价等多种因素有关。表5-1是住宅的生活用水定额（单位：升，用L表示）。

住宅生活用水定额及小时变化系数　　　　　　　　　　　　　　表5-1

住宅类别	卫生器具设置标准	最高日生活用水定额		小时变化系数
		单位	定额	
普通住宅	有大便器、洗涤盆，无沐浴设备	每人每日	85～150	3.0～2.5
	有大便器、洗涤盆和沐浴设备		130～220	2.8～2.3
	有大便器、洗涤盆、沐浴设备和热水供应		170～300	2.5～2.0
高级住宅别墅	有大便器、洗涤盆、沐浴设备和热水供应		300～400	2.3～1.8

注：当地对住宅生活用水定额有具体规定时，可按当地规定执行。

用水定额反映的用水量是一个平均值。但我们知道，生活用水量在一天当中是变化的，也就是说是不均匀的。如何反映这种不均匀状况呢？一般是通过调查分析，得到一昼夜中的最大小时用水量和平均小时用水量，然后将它们对比，得到小时变化系数这样一个指标，用它来反映用水量的变化情况。即：

$$K_\mathrm{h}=\frac{q_\mathrm{h}}{q_\mathrm{p}} \tag{5-1}$$

式中 K_h——小时变化系数，通过查表可以得到；

$\quad q_\mathrm{p}$——平均小时用水量（L/h，即：升/小时），根据表中的最高日用水量可计算得到，即：平均小时用水量等于最高日用水量与用水时数的比值；

$\quad q_\mathrm{h}$——最大小时用水量（L/h），根据小时变化系数和平均小时用水量可计算得到，即：$q_\mathrm{h}=K_\mathrm{h} \cdot q_\mathrm{p}$

最大小时用水量可用于室外（小区、厂区、建筑群）管道的规划与设计。因为室外管网的服务区域大，用水人数多，用水时间参差交错，在一个小时内用水量相对均匀，按最大小时用水量考虑可以基本满足用户的需求。对于单个建筑，由于用水不均匀的情况比较明显，在一个小时内用水量仍然是变化的，所以必须另外建立设计秒流量的计算公式（这部分内容本书不作介绍）。集体宿舍、旅馆和部分公共建筑的生活用水定额参见表 3-3。

对于工业建筑，生活用水和淋浴用水定额，与车间性质有关；生产用水定额则随产品、生产工艺和设备情况的不同而异，但一般比较均匀。对于汽车冲洗用水，其用水定额与道路等级和粘污程度有关。有关用水定额的详细资料，可查设计规范和相关资料。

2. 水压要求

建筑内给水系统的水压，应保证将水输送到建筑物内最不利点的配水龙头或用水设备处，并保证它能够流出规定的流量（额定流量）。

建筑内给水系统所需要的水压可按下式计算：

$$P=P_1+P_2+P_3+P_4 \tag{5-2}$$

式中 P——建筑内给水系统所需要的水压，MPa；

$\quad P_1$——引入管起点至最不利点位置高度所要求的静水压力，MPa；

$\quad P_2$——水流通过水表的水头损失，MPa；

$\quad P_3$——计算管路的沿程水头损失与局部水头损失之和，MPa；

$\quad P_4$——最不利点配水所需要的流出水头，MPa，所谓流出水头，是指为使配水龙头获得规定流量（额定流量）所必须具有的最小水压。表 5-2 是部分卫生器具的流出水头值。

部分卫生器具的支管管径、额定流量和流出水头　　　　表 5-2

卫生器具给水配件名称	支管管径（mm）	额定流量（L/s）	配水点前所需流出水头（MPa）
污水盆（池）水龙头	15	0.20	0.020
洗脸盆水龙头、盥洗槽水龙头	15	0.20	0.015
住宅厨房洗涤盆（池）：普通水龙头	15	0.20	0.015
浴盆 水龙头	15 20	0.30 0.30	0.020 0.015
大便器：冲洗水箱浮球阀 自闭式冲洗阀	15 25	0.10 1.20	0.020 按产品要求
小便器：手动冲洗阀 自闭式冲洗阀 自动冲洗水箱进水阀	15 15 15	0.05 0.10 0.10	0.015 按产品要求 0.020
大便槽冲洗水箱进水阀	15	0.10	0.020
小便槽多孔冲洗管（每 m 长）	15～20	0.05	0.015
家用洗衣机给水龙头	15	0.24	0.020

5.1.2 建筑给水系统的组成

建筑给水系统按其用途可分为生活给水系统、生产给水系统和消防给水系统3类。这3类系统可以独立设置，也可以根据实际情况设置成共用的给水系统。例如，生活与消防共用的给水系统，生活、生产和消防共用的给水系统等。

一般情况下，建筑给水系统是由水源、引入管、水表节点、给水管网、管道附件和增压贮水设备6个部分组成的，如图5-1所示。

1. 水源

建筑给水系统的水源一般都来自市政给水管网。为保证城市供水的水质，不允许从自备水源取水并与市政给水管网直接连通。特殊情况下需要设自备水源的，必须经过批准，并采取与市政给水管网隔断的有效措施。

2. 引入管

对一幢单体建筑而言，引入管是连接室外管网与室内管网的管段；对于一个建筑群体、一个学校区、一个厂区而言，引入管是指与市政给水管网相连接的总进水管。

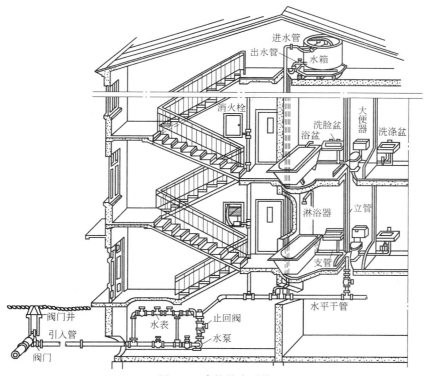

图 5-1　建筑给水系统

3. 水表节点

水表节点是安装在引入管上的水表、阀门和泄水装置的总称，一般设于水表井中。当只有一条引入管时，应绕水表设旁通管，如图5-2所示。

水表是一种计量用户用水量的仪表。在建筑给水中广泛采用的是流速式水表。它是根据管径一定时，水流通过水表的速度与流量成正比的原理来测量用水量的。这种水表主要由外壳、翼轮和传动指示机构组成。当水流通过水表时，推动翼轮旋转，翼轮转轴传动一系列联动齿轮，指示针显示到度盘刻度上，便可读出流量的累计值。流速式水表按翼轮构造的不同，分为旋翼式和螺翼式 2 种。旋翼式水表多为小口径水表，其翼轮转轴与水流方向垂直；螺翼式水表多为大口径水表，其翼轮转轴与水流方向平行。图 5-3 所示的是旋翼式水表的构造示意。

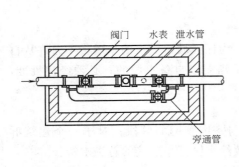

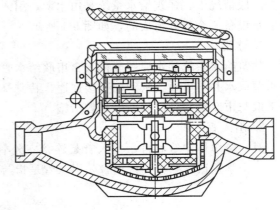

图 5-2　有旁通管的水表节点　　　　　　　图 5-3　旋翼式水表

流速式水表按计数机件是否浸没在水中，又可分为干式水表和湿式水表 2 种。湿式水表机件简单、计量准确、不易漏水，价格较低，因而被广泛采用。但如果水质浊度高，将降低水表精度，产生磨损，缩短水表寿命。水表的规格是用公称直径（其概念参见 5.1.4 常用管材部分）表示的，公称直径相同的管子和水表可以直接连接。

随着科学技术的发展，现在市场上已经出现了内部装有微电脑测控系统的 TM 卡智能水表。它通过传感器检测水量，用 TM 卡传递数据，实现了用前缴费和自动计费。智能水表的应用，对提高工作效率、减少计量纠纷和节约用水，必将发挥重要的作用。

安装水表时，要注意以下问题：

（1）水表应安装在便于检修和读数，不受暴晒、冻结、污染和机械损伤的地方。

（2）为保证水表的计量准确，螺翼式水表的上游侧，应有长度为 8～10 倍水表公称直径的直管段，其他类型水表的前后，应有不小于 300 mm 的直管段。

（3）旋翼式水表和垂直螺翼式水表应水平安装，并注意水流方向（表壳上一般都有指示）。

（4）水表前后和旁通管上均应装设检修阀门，水表与表后阀门间应装设泄水装置。当水表有可能发生反转影响计量和损坏机件时，应在水表后设止回阀。

4. 给水管网

给水管网是指建筑内的水平干管、立管、横支管和器具支管等组成的管道系统。

5. 管道附件

管道附件是给水管道系统中用于调节水量、水压，控制水流方向，开启和关断水流的各类装置的总称。可分为配水附件和控制附件两类。

（1）配水附件

配水附件即用于调节和分配水流的各种配水龙头。常用的配水龙头如图 5-4 所示。

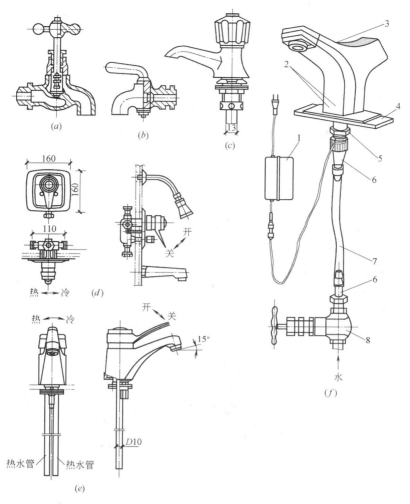

图 5-4 各类配水龙头

（a）普通龙头；（b）旋塞龙头；（c）洗脸盆龙头；（d）单手柄浴盆龙头；

（e）单手柄洗脸盆龙头；（f）自动配水龙头

1—电源适配器；2—传感器；3—定时开关；4—洗脸盆；

5—固定螺母；6—接头；7—软管；8—截止阀

1）环形阀式配水龙头。也称普通水龙头，一般安装在洗涤盆、污水盆、盥洗槽等卫生器具上。这种铸铁龙头因阻力较大（水流通过龙头时要改变方向），且易漏水，在一些发达城市中已开始被逐渐淘汰。

2）旋塞式配水龙头：这种龙头旋转 90° 即完全开启，阻力较小（水流呈直线通过龙头），可在短时间内获得较大流量，但易产生水击。一般用在洗衣房、开水间等处的用水设备上。

3）盥洗龙头：盥洗龙头外表美观，一般设在洗脸盆、浴盆等卫生器具上，供冷水或热水用。图 5-4（c）是设在洗脸盆上的单放水型，单供冷水或热水；图 5-4（d）是设在浴盆上的单手柄型，喷头处有转向接头，可转动一定角度。手柄上下移动控制启闭，左右旋转控制水温，提起或按下提拉开关可使冷、热混合水分别从放水口或喷头流出；图 5-4

（e）是设在洗脸盆上的单手柄型，启闭和调温方法同上，但在它的出水口端部装有节水消声装置（一般的是数片滤网和孔板），可减少出水压力和噪声，使流水柔和而不溅；图5-4（f）是自动水龙头，它利用光电元件控制启闭，使用时手放在水龙头下，挡住了光电元件即开启放水，使用完毕手离开水龙头即关闭停水，不但节水节能，而且实现了无接触操作，清洁卫生。

（2）控制附件

控制附件即用于调节水量或水压、关断水流、改变水流方向的各类阀门，如图5-5所示。

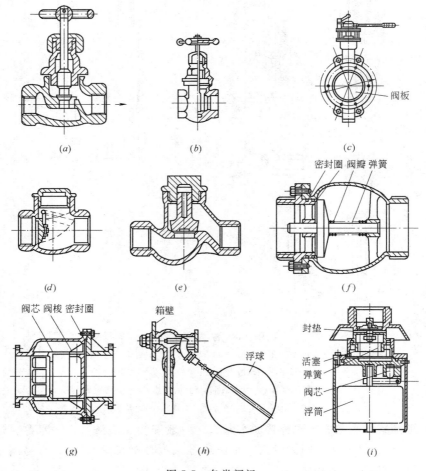

图 5-5 各类阀门

（a）截止阀；（b）闸阀；（c）蝶阀；（d）旋启式止回阀；（e）升降式止回阀；

（f）消声式止回阀；（g）梭式止回阀；（h）浮球阀；（i）液压水位控制阀

1）截止阀：截止阀结构简单，关闭严密，但阻力较大，一般用在≤50mm的管道上。安装时要注意，按照阀体上指示的水流方向进行安装，或按"低腔进，高腔出"的原则来安装。

2）闸阀：闸阀全开时水流呈直线通过，阻力小，但杂质落入阀座后关闭不严，易漏水，多用在70mm以上的管道上。启动方式有手动、齿轮传动、电动和液压传动等。

3）蝶阀：蝶阀的阀板在90°翻转范围内起调节、节流和关闭作用，体积较小，启闭方便，水头损失小，用在70mm以上或双向流动的管道上。启闭方式有手动、电动和液压传动等。

4）止回阀：止回阀用于阻止水流的反向流动，又称"逆止阀"。止回阀根据其阀瓣动作形式的不同，分为升降式、旋启式、消声式和梭式。升降式止回阀靠上下游的流体压差使阀盘自动启闭，阻力大，宜用于小管径的水平管道上；旋启式止回阀在水平和垂直管道上都可使用，但因其启闭迅速，易引起水锤，不宜用在压力大的管道中；消声式止回阀在水流向前流动时，推动阀瓣压缩弹簧，阀门开启。停泵时阀瓣因弹簧作用可在水锤到来前关闭，从而消除阀门关闭时的水锤冲击和噪声；梭式止回阀是利用压差梭动原理制造的新型止回阀，水流阻力小，密闭性能好。

5）浮球阀：浮球阀构造简单，但体积较大，阀芯易卡住引起关闭不严，与其功能相似的液压水位控制阀则克服了这方面的缺点。

6. 增压贮水设备

增压贮水设备是指安装在建筑内的贮水池、水箱、水泵、气压给水设备等。

（1）贮水池

贮水池一般布置在室内地下室或室外泵房附近，有圆形、矩形两种主要形状。小型贮水池可采用砖石结构，混凝土抹面；大型贮水池则往往是钢筋混凝土结构。贮水池的设置高度应有利于水泵的自灌式吸水，并应设进水管、出水管、溢流管、泄水管、人孔、通气管、和水位信号装置。

（2）水箱

低层建筑的给水用水箱多设置在屋顶，有的还设有水箱间。水箱的形状多为矩形和圆形，制作材料有钢板（包括普通钢板、搪瓷钢板、镀锌钢板、复合钢板、不锈钢板等）、钢筋混凝土、玻璃钢和塑料等。目前，已有工厂定型产品供应，并可根据所需容积大小进行现场组装。水箱的配管、附件如图5-6所示。

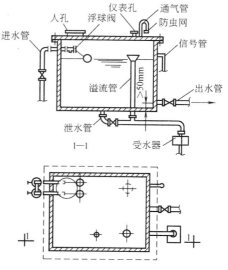

图 5-6　水箱的配管和附件

（3）气压给水设备

气压给水设备是利用密闭贮罐内空气的可压缩性，进行贮存、调节、压送水量和保持水压的装置，其作用相当于高位水箱或水塔。气压给水设备一般都是工厂生产的定型设备，有多种类型。图5-7是补气变压式气压给水设备的工作原理示意图。当罐内压力较小（如 P_1 时），水泵向室内给水系统加压供水，水泵出水除供用户外，多余部分进入气压罐；随着罐内水位的不断上升，空气被压缩；当罐内压力大到一定数值（如 P_2 时），水泵停止工作，用户所需的水由气压罐提供。以后随着罐内水量的减少，空气体积膨胀，压力逐渐降低到 P_1 时，水泵再次启动。如此往复，实现供水目的。气压给水设备的安装位置比较灵活，可视需要安装在建筑外部或建筑内部方便布置的地方，有利于隐蔽。

当有些建筑对给水水质的要求超出生活饮用水卫生标准时，给水系统中还需要增设一些设备或构筑物，以便对给水进行深度处理。

5.1.3 给水方式

给水方式是指建筑给水系统的具体组成及其布置方案。不论采取哪种方式给水，都必须保证将需要的流量输送到建筑内最不利点的配水龙头或用水设备处，并保证有足够的流出水头。同时，还要考虑方案的经济性。

对于低层建筑，常用的给水方式有以下几种：

1. 直接给水方式

当室外管网提供的水量、水压在任何时候都能够满足室内用水要求时，可直接把室外管网的水引到室内各用水点，这种给水方案称为直接给水方式，如图 5-8 所示。显然，这是最为经济的一种给水方式。

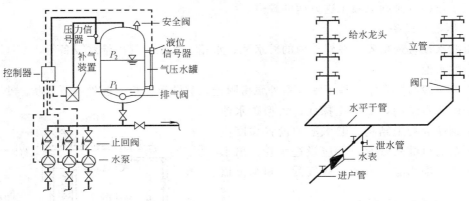

图 5-7 气压给水设备　　　　　　图 5-8 直接给水方式

一幢建筑能否采用直接给水方式，可用经验法来估计其所需要的水压。即：一层建筑 0.1MPa，二层 0.12MPa，三层以上每增加一层增加 0.04MPa（一层建筑 $10mH_2O$，2 层 $12mH_2O$，3 层以上每增加一层增加 $4mH_2O$）。

2. 单设水箱的给水方式

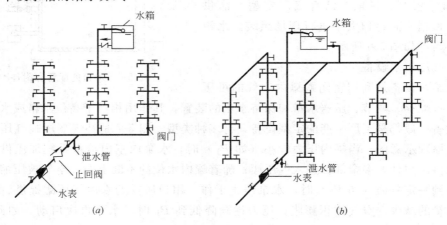

图 5-9　单设水箱的给水方式
(a) 下行上给式；(b) 上行下给式

200

当室外管网提供的水压只是在用水高峰时段出现不足，而其他时段能够满足室内要求（或室内要求水压稳定），且具备设置高位水箱的条件时，就可以采用这种给水方式，如图5-9所示。显然，这种给水方式在用水高峰以外的时段可利用室外给水管网提供的水压直接给水，同时向水箱进水，仅在用水高峰时段由水箱向系统供水，也是比较经济的一种给水方式。

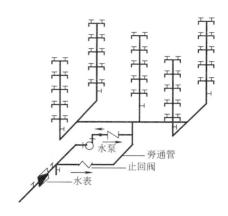

图 5-10　单设水泵的给水方式

3. 单设水泵的给水方式

这种给水方式适用于室外管网水压经常不足的情况，如图5-10所示。当室内用水量大且较均匀时，采用恒速水泵增压；当室内用水不均匀时，则需要采用多台水泵联合运行供水。由于水泵直接从室外管网抽水时，会引起外网压力的降低，甚至有可能形成外网负压，影响其他用户，同时在管道接口不严密处还会将周围的渗水吸入管内，因此在采用这种给水方式前，必须征得城市供水部门的同意。单设水泵的给水方式运行费用较高。

4. 贮水池、水泵和水箱联合工作的给水方式

当室内用水量较大，供水可靠性要求较高，需要贮备一定的消防水量，而室外管网提供的水压、水量经常不足，且不允许直接从外网抽水时，应采用这种给水方式，如图5-11所示。这是一种比较完善的给水方式，但造价和运行费用较高。

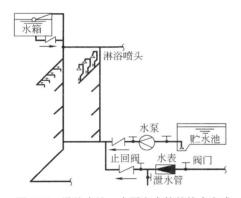

图 5-11　设贮水池、水泵和水箱的给水方式

5. 采用气压给水设备的给水方式

当室外给水管网提供的水压经常不足，室内用水不均匀，且不宜设置高位水箱时，可采用这种给水方式。该方式造价不高，但运行费用较高。

对于多层和高层建筑，常常将供水系统按竖向划分成几个区域，采用分区给水方式。分区的目的，在于通过采取一定的技术措施，使最低卫生器具配水点处的静水压力不大于0.55MPa，并尽可能减少高压管道的数量。其中，常见的并联水泵、水箱的分区给水方式见图5-12。

上述给水方式，按水平干管敷设位置的不同，可分为下行上给式和上行下给式两种管网形式。下行上给式的水平干管可安装在地下室顶棚下、专门的管沟内，或者直接埋地敷设，系统自下向上供水。民用建筑通过室外管网直接供水时大多采用这种方式，如图5-9（a）所示。上行下给式的水平干管可安装在平屋顶上、顶层顶棚下或吊顶中，自上向下供水。设有高位水箱或地下管道较多，且下行布置困难的厂房可采用这种方式，如图5-9（b）所示。

上述的给水方式，按给水支管末端是否互相连接封闭，还可分为环状式和枝状式两种管网形式，其供水特点与室外给水管网相同。

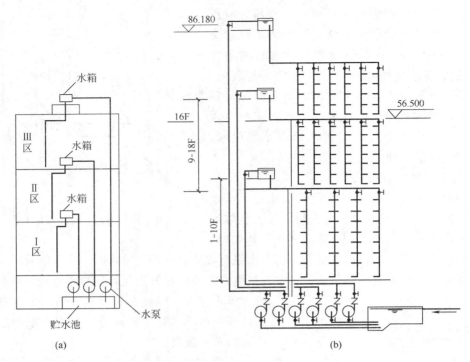

图 5-12　并连水泵、水箱的给水方式

(a) 并连给水方式；(b) 实例

5.1.4　常用管材

建筑给水常用的管材主要有钢管、铸铁管和塑料管三类。

1. 钢管

钢管分焊接钢管和无缝钢管两类。常用的焊接钢管又分为镀锌钢管和不镀锌钢管两种。钢管镀锌的目的是防锈、防腐、延长使用年限。焊接钢管的规格是用公称直径 DN 表示的。公称直径既不是管子的内径，也不是管子的外径，它仅是为了方便生产、设计、安装等方面的共同需要而人为规定的一种直径。焊接钢管的规格简示于表 5-3（表中的 in 表示英寸，1 in 约为 25.4mm），详细的规格数据可参阅材料手册或有关资料。

焊接钢管规格简表　　　　　　　　　　　表 5-3

公称	mm	15	20	25	32	40	50	65	80	100	125	150
直径	in	1/2	3/4	1	1¼	1½	2	2½	3	4	5	6

钢管的优点是强度高，承受压力大，抗振性能好；缺点是不耐腐蚀，易生锈而影响水质。

钢管的连接方法有以下三种：

（1）**螺纹连接**

螺纹连接即利用带螺纹的管道配件进行连接，多用于明装管道。镀锌钢管必须采用螺纹连接。钢管螺纹连接的管道配件及连接方法如图 5-13 所示。螺纹连接前应对切断的管端进行清理，然后用套丝机或管道绞板加工螺纹，最后用带内螺纹的管件将两段管道连接在一起。管道外螺纹与管件内螺纹之间，用聚四氟乙烯生料带或麻丝铅油作填料。

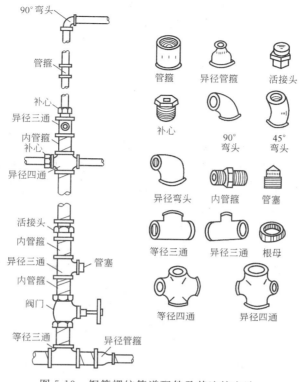

图 5-13　钢管螺纹管道配件及其连接方法

（2）焊接

焊接即利用焊机、焊条烧焊，将两段管子连接在一起，多用于暗装管道。焊接的优点是接头紧密、不漏水、不用配件，但是要注意，镀锌钢管不允许焊接。

（3）法兰连接

在较大直径的管道上，可在管端加装法兰盘（焊接或螺纹连接），然后用螺栓将两个法兰盘连接在一起（法兰盘之间需要加垫片），这种连接方法称为法兰连接。法兰连接一般用在需要经常拆卸、检修的地方，如连接阀门、水表、水泵等处。

2. 铸铁管

给水铸铁管一般用于管径大于 75mm 的给水管道，多数情况下埋于地下。铸铁管具有强度高、价格低的特点。与其他管道材料相比，自身质量大，性脆、抗冲击性能差，管壁粗糙、易结垢，不易截断，不能弯折，也不能套丝，所以管子长度不能太大，管道接口多，而且管材需要直接铸出接口。铸铁管的规格也是用公称直径表示的，但其公称直径与内径相同。常用铸铁管的规格简示于表 5-4，详细的规格数据可查材料手册或有关的资料。

常用铸铁管规格简表 表 5-4

铸铁管种类	公称直径 DN(内径,mm)						
灰口铸铁管	75	100	125	150	—	—	—
球墨铸铁管	500	600	700	800	900	1000	1200

铸铁直管一端为承口，另一端为插口，因此其连接方法多为承插连接（连接阀门等处则为法兰连接）。承插接口有柔性接口和刚性接口2种，柔性接口采用橡胶圈接口，刚性接口采用石棉水泥或膨胀性填料接口，重要场合可用青铅接口。在管道转向、分支、变径等处需要用到的管道配件，有弯头、三通、四通、"大小头"、双承短管等。铸铁直管与管道配件的连接可以是承插连接，也可以是法兰连接。铸铁管的施工安装方法同室外给水排水工程。

3. 塑料管

在自然界中，存在着松香、虫胶等天然树脂。它们的特点是没有显著的融点，受热后会逐渐软化，可融于有机溶剂而不融于水。很久以前曾利用天然树脂制造清漆，或加入干性油中以改善油漆的性能。塑料是以人工合成的树脂为基本材料，在一定条件（如温度、压力等）下塑制成一定形状且在常温下保持形状不变的材料。塑料管道是我国"十五"期间重点推广应用的化学建材之一。国家经贸委、建设部、国家技术监督局、国家建材局在《关于推进住宅产业现代化，提高住宅质量若干意见的通知》中要求，自2000年6月1日起，在城镇新建住宅的给水管道中禁止使用冷镀锌钢管，并根据当地实际情况逐步限时禁止使用热镀锌钢管，推广使用新型塑料管材。

塑料管的种类很多，其中形成主导产品的有：硬聚氯乙烯管（UPVC管）、交联聚乙烯管（PEX管）、无规共聚聚丙烯管（PPR管）、铝塑复合管（PAP管）等。它们具有重量轻、耐腐蚀、内壁光滑、不结垢、卫生性能好、安装方便、使用寿命较长等优点。缺点是机械强度比金属管差、表面硬度低、耐热性较差、会老化。塑料管一般用外径与壁厚来表示其规格。外径与公称直径的对照关系见表5-5。

塑料管外径与公称直径的对照关系 表5-5

塑料管外径(mm)	20	25	32	40	50	63	75	90	110
公称直径(in)	1/2	3/4	1	1¼	1½	2	2½	3	4
公称直径(mm)	15	20	25	32	40	50	65	80	100

（1）硬聚氯乙烯管（UPVC管）

UPVC管的耐老化性较好，可在15～60℃之间使用30～50年，它最大的应用领域是建筑业。美国70%的UPVC管用于建筑业，其中又有25%用于供水管。在沈阳、天津、上海、福建、济南等地，已开始应用UPVC管作给水管和住宅给水管，但所占份额很小。目前，UPVC管在我国主要还是用作排水管、雨水管和穿线管。

UPVC管常用的连接方法是：在塑料管道之间做成承插口，并用粘接剂粘接；在塑料管与金属管配件、阀门等之间则为螺纹连接或法兰连接（但塑料的螺纹不得自行加工，必须在工厂注塑）。

（2）交联聚乙烯管（PEX管）

交联聚乙烯管是以高密度聚乙烯为主要材料，通过高性能射线的作用改变材料内部结构而生产出来的一种塑料管道。PEX管可在－75～95℃（短期110℃）和0.6～2MPa压力下长期使用，寿命达50年。由于它具有很好的卫生性和综合物理性能，因而被视为新一代绿色管材。在发达国家，自20世纪80年代起就已经将PEX管用于包括饮用水和热水在内的各类流体输送管道。现在，PEX管正在发达国家得到广泛的应用，并已开始生产高密度的聚乙烯管（HDPE 管）。

PEX 管的连接方法有螺母连接和卡环式连接两种，但常用铜配件进行螺母连接。其方法是先用专用的剪管刀将管子剪成合适的长度，然后穿入螺母和 C 形铜环，用整圆器插入管内整圆、倒角，最后连接螺母和内芯接头，用扳手将螺母拧紧。

（3）无规共聚聚丙烯管（PPR 管）

无规共聚聚丙烯管是 20 世纪 80 年代末 90 年代初开发应用的新型塑料管道产品，在输送 70℃热水，长期内压力为 1MPa 的条件下，使用寿命可达 50 年。欧洲是 PPR 管的发源地，也是大量推广应用的地区，主要用于建筑冷热水系统、饮用水系统及板式采暖系统。我国 1997 年自国外引进技术和设备，现在市场销售量已日渐增多。

PPR 管的连接方法有热熔连接、电熔连接、螺纹连接和法兰连接几种。常见的热熔连接是用专用的热熔器，并通过电加热来进行连接的。首先用专用切管器切断管道（剪切 $D_e \leqslant 25mm$ 的管道时应边剪边旋转，必要时也可使用细齿锯，但切割后的管道断面应除去毛边和毛刺），然后进行熔接。熔接时用卡尺和笔在管端测量并绘出热熔深度，将热熔器接通普通单相电源加热（升温时间约 6min）；达到工作温度（指示灯亮）后，将作好热熔深度标记的管端和管件置于热熔器的加热套管内进行加热（加热时间应满足表 5-6 的规定）；达到加热时间后，立即取出管子和管件，迅速无旋转地插入到所标示的深度。在规定的加工时间内，刚熔接好的接头允许校正，但严禁旋转。

（4）铝塑复合管（PAP 管）

铝塑复合管的内外层是化学性能稳定的聚乙烯，而中间层是塑性和强度较好的金属铝，因而是一种集金属与塑料优点为一体的新型管材。它除了具有其他塑料管的优点外，还具有不回弹（可任意弯曲变直或由直变弯并保持变化后的形状）、阻隔性好（可阻止管壁内外的渗透）、易于探测（带有金属铝，暗设后易被探明位置）和安装简便（连接容易，管子成品长）等优良性能。在 20 世纪 90 年代初，PAP 管就成功地在欧洲和澳洲实现了商品化应用。我国最早由广东、上海和安徽从德国引进生产线开始 PAP 管的生产。近年来，更新的生产线相继上马，使铝塑复合管的生产和应用在国内出现了快速发展的势头。

热熔连接技术要求

表 5-6

公称直径(mm)	热熔深度(mm)	加热时间(s)	加工时间(s)	冷却时间(min)
20	14	5	4	3
25	16	7	4	3
32	20	8	4	4
40	21	12	6	4
50	22.5	18	6	5
63	24	24	6	6
75	26	30	10	8
90	32	40	10	8
110	38.5	50	15	10

PAP 管的连接方法有螺纹连接和压力连接 2 种，但采用螺纹连接的较多。螺纹连接的专用配件采用铜材锻压加工而成，品种与其他管材大致相同，有弯头、异径弯头、异径

接头、三通、异径三通、四通、异径四通等。连接方法与 PEX 管也相似。

5.1.5 给水管道的布置、敷设和防止水质污染的措施

1. 给水管道的布置

（1）引入管

1）引入管宜靠近用水量最大处布置，以充分利用室外管网水压；对不允许断水或室内消火栓总数在 10 个以上的建筑，应从城市环网的不同侧布置 2 条以上的引入管，在室内连成环状或贯通枝状，以实现双向供水，如图 5-14（a）所示；从同侧引入时，两条引入管的间距应大于等于 10m，如图 5-14（b）所示；必须单独计算水量的建筑，应在引入管上装设水表。对消防与生活、生产共用给水系统的建筑，或断水会影响生产的工业企业建筑，当只有一条引入管时，应绕水表设旁通管，如图 5-14（c）所示。

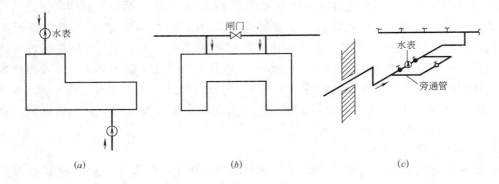

图 5-14　引入管布置图

（a）从建筑物不同侧引入；（b）从建筑物同侧引入；（c）设有旁通管的引入管

2）引入管应有不小于 3‰的坡度坡向室外管网，每条引入管上应装设阀门，必要时还要装设泄水装置，以便检修时泄水，如图 5-15 所示。

3）生活给水引入管与污水排出管外壁的水平净距不宜小于 1.0m。引入管穿越基础或承重墙时应预留孔洞，并保证不致因建筑物沉降而受到破坏，其做法如图 5-16 所示。

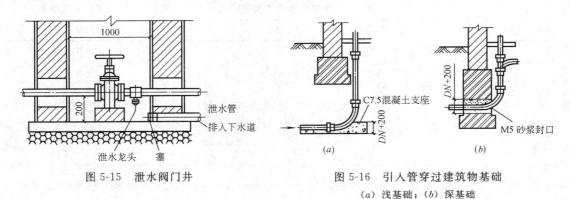

图 5-15　泄水阀门井　　　　图 5-16　引入管穿过建筑物基础

（a）浅基础；（b）深基础

（2）室内给水管道

1）室内给水管道的布置应力求短而直，并尽量沿墙、梁、柱直线明设。当确需暗设时，给水干管应尽量布置在地下室、顶棚、公共管廊或公共地沟内，给水立管和支管宜布

置在公共管井和管槽内。管井应每层设检修门，暗设在顶棚或管槽内的管道，在阀门处应留检修门。

2）给水干管宜靠近用水量最大处，或不允许间断供水的用水处。埋地管道应避免布置在可能受重物压坏或设备振坏处。给水管道宜敷设在不结冻的房间内，否则应采取防冻措施；当敷设在不允许因结露而滴水的部位时，应采取防结露措施。

3）管道不得穿越生产设备基础。生产厂房的给水管道宜与其他管道共同架设安装，但不得妨碍生产操作和交通运输，不得布置在遇水会引起爆炸、燃烧或损坏原料、产品、设备的上方。给水管道不得敷设在排水沟、烟道、风道内，不得穿过大便槽、小便槽，不应穿过橱窗、壁柜、木装修等。给水管道不宜穿过伸缩缝、沉降缝和抗振缝，不能避免时应采取有效措施。

4）给水横管宜有 2‰～5‰ 的坡度坡向泄水装置。建筑内给水管与排水管之间的最小净距，平行埋设时为 0.5m，交叉埋设时为 0.15m，且给水管应置于排水管的上方。管道穿楼板、地下室外墙或地下构筑物墙壁、穿过承重墙或基础处，都应做特殊处理。

2. 给水管道的敷设

根据建筑物具体条件和对卫生、美观要求不同，给水管道有明设和暗设两种敷设方式。

（1）明设

明设即管道在室内沿墙、梁、柱、顶棚下、地板旁暴露敷设。明设管道造价低，施工安装及维修均较方便，但不美观，表面易积灰和产生冷凝水，故只适用于一般民用建筑和生产厂房。

（2）暗设

暗设即管道在地下室顶棚下、吊顶中，以及在管井、管槽、管沟中隐蔽敷设。暗设卫生条件好，房间美观，但造价较高，施工安装及维修不便，适用于标准较高的民用建筑，以及某些工艺要求较高的生产厂房，如精密仪器、电子元件生产车间等。

3. 防止水质污染的措施

给水水质的要求是随用水目的不同而异的。例如，在生活用水中，对水质要求最高的是饮用水，对水质要求最宽的是卫生冲洗用水。因此可以将洗菜、洗衣的废水中的洁净部分收集起来，用于卫生冲洗，这种用水称为二次用水。供给二次用水的系统称为中水系统，在建筑中设置中水系统是节约用水的有效措施。但设置中水系统要增加设备和管路的投资。目前，我国绝大部分地区的建筑给水中只有一路供水管线，按饮用水水质供水，并不区分生活用水的不同目的。因此，为确保用水水质，在设计、施工、管理中，必须采取防止水质污染的措施。主要有：

（1）饮用水管道不得因回流而被污染。为了严格防止室内污水向生活饮用水管道回流，要求给水管配水出口不得被任何液体或杂质淹没。给水管配水出口高出设备溢流水位的最小空气间隙，不得小于配水出口处管径的 2.5 倍；特殊器具和生产用水设备不可能设置最小空气间隙时，应设置防污隔断器或采取其他有效的隔断措施。例如，大便器（槽）的冲洗管严禁与生活饮用水管道直接连接，以防止管道内一旦出现负压时，粪便污水被吸入给水管内。为此，需要设置冲洗水箱或采用带有真空破坏器的延时自闭式冲洗阀，或采取其他隔断措施。

（2）生活饮用水管道不得与非饮用水管道连接。必须连接时，应在连接处加设防污染的双止回阀，并应保证饮用水管道的压力经常高于其他管道的压力。

各单位自备生活饮用水水源时，不得与城市给水管网直接连接，而应设贮水池、水箱、水塔等进行隔断。

（3）慎重选择管材及配件，防止因材料腐蚀、溶解而污染水质。施工安装时，要保证工程质量，避免外界对水质的污染。

（4）生活饮用水管道应避开毒物污染区。当受条件限制时，应采取防护措施。埋地生活饮用水贮水池与化粪池的间距不得小于 10m。

（5）生活、消防合用水箱（池），应有防止水质变坏的措施。

5.2 建筑排水系统

建筑内部需要排除的污、废水有五类：粪便污水、生活（洗涤）废水、生产污水（指污染较严重工业废水）、生产废水（指轻度污染或仅水温有提高的工业废水）和屋面雨、雪水。建筑排水系统的任务就是把这些污、废水收集起来，及时畅通地排至室外排水管网或处理构筑物。与建筑外部排水一样，在考虑排除方案时，有两种最基本的排水体制可供选择：一是分流制，二是合流制。如果将上述五类污、废水分别设置排水系统进行排除，往往是不经济的；但是如果对这五类污、废水只设置一个排水系统进行排除，则容易造成对环境的污染，同时又会给室内管道的布置带来不便。因此，在确定建筑排水体制时，要综合考虑污、废水的性质，建筑外部的排水体制，以及污废水的处理与利用等因素。

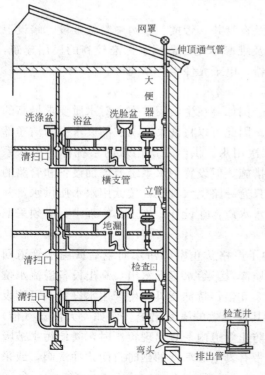

图 5-17　建筑内排水系统

5.2.1　建筑排水系统的组成

一般情况下，建筑排水系统由卫生器具或生产设备受水器、排水管道、管道附件和通气管道等四个部分所组成，如图 5-17 所示。

1. 卫生器具和生产设备受水器

卫生器具是为了满足人们生活需要的各种卫生洁具（将在下面详细介绍），生产设备受水器是接纳生产污水或废水的器具。

2. 排水管道

排水管道包括：器具排水管、横支管、排水立管、排水干管和排出管。

器具排水管亦称排水支管，即连接卫生器具与横支管的一段短管；横支管的作用是将各器具排水管流来的污水排至立管，横支管应有一定的坡度；立管接受各横支管的污水，再排至排出管。立管的管径不得小于50mm，并不得小于接入的任何一根横支管的管径；排水干管是连接两根或两根以上排水立管的总横支管。在一般建筑中，排水干管大都是埋地敷设。在高层建筑中，排水干管往往设置在专门的管道转换层中；排出管是排水立管或排水干管与室外检查井之间的连接管段，其管径不得小于与其连接的最大一根排水立管的管径。

3. 管道附件

管道附件包括存水弯、清通设备和地漏。

存水弯是设在器具排水管上的一种管件，有 S 型和 P 型两种，（参见图 5-35）。存水弯的作用是在其内形成一定高度（50～100mm）的水封，以阻止排水系统中的有毒有害气体或虫类进入室内。安装卫生器具时，除坐式大便器外均应加设存水弯（坐式大便器本身自带存水弯）。

清通设备包括：检查口、清扫口、带清扫门的 90°弯头或三通，以及室内埋地干管上的检查井，如图 5-18 所示。其中：检查口是设在排水立管上或较长的水平管段上，带有螺栓盖板的短管。在立管上，除建筑的最高层和最低层必须设置外，允许每隔两层设置一个检查口。设置高度为距地 1m，并应高于该层卫生器具上边缘 0.15m。清扫口也是带有螺栓盖板的短管，当排水横支管上接有 2 个及 2 个以上大便器，或 3 个及 3 个以上卫生器具的排水支管时，就应在排水横支管的起端设置清扫口。

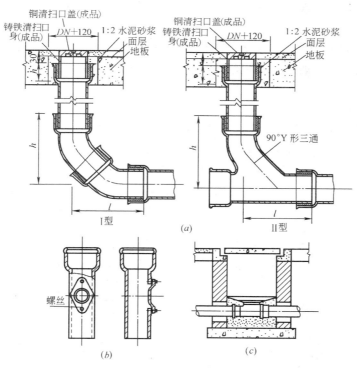

图 5-18　清通设备
（a）清扫口；（b）检查口；（c）检查口井；

地漏是一种特殊的排水装置，一般设在经常有水溅落的地面，如淋浴间、盥洗室、厕所、卫生间等。普通地漏见图 5-19。

4. 通气管道

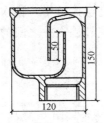

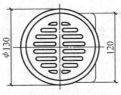

图 5-19 普通地漏

通气管道即管道系统中不过水的那部分管道。设置通气管道的目的在于向管道内补给空气，以减小气压的变化，防止卫生器具的水封被破坏，使水流通畅，同时排除管道内的有害气体，补充新鲜空气，减缓金属管道的腐蚀。对层数不多，排水系统比较简单的建筑，往往采取将排水立管上部延伸出屋顶的做法，称为伸顶通气管。对于层数较多，排水系统比较复杂，或者卫生标准要求较高的建筑，则应设置专门的辅助通气管系统（这方面的资料参见有关书籍）。

除以上基本组成部分外，当建筑内部的污水未经处理不得排入市政排水管网或水体时，需要在系统中增设污水局部处理构筑物；当某些建筑的污、废水不能自流排出室外时，需要在系统中增设抽升设备。

5.2.2 卫生器具

卫生器具是建筑排水系统的重要组成部分，它一般是用陶瓷、搪瓷生铁、塑料、复合材料等制成的。随着人们生活水平的不断提高，对卫生器具的功能和质量也提出了越来越高的要求。最基本的要求是：不透水、无气孔、表面光滑、耐磨损、耐冷热、便于清扫、有一定的强度。

1. 卫生器具的种类

卫生器具按使用功能可分为便溺用、盥洗用、沐浴用和洗涤用四类。常见的卫生器具有：

（1）坐式大便器

坐式大便器大多用于宾馆、饭店、住宅等建筑的卫生间（洗手间）内，按水力冲洗原理可分为冲洗式和虹吸式两种，见图 5-20。冲洗式坐便器的上口是一圈开有很多小孔的冲洗槽，冲洗水经这些小孔出流并沿便器表面冲下，使器内水位涌高，从而将粪便冲出存水弯。这种便器由于受污面积大而水面面积小，一次冲洗不一定能够将粪便冲洗干净。虹

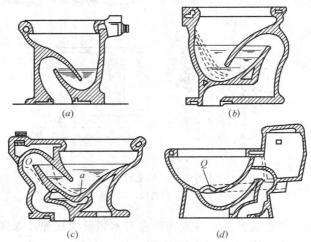

图 5-20 坐式大便器

(a) 冲洗式；(b) 虹吸式；(c) 喷射虹吸式；(d) 旋涡虹吸式

吸式坐便器是靠虹吸作用将粪便全部吸出。同时，在冲洗槽进水口处有一个冲水缺口，部分水可沿缺口冲射出流，以加快虹吸作用。这种便器冲洗能力强，但因流速大会发生较大的噪声。近年来开发的喷射虹吸式坐便器和旋涡虹吸式坐便器则有所改进。

坐式大便器的冲洗设备有两种，一是延时自闭式冲洗阀（直接连接给水管，不允许采用普通阀门），见图5-21和图5-22；二是低水箱（低水箱与坐体连体或分体）见图5-23。

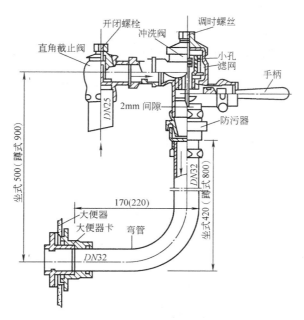

图 5-21　延时自闭式冲洗阀安装

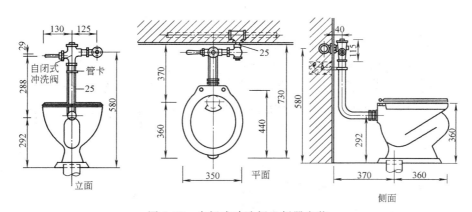

图 5-22　自闭式冲洗阀坐便器安装

（2）蹲式大便器

蹲式大便器一般用于集体宿舍、公共厕所、普通住宅，以及防止接触传染的医院厕所内，使用压力冲洗水经周边的配水孔进行冲洗。蹲式大便器的冲洗设备有两种：一是采用高位水箱（高位水箱有手动冲洗和自动冲洗两种），二是直接连接给水管并加装延时自闭式冲洗阀，见图5-24、图5-25和图5-26。

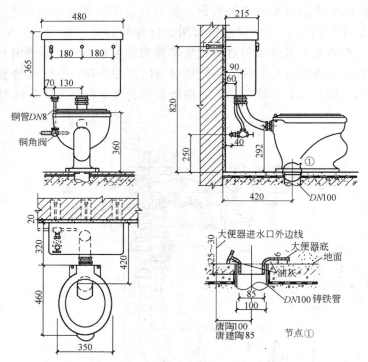

图 5-23 低水箱坐便器安装

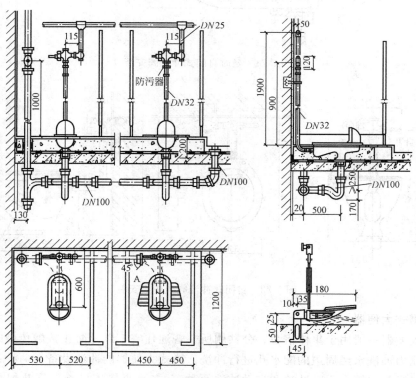

图 5-24 蹲式大便器安装

A—脚踏板

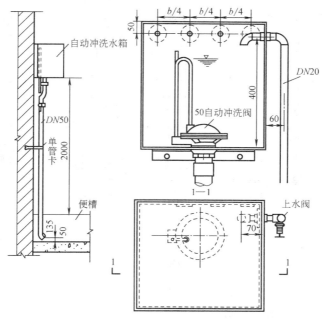

图 5-25　自动冲洗水箱安装

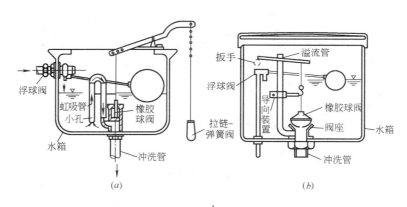

图 5-26　手动冲洗水箱

（a）虹吸冲洗水箱；（b）水力冲洗水箱

（3）大便槽

　　大便槽造价低廉，常用于学校、火车站、汽车站、码头等标准较低的公共场所，可代替成排的蹲式大便器。大便槽的槽宽一般为 200～300mm，起端槽深 350mm，槽底坡度不小于 0.015，末端设有高出槽底 150mm 的挡水坎，排水口需设存水弯。大便槽的冲洗设备一般为设在起端的自动控制冲洗水箱（有的还采用光电数控）。

（4）小便器

　　小便器一般设于公共建筑的男厕内，有挂式、立式两类，见图 5-27。其冲洗设备常采用按钮式自闭冲洗阀，标准高的采用光电数控。

（5）小便槽

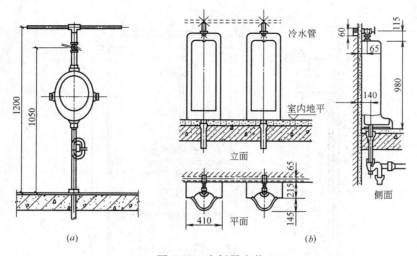

图 5-27　小便器安装

（a）挂式小便器；（b）立式小便器

　　小便槽用于工业企业、公共建筑、集体宿舍的男厕内，见图 5-28，其冲洗设备常采用多孔冲洗管，用阀门或水箱控制冲洗。

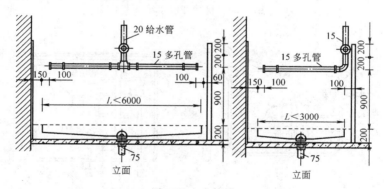

图 5-28　小便槽

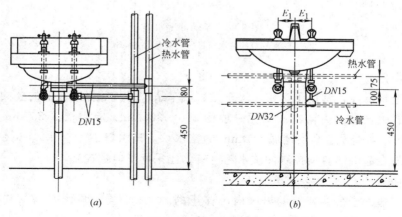

图 5-29　洗脸盆安装

（a）挂式；（b）立式

（6）洗脸盆

洗脸盆常设置在盥洗室、浴室、卫生间和理发室内，也设于公共洗手间（厕所）、医院治疗间，用于洗脸、洗手、洗头，见图 5-29。其形状有长方形、椭圆形和三角形。安装方式有墙架式、台式和柱脚式。洗脸盆配有塞子，可使用不流动水盥洗，但用流动水比较卫生。

（7）盥洗台

盥洗台有单面和双面之分，常设置在同时有多人使用的地方，如集体宿舍、教学楼、车站、码头、工厂生活间等。通常采用砖砌抹面、水磨石或磁砖贴面现场建造而成。

（8）净身盆

净身盆与大便器配套安装，供便溺后洗下身用，适合妇女和痔疮患者使用。一般用于标准较高的宾馆客房卫生间、医院、疗养院等。

（9）浴盆

浴盆一般设在住宅、宾馆的卫生间内，配有冷热水混合龙头和淋浴器，见图 5-30。浴盆有长方形、方形、椭圆形等多种形状，其规格有大型（1830mm×810mm×440mm）、中型〔1680mm×1520mm×（410mm～350mm）〕和小型（1200mm×650mm×360mm），材质有陶瓷、搪瓷钢板、塑料、复合材料等。浴盆的色彩很丰富，主要为满足卫生间装饰色调方面的要求。随着人们生活水平的提高，具有保健功能（如装有水力按摩装置）的浴盆也开始出现了。

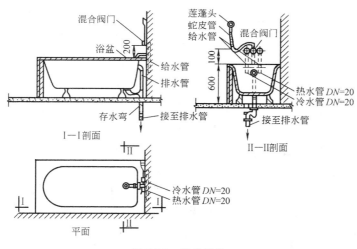

图 5-30　浴盆安装

（10）淋浴器

淋浴器多用于工厂、学校、部队的公共浴室和体育馆内，它有占地面积小、清洁卫生、耗水量小、设备费用低等特点。淋浴器有成品供应，也可现场制作安装，见图 5-31。

（11）洗涤盆

洗涤盆常设在厨房和公共食堂内，医院的诊室、治疗室也有设置，见图 5-32。洗涤盆有单格和双格之分，双格洗涤盆一格洗涤，另一格泄水。洗涤盆的材质多为陶瓷，或用砖砌成后瓷砖贴面，较高质量的为不锈钢制品。

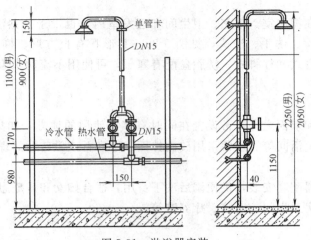

图 5-31 淋浴器安装

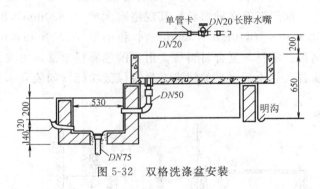

图 5-32 双格洗涤盆安装

（12）化验盆

化验盆设在实验室内，根据需要，化验盆可配置单联、双联、三联鹅颈龙头，见图 5-33。

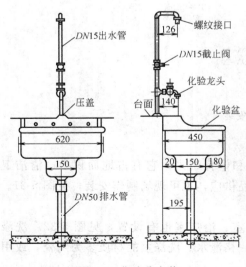

图 5-33 化验盆安装

（13）污水盆

污水盆又称污水池、拖布池，常设在公共建筑的厕所、盥洗间内，供洗涤拖把、打扫卫生、倾倒污水用，多用砖砌瓷砖贴面。

2. 卫生器具的设置、布置与安装要求

（1）卫生器具的设置

在住宅的卫生间内，一般都应设置坐便器（或蹲便器）、浴盆和洗脸盆三件卫生器具。标准高的设有两个卫生间，"主卫"内设坐便器、浴盆和洗脸盆；"次卫"内设蹲便器、淋浴器（或设淋浴房，淋浴房已实现商品化生产）和洗脸盆。在设计上，还可将洗脸盆与其他两件卫生器具分隔开，以方便使用。在住宅的厨房内，一般都设洗涤盆，标准高的设两个单格洗涤盆。

216

在宾馆、饭店的客房内，应设坐便器、浴盆和洗脸盆三件卫生器具，且洗脸盆应安装在盥洗台内。同时，还需附设浴巾毛巾架、浴帘、化妆镜、衣帽钩、剃须插座；标准高的可加设净身盆、烘手器、"浴霸"等。

在公共建筑的卫生间内，常设便溺用卫生器具、洗脸盆或盥洗槽、污水盆等，必要时附设镜片、烘手器、皂液盒等。卫生器具的设置数量，可按设计规范中的卫生器具设置定额（每一卫生器具使用人数）计算确定。

（2）卫生器具的布置

布置卫生器具时，应根据厨房、卫生间、公共厕所的平面位置、房间面积大小、卫生器具数量与单件尺寸、有无管道竖井和管槽等条件，以满足使用方便、容易清洁、管线短且转弯少等要求来综合考虑。图 5-34 为卫生器具的几种布置形式，可供参考。

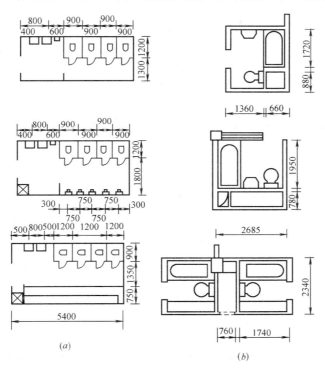

图 5-34　卫生器具平面布置

（a）公共厕所内；（b）卫生间内

（3）卫生器具的安装

卫生器具的安装应具备两个条件：一是土建施工基本完成但尚未收尾；二是给水管道和排水管道已随土建进度安装完毕。给水支管的镶接则是在卫生器具安装完毕后进行的。下面介绍卫生器具安装的基本要求。

1）位置正确

卫生器具的安装位置包括平面位置和立面位置（安装高度），一般由设计确定。当需要由安装者现场定位时，主要考虑使用方便、舒适、易检修等因素，尽量做到与建筑布置的整体协调和美观。施工中特别要注意器具排水管中心位置的准确性，否则有可能造成返工。一般是按照《施工安装图册》指示的有关尺寸来进行安装的，部分卫生器具的安装高度见表 5-7。

部分卫生器具的安装高度   表 5-7

序号	卫生器具名称	卫生器具边缘离地面高度（mm）	
		居住和公共建筑	幼儿园
1	架空式污水盆（池）洗涤盆（池）（至上边缘）	800	800
2	落地式污水盆（池）（至上边缘）	500	500
3	洗脸盆、盥洗槽（至上边缘）	800	500
4	浴盆（至上边缘）	480	—
5	蹲、坐式大便器（从台阶面至高水箱底）	1800	1800
6	坐式大便器（至低水箱底）外露排出管式	510	—
	坐式大便器（至低水箱底）虹吸喷射式	470	370
7	坐式大便器（至上边缘）外露排出管式	400	—
	坐式大便器（至上边缘）虹吸喷射式	380	—
8	大便槽（从台阶面至冲洗水箱底）	≥2000	—
9	立式小便器（至受水部分上边缘）	100	—
10	挂式小便器（至受水部分上边缘）	600	450
11	小便槽（至台阶面）	200	150
12	化验盆（至上边缘）	800	—

  2）安装稳固

卫生器具的安装是否稳固，在很大程度上取决于器具底座、支腿和支架安装的稳固，因此，在施工中要特别加以注意。

  3）安装严密

为防止卫生器具使用时漏水，要特别注意与给水管道镶接处和与排水管道连接处的施工。加橡皮软垫的地方要压挤紧密，填油灰的地方要填塞密实。

  4）安装美观

为使卫生器具的安装做到端正、平直，施工时应随时用线坠、水平尺等工具进行检验和校正。在管子配件与卫生器具的结合处，应按照"软结合"的原则进行安装，即在金属与瓷器之间加衬橡胶软垫。使用管钳等工具紧固有铜质或镀光质表面的配件时，应在配件着力点处包裹衬布，用软加力的方法进行紧固。与卫生瓷器的螺纹连接处，应先用手拧紧，再用工具缓缓加力紧固。安装过程中，工具不能放在卫生瓷器上。

  5）可拆卸性

为使卫生瓷器具有可拆卸性，在给水支管与卫生器具的最近连接处应加活接头，器具与排水短管、存水弯的连接处，应用油灰填塞密实。

  6）成品保护

卫生器具安装好后应进行适当保护，如切断水源、用草袋覆盖、封闭敞开的排水口等，以防止人为损坏，特别要注意防止土建施工时向敞开的排水口内倾倒废水和垃圾。

5.2.3 排水管道的布置与敷设

1. 排水管材

建筑内排水系统常用的管材主要有排水铸铁管、钢管和塑料管三种。

（1）排水铸铁管

排水铸铁管有承插口直管和双承直管，连接管件见图 5-35。

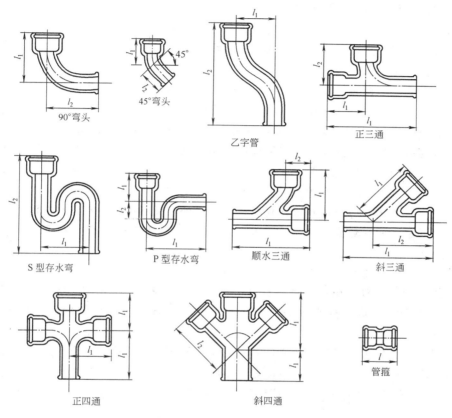

图 5-35 常用铸铁排水管件

排水铸铁管一般多采用承插连接，石棉水泥接口。在无抗震要求的建筑内，可用水泥接口（42.5 级以上水泥与 10% 的清水拌合）。

对建筑高度超过 100m 的建筑，排水立管需采用柔性接口；排水立管在 50m 以上，或作 8 度抗震设防的高层建筑，应在立管上每隔 2 层设置柔性接口；在作 9 度抗震设防的地区，立管和横管均应设置柔性接口。柔性接口的做法见图 5-36。

（2）钢管

当排水管道直径小于 50mm 时，可采用钢管，如洗脸盆、小便器、浴盆等与排水横支管之间的连接短管。

（3）塑料管

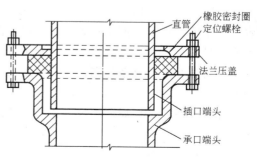

图 5-36 柔性铸铁排水管件接口

219

在建筑内广泛使用的排水塑料管是硬聚氯乙烯塑料管（UPVC管）。目前，在一般建筑中已有用它逐渐取代排水铸铁管的趋势（但埋地管还是用排水铸铁管）。UPVC管的连接多为承插粘接，使用时要注意按规定设置必要的伸缩节。

2. 排水管道的布置与敷设

排水管道在布置与敷设时应遵循的原则是：排水通畅，使用安全，防止污染，管线简单，施工方便，易于维护，注意美观，并兼顾其他管线的布置与敷设要求。

根据上述原则，排水管道在布置时应符合下列要求：

（1）自卫生器具至排出管的距离应最短，管道转弯应最少；排水立管应靠近排水量最大和杂质最多的排水点。

（2）排水管道不得布置在遇水会引起燃烧、爆炸或损坏原料、产品和设备的上方；排水横管不得布置在食堂、饮食业的主副食操作烹调间和住宅厨房间的上方（实在无法避免时必须采取防护措施）；生活污水立管不得穿越卧室、病房等卫生、安静要求较高的房间，并不宜靠近与卧室相邻的内墙；排水管道不得穿越沉降缝、烟道和风道，并不得穿越伸缩缝（当受条件限制必须穿越时应采取相应的技术措施）；埋地的排水管道，不得布置在可能受重压易损坏处，并不得穿越生产设备基础。

（3）硬聚氯乙烯管应避免布置在易受机械撞击处，同时应避免布置在热源附近，如不能避免，且管道表面受热温度大于60℃时，应采取隔热措施；立管与家用灶具边的净距不得小于0.4m。

根据上述原则，排水管道在敷设时应注意以下问题：

（1）排水管道一般应作地下埋设或在建筑内明设，有特殊要求时可在管道竖井、管槽、管沟或吊顶内暗设；排水立管与墙、柱应有25mm～35mm的净距，以便安装和检修。

（2）卫生器具排水管与排水横管的连接，应采用90°斜三通；横管与横管、横管与立管的连接，宜采用45°三通、90°斜三通或直角顺水三通；排水立管与排出管的连接，宜采用2个45°弯头或弯曲半径不小于4倍管外径的90°弯头；排出管至室外第一个检查井的距离不宜小于3m。

（3）排水立管穿过楼板处，应预留孔洞，并加设套管；排出管穿过承重墙或基础处，应预留孔洞，且管顶上空不得小于建筑物的最大沉降量（一般不小于0.15m）；在排水管穿过地下室外墙处，应采取防水措施。排水管道有时还需要进行保温和防腐。

5.2.4 屋面雨水的排除

降落在屋面的雨水（尤其是暴雨形成的雨水）和冰雪融化水，会在短时间内形成积水。为了不致造成屋面漏水和四处溢流，需要对屋面积水进行有组织的排放。坡屋面一般为檐口散排，平屋面则需设置屋面雨水排除系统。按雨水管道布置的位置分，屋面雨水排除系统可分为外排水系统和内排水系统两类。

1. 外排水系统

外排水系统是指屋面不设雨水斗，建筑内部没有雨水管道的雨水排放形式。按屋面有无天沟，又可分为檐沟外排水系统和天沟外排水系统。

（1）檐沟外排水系统

檐沟外排水系统又称普通外排水系统或水落管外排水系统，如图5-37所示。屋面雨水由檐沟汇水，流入雨水斗，经连接管至承雨斗和外立管（即水落管），排至室外散水坡。一般情况下，雨水斗的间距为 8～16m，同一建筑屋面的水落管不少于两根；檐沟外排水系统应采用 UPVC 排水塑料管或排水铸铁管，其最小管径为 $DN75$，下游管段管径不得小于上游管段管径，距地面以上 1m 处需设置检查口；水落管应牢固地固定在外墙上。檐沟外排水系统适用于一般民用建筑，因为一般民用建筑的屋面汇水面积较小，采用这种排水系统比较经济。

（2）天沟外排水系统

天沟布置如图 5-38 所示，屋面雨水由长天沟汇水，排至建筑物两端，经雨水斗、外立管排至室外地面水井。天沟设在两跨中间并坡向端墙（山墙、女儿墙），外立管连接雨水斗沿外墙布置。天沟外排水系统适用于一般工业厂房，采用这种排水系统比采用内排水系统要经济一些。

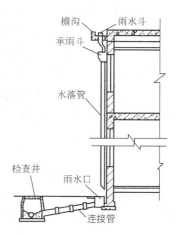

图 5-37　檐沟外排水

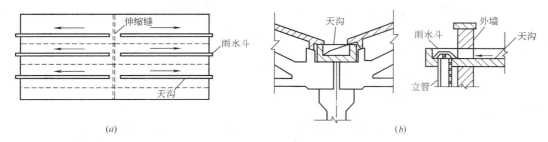

(a)　　　　　　　　　　　　　　(b)

图 5-38　长天沟外排水系统

（a）天沟布置示意；（b）天沟与雨水管的连接

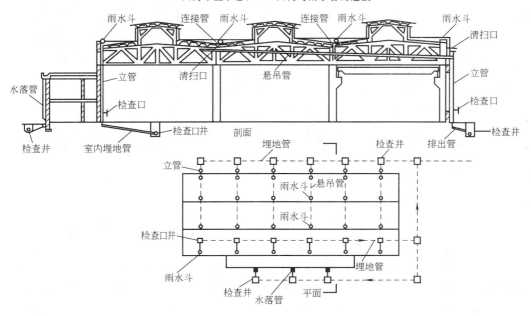

图 5-39　内排水系统

2. 内排水系统

内排水系统是指屋面设有雨水斗，建筑物内部设有雨水管道的雨水排水系统，如图 5-39 所示。这种排水系统构造复杂，只适用于以下建筑：

(1) 跨度大，特别长的工业厂房；

(2) 屋面设天沟有困难的工业厂房，如壳形屋面、锯齿形屋面，及有天窗的厂房；

(3) 不允许在外墙设置雨水立管的高层建筑、大屋面建筑和寒冷地区的建筑。

5.3 建筑消防系统

建筑消防系统根据灭火剂种类和灭火方式可分为三类：(1) 消火栓灭火系统：用水作灭火剂，灭火原理主要是冷却；(2) 自动喷水灭火系统：用水作灭火剂，灭火原理主要是冷却；(3) 使用非水灭火剂的固定灭火系统：二氧化碳灭火系统（灭火原理主要是窒息作用）、干粉灭火系统（灭火原理主要是化学抑制作用）、卤代烷灭火系统（灭火原理主要是化学抑制作用）、泡沫灭火系统（灭火原理主要是隔离作用）等。火灾统计资料表明，初起火灾大量的是靠消火栓灭火系统和自动喷水灭火系统来控制和扑灭的。

5.3.1 消火栓给水系统

1. 消火栓给水系统的组成

一个完整的消火栓给水系统是由水枪、水带、消火栓、消防管道、消防水池、高位水箱、水泵接合器和增压水泵等部分组成的。

(1) 消火栓设备

消火栓设备由水枪、水带和消火栓组成，安装在消火栓箱内，可暗装或明装，见图 5-40。

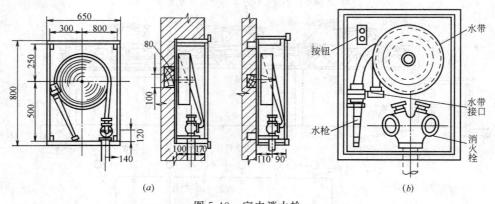

图 5-40 室内消火栓

(a) 消火栓箱安装；(b) 双出口消火栓

水枪一般为直流式，喷嘴口径有 13mm、16mm、19mm 三种。水带多用麻或化纤材料制成，有衬橡胶和无衬橡胶之分，其口径有 50mm 和 65mm 两种，长度有 15m、20m、25m、30m 四种。一般做法是，13mm 的水枪配 50mm 的水带，19mm 的水枪配 65mm 的水带，16mm 的水枪则可配 50mm 或 65mm 的水带。

消火栓实际上是一个带内扣式接口的球形阀式龙头，有单出口和双出口之分。双出口

消火栓直径为65mm，单出口消火栓则有50mm和65mm两种。

在某些建筑中，还设有消防水喉设备。消防水喉设备实际上是特殊规格的消火栓，其功能是供服务人员或工作人员自救扑灭初期火灾并减少灭火过程造成的水渍使用。

（2）水泵接合器

水泵接合器是连接消防车向室内消防系统加压的装置，其一端由消防给水管网的水平干管引出，另一端设于消防车易于接近的地方，分地上式、地下式和墙壁式三种。

（3）消防水箱

消防水箱对扑救初期火灾具有重要作用，为确保供水的可靠性，应采用重力自流供水方式，并满足室内最不利点消火栓所需的水压。

（4）减压节流孔板

在高层建筑中，当上部消火栓口的水压满足灭火需要时，下部消火栓的水压必然过剩，出流量也将过大，会迅速用完消防贮水。因此，为保证消防灭火时各栓口的均匀供水，需设置减压节流孔板来消除上部消火栓的过剩水压。

上述消防给水系统的组成，在低层建筑中不一定完整。根据室外管网可能提供的水量和水压，低层建筑的消防给水方式可以有三种选择：（1）无水箱、水泵，与生活（或生产）合用管网的给水方式；（2）仅设水箱，不设水泵的给水方式（采用这种方式时，水箱可以按消防、生活、生产合用考虑，但10min的消防储存水量不得动用）；（3）设有消防水泵和消防水箱的给水方式（采用这种方式时，水箱补水严禁采用消防泵，而应采用生活用水泵，并需要设置消防水池）。

2. 消火栓布点的基本要求

（1）设有消防给水的建筑物，其各层均应设置消火栓。消防电梯前室也应设置消火栓。此外，在屋顶或水箱间宜有供试验和检查用的消火栓。消火栓的设置间距应经计算确定。高层建筑的消火栓的间距，必须保证有两支水枪的充实水柱能够同时到达同层的任何部位。

（2）为方便使用与管理，消火栓应采用统一规格。对于高层建筑，栓口直径应为65mm，水枪喷嘴口径不应小于19mm，水带长度不应超过25m。消火栓应设在明显且易于取用的地点，栓口离地高度1.1m，出水方向宜向下或与设置消火栓的墙面垂直。

（3）消火栓口的静水压力不得超过800kPa，超过时应考虑分区供水。消火栓口出水压力超过500kPa时，应有减压设施。

（4）有空调系统的旅馆、办公楼，以及超过1500个座位的剧院、会堂，宜增设消防水喉设备，并设在专用消防主管上（不得在消火栓竖管上接出）。

5.3.2 自动喷水灭火系统

自动喷水灭火系统是一种在发生火灾时能自动打开喷头灭火，并同时发出火警信号的消防灭火设施。据资料统计，自动喷水灭火系统扑救初期火灾的效率在97%以上，因而发达国家的公共建筑大都要求设置自动喷水灭火系统。目前我国的经济发展状况还达不到发达国家的水平，因此仅要求在火灾发生频率与危险等级高的建筑物的某些部位设置自动喷水灭火系统。但是，随着我国经济的持续发展，城市建设日新月异，自动喷水灭火系统的设置已经在比较多的新建筑中不断地涌现出来。

自动喷水灭火系统根据喷头开闭形式可分为两类，如表5-8所示。

系 统 类 型		系统特点与适用条件
闭式	湿式自动喷水灭火系统	闭式喷头,平时管网和喷头中充满着水。适用于环境温度为 4～70℃ 之间的建筑物内
	干式自动喷水灭火系统	闭式喷头,系统报警阀后充气无水。适用于环境温度小于 4℃ 及大于 70℃ 的建筑物内
	预作用自动喷水灭火系统	闭式喷头,平时相当于干式系统,有火情时可在短历时内(3min)由干 式变为湿式,以减少误报损失
开式	雨淋自动喷水灭火系统	开式喷头,平时系统敞开,报警阀关闭,管网中无水;火灾发生时报警 阀开启,管网充水,喷头布水灭火
	水幕自动喷水灭火系统	
	喷雾自动喷水灭火系统	

下面主要介绍常见的湿式自动喷水灭火系统。

1. 工作原理

系统组成和工作原理如图 5-41 所示。

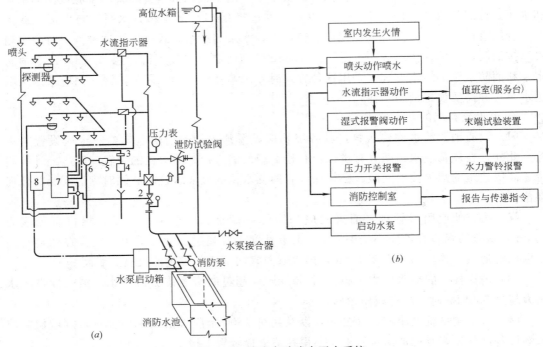

图 5-41　湿式自动喷水灭火系统

(a) 系统组成示意图;(b) 工作原理流程图

(a) 图中:1—湿式报警阀;2—控制蝶阀;3—压力开关;4—延时器;
5—过滤器;6—水力警铃;7—报警控制器;8—非标控制箱

平时管网中充满有压水,喷头封闭。发生火灾后,火点温度上升到热敏元件动作温度时喷头开启,出水灭火。此时管网中有压水流动,水流指示器被感应送出电信号,在报警控制器上指示某一区域已在喷水。持续的喷水使原来处于关闭的报警阀自动开启,消防水通过湿式报警阀,流向自动喷洒管网灭火;另一部分水则进入延迟器、压力开关和水力警铃等设施发出火警信号。同时,控制箱内的控制器在接收到水流指示器和压力开关的信号

224

后，能自动开启消防泵，持续地向消防管网供水。该系统有灭火及时，扑救效率高的优点，但由于管网中充满有压水，一旦渗漏会损坏建筑内的装饰和影响建筑物的使用。

2. 系统主要组件

为更好地理解湿式自动喷水灭火系统的工作原理，有必要进一步介绍一下系统的主要组件。

（1）闭式喷头

闭式喷头种类较多，常见的玻璃球洒水喷头及易熔合金洒水喷头的构造如图5-42所示。其喷口用热敏元件组成的释放机构封闭，当达到一定温度时能自动开启（如玻璃球爆炸、易熔合金脱离等），洒水灭火。

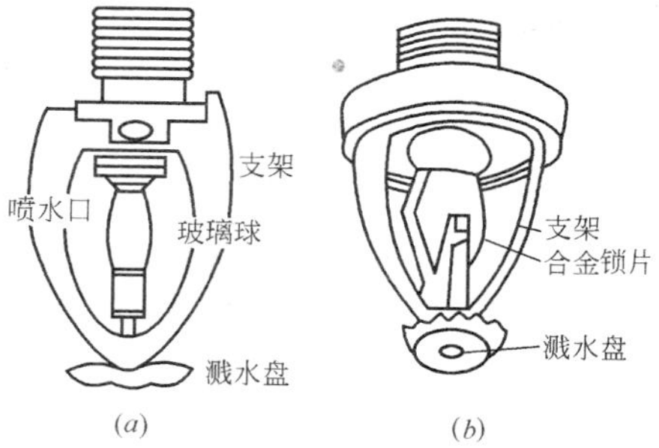

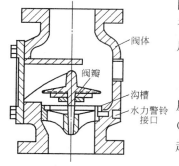

图5-42　闭式喷头构造示意
（a）玻璃球喷头；（b）易熔合金喷头

（2）湿式报警阀

湿式报警阀构造见图5-43。平时阀芯上下水压相等，因自重处于关闭状态。火灾时闭式喷头洒水，水压平衡小孔来不及补水，造成阀下水压大于阀上水压，阀板开启，向管网供水，同时发出火警信号并启动消防泵。

（3）延迟器

延迟器是一个罐式容器，安装于报警阀与水力警铃（或压力开关）之间。当报警阀开启后，水流需先充满延迟器（30s左右），再充打水力警铃，因而可防止由于水压波动引起报警阀开启而导致的误报。

（4）火灾探测器

图5-43　座圈型湿式阀

火灾探测器俗称"探头"，一般布置在房间或走道的顶棚下面，有感烟探测器和感温探测器两种。感烟探测器是利用火点的烟雾浓度进行探测，感温探测器是通过火点的温升进行探测。感烟探测器使用较多，有的地区达80%以上。

5.3.3　建筑消防给水系统的设置

建筑内是否设置消防给水系统，与建筑物的用途、层数、构筑物耐火等级、火灾危险性等有关。按照我国《建筑设计防火规范》和《高层民用建筑设计防火规范》的规定，下列建筑应设置室内消防给水系统：

1. 厂房、库房、高度不超过24m的科研楼（储存有遇水能引起燃烧、爆炸的房间除外）。

2. 超过800个座位的剧院、电影院、俱乐部和超过1200个座位的礼堂、体育馆。

3. 体积超过5000m³的车站、码头、机场建筑物，以及展览馆、商店、病房楼、门诊楼、图书馆、书库等。

4. 超过7层的单元式住宅、超过6层的塔式住宅、通廊式住宅、底层设有商业网点的单元式住宅。

5. 超过5层或体积超过10000m³的教学楼和其他民用建筑。

6. 国家级文物保护单位的重点砖木或木结构的古建筑。

从经济有效的原则出发，建筑消防给水系统的设置应区分低层建筑和高层建筑，因为这两类建筑在消防给水系统的可靠性方面有较大的差异。低层建筑消防给水系统的主要任务是控制初期火灾，火灾的最终扑灭则依靠室外消防车；高层建筑消防给水系统的主要任务是立足于自救，因为我国普遍使用的登高消防器材的性能，以及消防车的供水能力尚不能满足其扑灭火灾的需要。如何划分低层建筑和高层建筑呢？我国《高层民用建筑设计防火规范》规定，建筑高度不超过 10 层的住宅和建筑高度小于 24m 的其他民用建筑为低层建筑，否则为高层建筑。

5.3.4　消防给水管道布置的基本要求

1. 低层建筑消防给水管道的布置要求

（1）室内消火栓超过 10 个，且室内消防用水量大于 15L/s 时，至少应设置两条进水管与室外环状管网连通，并将室内管道连成环状，或将进水管与室外管道连成环状。7～9层的单元式住宅和不超过 8 户的通廊式住宅，其室内消防给水管道可为枝状，进水管可采用 1 条。

（2）超过 6 层的塔式（采用双出口消火栓的除外）和通廊式住宅，超过 5 层或体积超过 10000m³ 的其他民用建筑，超过 4 层的厂房和库房，如室内消防竖管为两条和两条以上时，应至少每 2 条竖管相连组成环状管道。

（3）室内消防管道应用阀门分成若干独立管段，当某段管道损坏时，停止使用的消火栓在一层中不应超过 5 个。阀门应经常开启，并有明显的启闭标志。

（4）超过 4 层的厂房和库房，设有消防管网的住宅，以及超过 5 层的其他民用建筑，其室内消防管网应设消防水泵接合器。距接合器 15～40m 内，应设室外消火栓和消防水池。若生产、生活用水量达到最大时，市政给水管道仍能满足室内外消防用水量，室内消防水泵宜直接从市政管道取水。

（5）室内消火栓给水管网与自动喷水灭火系统的管网应分开设置，如有困难，应在报警阀前分开设置。

2. 高层建筑消防给水管道的布置要求

（1）室内消防给水系统应与生活、生产给水系统分开，独立设置。室内消防给水管道应布置成环状，进水管应不少于 2 根。

（2）消防竖管的布置，应保证同层相邻 2 个消火栓水枪的充实水柱，同时达到被保护范围内的任何部位。每根消防竖管的直径不应小于 100mm。高层工业建筑的消防竖管应设为环状。18 层及 18 层以下，且每层不超过 8 户、建筑面积不超过 650m² 的塔式住宅，当设两根消防竖管有困难时，可只设 1 根消防竖管，但必须采用双出口消火栓。

（3）室内消防给水管道应采用阀门分成若干独立段。阀门布置应保证检修管道时，关闭停用的竖管不超过 1 根；竖管超过 4 根时，可关闭不相邻的两根。阀门应经常开启，并有明显的启闭标志。

（4）水泵接合器的设置要求同低层建筑部分。

（5）当室内消火栓给水系统与自动喷水灭火系统分开设置有困难时，可合用消防泵，但在自动喷水灭火系统的报警阀前（沿水流方向）必须分开设置。

5.4　建筑热水供应系统

按热水供应范围的大小，建筑内热水供应系统可分为三类：（1）局部热水供应系统：

这种系统一般靠近用水点设置小型加热设备供一个或几个配水点使用，供应范围小，热水管路短（甚至没有热水管路），热损失小，使用灵活，适用于热水用水量小且较分散的建筑；（2）集中热水供应系统：这种系统的热水在锅炉房或热交换站集中制备，通过管网输送到一幢或几幢建筑使用，设备较多，管网较复杂，一次投资较大，适用于使用要求高，耗热量大，用水点多且比较集中的建筑；（3）区域性热水供应系统：这种系统的热水在区域性锅炉房或热交换站集中制备，通过市政管网输送到城市片区、居住小区的建筑群，设备多，热水管网复杂，一次投资大，一般要求自动控制，管理水平要求高。目前，在工程上应用普遍的是集中式热水供应系统。

5.4.1　集中式热水供应系统

集中式热水供应系统如图 5-44 所示。由三个部分组成：

1. 热媒系统（第一循环系统）

热媒即热的载体，一般是蒸汽。热媒系统由热源、水加热器和热媒管网组成。热媒循环的过程是：锅炉生产的蒸汽（或过热水）通过热媒管道，输送到水加热器加热冷水。热媒与冷水交换热量后成为凝结水，凝结水靠余压经疏水阀流至凝结水箱。在水箱内与补充的冷水混合后，用循环泵送回锅炉，再次生产蒸汽（或过热水）。如此循环，完成水的加热过程。

2. 热水供应系统（第二循环系统）

热水供应系统由热水配水管网和回水管网组成。热水的循环过程是：来自高位水箱或给水管网的冷水，在水加热器中吸收热媒传递的热量，成为达到设计规定温度的热水。热水从

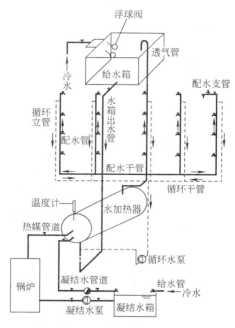

图 5-44　下行上给全循环式的集中热水供应系统

水加热器出口经配水管网送至各个热水配水点，供用户使用。尚未使用的热水温度会有所降低，为保证配水点随时有设计规定温度的热水供应，在立管和水平干管甚至配水支管上设置回水管。降低了温度的回水经循环泵回到水加热器再次加热，使一定量的热水在热水管网和回水管网中流动，完成热水的循环过程。

3. 附件

（1）温度自动调节器：安装在水加热器上，通过温包把感受到的温度变化传导给安装在热媒管道上的调节阀，自动控制热媒的质量，以达到自动调节水加热器出水温度的目的。

（2）疏水器：在蒸汽（或过热水）的回水管道上安装，作用是保证凝结水及时排放，同时阻止蒸汽漏失。

（3）减压阀和安全阀：当热媒为蒸汽且压力大于水加热器所能承受的压力时，应在蒸汽管道上设置减压阀，把蒸汽压力减至水加热器允许的压力值，以保证设备的安全运行。安全阀是一种保安器材，安装在管网和其他设备中，其作用是避免压力超过规定的范围以保护管网和设备。

227

（4）膨胀水箱：水被加热后，体积会膨胀，为容纳这部分因体积膨胀而增加的水，以保证系统的正常运行，需要设置膨胀水箱。膨胀水箱可以用给水水箱代替，通过膨胀管把因体积膨胀而增加的水送至给水水箱。

（5）管道自动补偿器：热水系统中的管道因温度变化会伸长或收缩，从而产生内应力，引起管道的弯曲、接头松动，甚至破裂。为避免这些现象的出现，常采取两种措施：一是利用管道敷设时自然形成的 L 形和 Z 形弯曲管段或安装方形补偿器（将管子弯成 Ⅱ 形得到）。二是在一定间距加设管道伸缩器（当直线管段较长，无法利用自然补偿时设置）。

（6）其他附件：闸阀、水嘴、自动排气器等。

5.4.2 水的加热方式

热水加热有直接加热和间接加热两种方式，如图 5-45 所示。

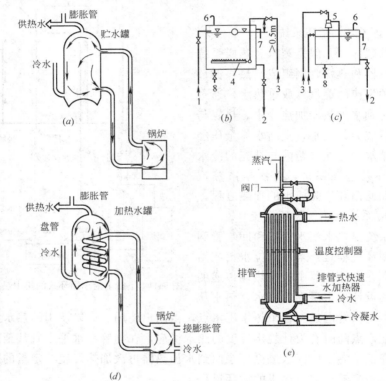

图 5-45　水的加热方式

（a）热水锅炉直接加热；（b）蒸汽多孔管直接加热；（c）蒸汽喷射器混合直接加热

（d）热水锅炉间接加热；（e）蒸汽-水加热器间接加热

图中：1—给水；2—热水；3—蒸汽；4—多孔管；5—喷射器；

6—通气管；7—溢水管；8—泄水管

直接加热方式也称一次换热方式，是利用燃气、燃油、燃煤为燃料的热水锅炉，把冷水直接加热到所需的热水温度。或者是将蒸汽或高温水通过穿孔管或喷射器直接与冷水接触、混合，来制备热水。这种方式热效率高，但无高质量热媒时会造成水质污染，同时噪声较大。直接加热方式适用于公共浴室、洗衣房、工矿企业等建筑和用户。

间接加热也称二次换热方式，它是利用热媒通过水加热器把热量传递给冷水，把冷水加热到所需要的温度。热媒在加热过程中与冷水不直接接触，因而称为间接加热。这种加热方式噪声小，不会污染被加热的水，设备运行安全稳定，但热效率比直接加热方式差。二次换热方式适用于宾馆、旅馆、住宅、医院、办公楼等建筑。

在二次换热方式的加热设备中，常用的是容积式水加热器。容积式水加热器的内部设有换热管束，并具有一定的贮热容积，既可加热冷水又能贮备热水，有立式和卧式之分。其主要优点是具有较大的贮存与调节能力，可代替高位热水箱的部分作用，被加热的水流速低，压力损失小，出水压力平稳，水温较稳定，供水较安全；缺点主要是热交换效率低，体积庞大。图 5-46 为卧式加热器的构造示意图。

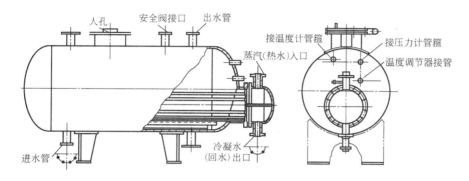

图 5-46　容积式水加热器构造示意

5.4.3　热水管网的布置与敷设

1. 热水管网的布置

热水管网的布置是指在设计方案已经确定和选型后，在建筑图上对设备、管道、附件进行定位。布置时应注意以下问题：

（1）热水管网的布置可采用下行上给式或上行下给式。作下行上给式布置时，水平干管不允许埋地，可布置在地沟内或地下室顶部。

（2）为便于排气、泄水和检修，热水横管应有与水流方向相反的坡度（其值一般≥0.003），并在管网的最低处设泄水阀门，在最高点设自动排气阀。

（3）干管直线段应有足够的伸缩器，对线膨胀系数大的管材尤应加以注意。

（4）为保证配水点水温，需平衡冷热水水压。为此，热水管道通常与冷水管道平行布置，并按"热上冷下"和"热左冷右"的规定敷设。

（5）高层建筑的热水系统，应与冷水系统一样进行竖向分区。

2. 热水管网的敷设

热水管网敷设时应注意的问题是：

（1）敷设形式可以采用明装或暗装。明装时应尽可能敷设在卫生间、厨房等房间内，并沿墙、梁、柱敷设。暗装时可敷设在管道竖井或预留沟槽内。

（2）热水立管与横管应采用乙字弯连接，以避免管道伸缩应力所产生的破坏。

（3）热水管道穿楼板、基础和墙壁处应设套管，并使其自由伸缩。当地面有积水可能时，穿楼板的套管应高出地面 50～100mm。

（4）为满足热水管网中循环流量平衡调节和检修的需要，在配水管道和回水管道的分干管处、配水立管和回水立管的端点、以及居住建筑和公共建筑中每一户或每一单元的热水支管上，均应设置阀门。水加热器或贮水器的冷水供水管和回水管上，应设止回阀，以防止加热设备内水倒流和泄空产生安全事故，并防止冷水进入热水系统而影响配水点的温度。

（5）当热水管道和设备采用低碳钢材料时，必须进行防腐，通常是按规定涂刷底漆和面漆；同时，对管道和设备，还必须按设计要求进行保温。

5.5 建筑给水排水施工图

图纸是工程技术人员的共同语言。看懂施工图纸，是今后参加工程施工必须掌握的最基本的技能。在《给水排水工程识图与 CAD》课程中，我们已经学习过施工图的基本知识，通过对建筑给水排水系统的学习，将有助于我们对施工图的理解。善于联系对系统的认识，来绘制和识读施工图，是我们学习以下内容的根本目的。

5.5.1 建筑给水排水施工图的绘制

建筑给水排水施工图主要由平面图、系统图、详图、设计说明等部分组成。平面图是对给水排水管道和用水设备进行平面定位的图纸，室内给水排水系统图是表明给水排水管道空间布置情况，以及用水设备与给水排水管道连接情况的图纸。建筑给水排水施工图的绘制，主要是平面图和系统图的绘制。

1. 平面图的绘制

绘制室内给水排水平面图时，首先要抄绘房屋平面图和卫生器具平面图，然后再绘制管道及设备平面图。绘制要点是：

（1）平面图的数量和范围。多层建筑的给水排水平面图原则上应分层绘制，管道和设备布置相同的楼层可按"标准层"合并绘制一张平面图，但底层和设有屋顶水箱的屋面仍应单独绘出。底层平面应画出整幢房屋的平面图，其余各层仅需画出有管道和设备的局部平面图即可。

（2）房屋平面图。房屋平面图用细线（线宽 0.25b）抄绘，且只需抄绘房屋的墙身、柱、门窗洞、楼梯、台阶等主要构配件，至于房屋细部、门扇、门窗代号等均可略去。底层平面需画全轴线，楼层平面可只画边界轴线。绘制时一般采用与建筑平面图相同的比例，用水设备和给水排水管道集中，表示不清的部分，可放大比例。

（3）卫生器具平面图。卫生器具中的洗脸盆、浴盆、大便器、小便器等工厂生产的成品，应按规定图例（其图例可查制图标准、设计手册和有关资料）绘制；盥洗台、大便槽、小便槽等现场制作的卫生器具，只需画出主要轮廓（其详图由建筑专业绘制）。绘制卫生器具的图线为中实线（线宽 0.5b）。

（4）管道平面图。绘制管道平面图时，不以楼地面分界，而以连接卫生器具的管路为准。属本层使用但安装在下层空间的排水管道，均应绘在本层平面上。给水及排水管道一般采用单线画法，并以中粗线或粗线绘制（给水管道用中粗实线，线宽 0.75b；排水管道用粗虚线，线宽 b）。在底层平面图中，各种管道要按系统编号。一般给水管道以每一引入管为一个系统，排水管道以每一排出管为一个系统。管道连接配件不必绘出，仅作简略表示。通常情况下，将给水系统和排水系统绘制在同一平面上，以便识读。

（5）尺寸标注。房屋的水平方向尺寸一般只需在底层管道平面图中注出轴线尺寸，同时注出地面标高（底层平面还需注出室外整平标高）。由于管道和卫生器具一般沿墙靠柱设置，距墙面、柱面的净距只需考虑安装和维修方便，不必标注定位尺寸。但卫生器具的规格应写明，或在材料设备表中注明。

2. 系统图的绘制

绘制系统图时，应参照平面图，按管道系统编号分别绘制。先画立管，然后依次画立管上各层的地面线、楼面线、引入管、排出管、通气管，再从立管上引画各横管，在横管上画出用水设备的连接支管、排水承接支管，最后画出管道系统上的阀门、龙头、检查口等，并标注管径、标高、坡度、有关尺寸和编号等。绘制要点是：

（1）轴向选择。管道系统图一般采用正面斜等测投影绘制，即 OX 轴处于水平位置，OZ 轴铅直，OY 轴一般与水平线成 45°夹角。绘制时，要注意其轴向与平面图一致，亦即 OX 轴与平面图的长度方向一致，OY 轴与平面图的宽度方向一致。

（2）比例。管道系统图一般采用与管道平面图相同的比例绘制，在管道、设备集中，表达有困难的地方，可放大比例或不按比例绘制。

（3）管道系统。系统图中，各管道系统的编号应与平面图完全一致。各层管道布置相同时，不必层层画出，只需在管道省略折断处标注"同某层"即可。当管道过于集中，表达不清楚时，可将某部分管道断开，移至别处画出，但在断开处应有明确的标注。对于空间交叉的管道，交叉处处于后面或下面的被遮挡的管线应断开。由于管道的连接具有示意性，所以管道附件等用图例表示，卫生器具也省略不画。绘图时所采用的线型，与平面图相同。

（4）尺寸标注。管道系统中，所有的管段都必须标注管径。当连续几个管段的管径均相同时，可只标注前后两个管段，中间管段省略不注。凡有坡度的横管都要标注坡度，采用标准坡度时，可省略不注，但应在设计说明中写明。在系统图中，应标注的标高有：横管、阀门、放水龙头、水箱（各部位）、检查口、排出管起点（管内底）、室内地面、室外地面、各层楼面、屋面等。

5.5.2 建筑给水排水施工图的识读

建筑给水排水施工图的识读方法，可以归纳为 10 个字："对照读"、"分类读"和"顺流向读"。

1. 对照读

对照读就是在熟悉图纸目录，了解设计说明的基础上，将平面图和系统图联系起来识读。只有这样去识读，才能将建筑给水排水系统各组成部分在空间上的相互关系搞清楚。

2. 分类读

分类就是将联系紧密、性质相同的事物合并在一起。分类读就是按给水系统和排水系统并在同类系统中按编号依次识读。

3. 顺流向读

顺流向读就是在识读时，给水系统按水流方向从引入管开始，沿水流方向经干管、立管、横管、支管到用水设备，依次识读；排水系统从用水设备开始，沿排水方向经支管、横管、立管、排出管到室外检查井，依次识读。

"对照读"、"分类读"和"顺流向读"并不是彼此分隔的。在识读时，要注意将"对照读"、"分类读"和"顺流向读"结合起来，同时进行，才能取得良好的识读效果。识读的目的是为了应用。在施工图中，对某些常见部位的管道附件、用水设备等的细部位置、尺寸、构造，往往是不加绘制或说明的，而是遵循设计规范、施工质量验收规范、施工操作规程、标准图集和安装详图等资料进行施工的。因此，应注意查找资料，以解决施工安装时需要掌握的细部问题。下面以某科研办公楼的给水排水施工图为例来学习识读方法，如图5-47、图5-48和图5-49所示。在基本掌握识读方法的基础上，还应该通过多读图，甚至做材料计划、编制预算等实训，才能从根本上读懂施工图，准确理解设计意图，更好地完成工程施工、安装任务。

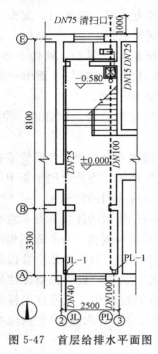

图 5-47　首层给排水平面图

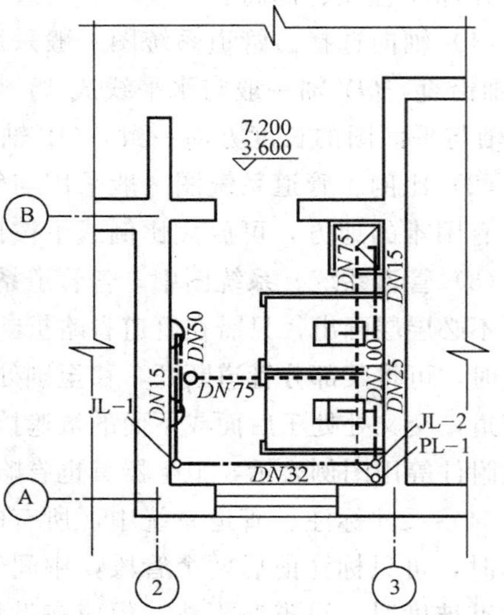

图 5-48　二、三层给水排水平面图

图例：—·—·— 给水管；———— 排水管

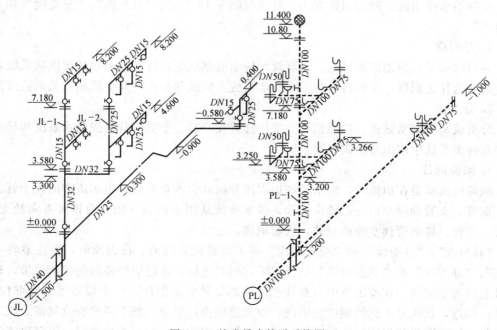

图 5-49　给水排水管道系统图

思考题与习题

5-1 什么是用水定额？制定用水定额有什么意义？

5-2 假设某居住小区有两类住宅，用水情况如下：普通住宅居住人数 2500 人，室内设有大便器、洗涤盆和沐浴设备，用水定额取定为 200L/（人·d），小时变化系数 $K_h=2.5$；高级住宅居住人数 800人，室内除设有大便器、洗涤盆和沐浴设备外，还有集中式热水供应，用水定额取定为 380L/（人·d），小时变化系数 $K_h=2.3$。试计算该小区的最大小时用水量，用 L/s 表示。（答案：22.56L/s）

5-3 什么是流出水头？在计算建筑内给水系统所需水压时，为什么要计入最不利点配水所需要的流出水头？

5-4 建筑内给水系统是由哪些部分组成的？各部分的作用是什么？

5-5 观察已安装的水表或水表节点，读出水表的累计用水量，说明安装时应注意的问题。

5-6 建筑内给水系统常用的管道附件有哪些？各有什么作用？

5-7 水箱上都有哪些配管？试用画透视图的方法表示出这些配管。

5-8 低层建筑常用的给水方式有哪些？画出其图示，说明其适用条件。

5-9 简要地归纳说明室内给水常用管材的种类、特点和连接方法。

5-10 室内给水管道的敷设方式有哪两种？在下行上给式和上行下给式这两种布置方式中应如何进行敷设？

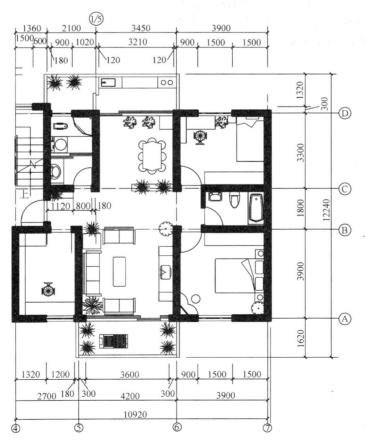

某住宅平面示意图

5-11 建筑内排水系统是由哪些部分组成的？各部分的作用是什么？

5-12 排水管道在布置敷设时要注意哪些问题？

5-13 参观卫生洁具商场（店）或卫生间，列举几种卫生器具说明其设置条件和安装要求。

5-14 简要说明室内排水常用管材的种类和连接方法。

5-15 屋面雨水的排除方式有哪几种？对照图式说明雨水在系统中的流程。

5-16 室内消火栓给水系统是由哪些部分组成的？各部分的作用是什么？

5-17 对照湿式自动喷水灭火系统的图示，简要说明其工作原理。系统中的闭式喷头、报警阀、延迟器、火灾探测器这几个主要组件的作用是什么？

5-18 对照集中式热水供应系统的图式，简要说明热水的制备与供应过程。

5-19 建筑内给水排水施工图的识读要点是什么？试识读教师给出的施工图，回答教师提出的有关问题。

5-20 下面是某小区住宅一个户型的平面图，层高 3m（层数由教师指定），卫生器具的布置情况是：

（1）主卫生间：台式洗脸盆、浴盆和坐式大便器各 1 只；

（2）次卫生间：挂式洗脸盆 1 只，淋浴房 1 间（或淋浴喷头 1 只），蹲式大便器 1 只，并留有洗衣机安放位置（应设洗衣机供水龙头 1 只）；

（3）厨房：洗涤盆 1 只（应设供水龙头 1 只）。

要求：

（1）进行给水排水管道的布置，绘制给水排水平面图和系统图；

（2）可以做到的话，试计算给水管道、排水管道的长度（管径由教师给出），列出管材和卫生器具表（应有名称、计量单位、数量栏），编写设计说明。

参 考 文 献

1　张健主编. 建筑给水排水工程. 北京：中国建筑工业出版社，2002
2　崔莉、常莲主编. 建筑设备. 北京：机械工业出版社，2002
3　乐嘉龙主编. 学看给水排水施工图. 北京：电力出版社，2002
4　李公藩编著. 塑料管道施工. 北京：建材工业出版社，2001
5　孙兰新主编. 管工与电工. 北京：化学工业出版社，2002
6　管道工程安装手册. 北京：中国建筑工业出版社，1993
7　吴赳赳等编. 给水工程. 中国建筑工业出版社，1990
8　谷霞主编. 排水工程. 中国建筑工业出版社，1996
9　给水排水工程施工手册. 中国建筑工业出版社，1996
10　姚雨霖等编. 城市给水排水. 中国建筑工业出版社，1994
11　王宇清主编. 流体力学泵与风机. 中国建筑工业出版社，2001
12　黄兆奎主编. 水泵风机及与站房. 中国建筑工业出版社，2000
13　谷霞主编. 建筑给水排水工程. 哈尔滨工业大学出版社，2001